U0389354

大学物理学(下册)

(第二版)

主　编　吴淑杰　王雅红　武亚斌
主　审　王选章　高　红

科学出版社

北京

内 容 简 介

　　本书是以教育部高等学校物理基础课程教学指导分委员会编制的《理工科类大学物理课程教学基本要求(2010 版)》为依据,结合专业人才培养的需要编写的.全书分为上、下两册.本书是下册,内容包括静电场,恒定磁场,电磁感应,波动光学,光的吸收、色散和散射,量子物理基础,现代物理技术.本书难度适中,在对物理基本概念、基本规律的阐述中注重深入浅出,简洁易懂.在保证必要的基本训练的基础上,突出物理理论在实际中的应用.此外,每章后都配有本章提要,方便学生掌握重点知识.

　　本书可作为高等学校理工科非物理专业及农林类专业的大学课程教材或参考书.

图书在版编目(CIP)数据

大学物理学.下册/吴淑杰,王雅红,武亚斌主编.—2 版.—北京:科学出版社,2014.1

　　ISBN 978-7-03-039614-3

　　Ⅰ.大…　Ⅱ.①吴…②王…③武…　Ⅲ.①物理学-高等学校-教材
Ⅳ.①O4

中国版本图书馆 CIP 数据核字(2014)第 012001 号

责任编辑:昌　盛　王　刚/责任校对:彭　涛
责任印制:吴兆东/封面设计:迷底书装

科 学 出 版 社 出版
北京东黄城根北街 16 号
邮政编码:100717
http://www.sciencep.com

保定市中画美凯印刷有限公司印刷
科学出版社发行　各地新华书店经销

*

2009 年 9 月第　一　版　开本:720×1000 B5
2014 年 1 月第　二　版　印张:15 1/4
2024 年 8 月第十三次印刷　字数:305 000

定价:45.00 元
(如有印装质量问题,我社负责调换)

目　录

第11章 静 电 场

【学习目标】

掌握描述静电场的两个基本物理量——电场强度和电势的概念,理解电场强度是矢量点函数,而电势 U 则是标量点函数,明确静电场是有源场和保守场.理解静电场的叠加原理和高斯定理,并能计算特殊的、对称性电荷体系的电场强度.理解电场强度与电势的关系.了解静电场与导体以及电介质的相互作用规律.掌握任意电荷分布体系电势的计算方法,理解简单电容的计算方法.了解电场能量的概念,了解电场能量的计算方法.

11.1 电荷的量子化 库仑定律

11.1.1 电荷守恒定律与电荷的量子化

自然界中只存在两种电荷,通常我们把其中的一种(用绸子摩擦过的玻璃棒所带的电荷)叫做正电荷,另一种(用毛皮摩擦过的硬橡胶棒所带的电荷)叫做负电荷.它们的数量分别用正数和负数来表示.同种电荷互相排斥,异种电荷互相吸引.

1. 电荷守恒定律

近代物理学的发展已使我们对带电现象的本质有了深入的了解.物质是由分子、原子组成的.而原子又由带正电的原子核和带负电的电子组成.原子核中有质子和中子,中子不带电,质子带正电,一个质子所带的电量和一个电子所带的电量数值相等.在正常情况下,物体中任何一部分所包含的电子的总数和质子的总数是相等的,正、负电荷互相抵消,所以对外界不表现出电性.但是,如果在一定的外因作用下,物体(或其中的一部分)得到或失去一定数量的电子,使得电子的总数和质子的总数不再相等,物体就呈现电性.摩擦带电实际就是通过摩擦作用,使电子从一个物体转移到另一个物体的过程;一个物体得到了另一个物体的电子,这个物体就带了负电,而另一个物体失去了电子总是同时带等量的正电.

在孤立系统中,电子从一个物体转移到另一个或几个物体上,系统电荷的代数和保持不变,这就是**电荷守恒定律**.它同能量守恒定律、动量守恒定律一样,也是自然界的基本守恒定律.

2. 电荷的量子化

1913 年,密立根通过实验测定所有电子都具有相同的电荷 e,所有带电体的电荷 q 都是电子电荷 e 的整数倍,即 $q = \pm ne$,n 为 1,2,3,…. 电荷只能取离散的、不连续的量值的性质叫做电荷的**量子化**. 电子的电荷绝对值 e 称为元电荷或电荷的量子. 电荷的国际单位为库仑,符号为 C,1986 年国际推荐的电子电荷绝对值为 $e = 1.60217733(49) \times 10^{-19}$ C. 在通常的计算中取它的近似值 $e = 1.602 \times 10^{-19}$ C.

量子化是近代物理中的一个基本概念,电荷量子化是一个普遍的量子化规则. 当研究范围达到原子限度时,很多物理量,如频率、能量等也都是量子化的.

11.1.2 库仑定律

在发现电现象后 2000 多年的长时期内,人们对电的了解一直处于定性的初级阶段. 直到 19 世纪人们才开始对电的规律及其本质有比较深入的了解. 1785 年法国物理学家库仑利用扭秤实验研究了两个带电体之间的相互作用力,总结出两个点电荷间相互作用的规律,称为**库仑定律**. 所谓点电荷,是指这样的带电体,它本身的几何线度比起它到其他带电体的距离小得多. 这种带电体的形状及电荷在其中的分布已无关紧要,因此可以把它抽象成一个几何的点.

库仑定律表述为:在真空中,两个静止的点电荷之间的相互作用力的大小和它们电荷的乘积成正比,和它们之间距离的平方成反比,作用力的方向沿着它们的连线方向,同号电荷相排斥,异号电荷相吸.

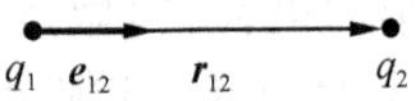

q_1 e_{12} r_{12} q_2

图 11.1 库仑定律

如图 11.1 所示,q_1、q_2 为两个点电荷,由 q_1 指向 q_2 的矢量用 r_{12} 表示. 那么电荷 q_1 对电荷 q_2 的作用力 F_{12} 为

$$F_{12} = k \frac{q_1 q_2}{r_{12}^2} e_{12} \tag{11-1}$$

式中,e_{12} 为从电荷 q_1 指向电荷 q_2 的单位矢量,即 $e_{12} = \dfrac{r_{12}}{r_{12}}$;$k$ 为比例系数,在国际单位制中 $k = 8.98755 \times 10^9$ N · m^2 · C^{-2}. 比例系数 k 也表示为 $k = \dfrac{1}{4\pi\varepsilon_0}$. 式中 ε_0 叫做真空电容率或真空介电常数,在国际单位制下 $\varepsilon_0 = 8.8542 \times 10^{-12}$ F · m^{-1}. 把 $k = \dfrac{1}{4\pi\varepsilon_0}$ 代入式(11-1)得

$$F_{12} = \frac{1}{4\pi\varepsilon_0} \frac{q_1 q_2}{r_{12}^2} e_{12} \tag{11-2}$$

库仑定律是通过宏观带电体的实验总结出来的. 现代实验表明,这个定律对原子内的质子、电子等微观带电体也适用. 通常把带电体间遵从库仑定律的相互作用

力称为库仑力.

如果点电荷不止两个,实验表明每两个点电荷之间的相互作用力仍由式(11-1)给出,并不因为其他静止电荷的存在而改变.当空间中有两个以上的点电荷(q_1,q_2,$\cdots$,q_N)时,电荷 q_0 所受到的总的作用力则为所有其他点电荷对它的作用力的矢量之和,即

$$F = \sum_{i=1}^{N} F_i = \sum_{i=1}^{N} \frac{1}{4\pi\varepsilon_0} \frac{q_0 q_i}{r_i^2} e_i \tag{11-3}$$

这就是静电力的叠加原理.

思 考 题

11.1-1 库仑定律成立的条件是什么?

11.2 电 场 强 度

11.2.1 静电场

两个点电荷并不直接接触,但它们之间却存在着相互作用的 **静电力**(即库仑力),历史上对这种相互作用是通过什么方式和途径才得以实现的有过不同的观点.其中之一认为,电荷之间的静电力不需要任何介质,也不需要时间,就能够由一个电荷立即作用到另一个电荷上,即所谓 **超距作用**.后来,人们通过反复研究,证明任何电荷在其周围都将激发起电场,电荷间的相互作用是通过电场对电荷的作用来实现的.可以证明电场的传播速度是光的传播速度 $c = 2.9979 \times 10^8 \text{ m} \cdot \text{s}^{-1}$. 在人们发现电场具有有限的速度传播后,"超距作用"的观点就被否定了.

现在人们对场的物质性有了更明确的认识,场是一种特殊形态的物质,它具有质量、动量和能量.与分子、原子等实物相比,场也有特殊之处.分子或原子占据了的空间不能再被其他分子、原子同时占据,但几个电场可以同时占据同一空间,也就是说,场是可以叠加的,所以称它为特殊的物质.

不随时间变化的电场称为 **静电场**.静止电荷在周围空间产生的电场就是静电场.已经知道,处于万有引力场中的物体要受到万有引力的作用,并且当物体移动时,引力要对它做功.同样,处于静电场中的电荷也要受到电场力的作用,并且当电荷在电场中运动时电场力也要对它做功.在本章里,将主要研究静电场的性质,分别引出描述电场性质的两个物理量——电场强度和电势.

11.2.2 电场强度矢量

在静止电荷周围存在着静电场,静电场遍布静止电荷周围的全部空间.场对处

于其中的电荷施以作用力,这是电场的一个重要性质.为了定量描述电场的这个性质,把一个试验电荷 q_0 放到电场中不同位置,观察电场对试验电荷 q_0 的作用力的情况.试验电荷必须满足如下要求:①试验电荷必须是点电荷;②它的电量应足够小,以至于把它放进电场中时对原有的电场几乎没有什么影响.为叙述方便,取试验电荷为正电荷 q_0.

　　实验表明,在静止电荷 Q 周围的静电场中,试验电荷 q_0 在电场中不同位置处所受到的电场力 F 的值和方向均不相同.另外,对于电场中任一固定点而言,试验电荷 q_0 在该处所受的电场力 F 与 q_0 的大小有关,但 F 与 q_0 之比与 q_0 无关,为一不变的矢量.这个不变的矢量只与该点电场性质有关,并能反映电场在该点处对进入其中带电的物体施力的性质,所以将该矢量定义为**电场强度**,用符号 E 表示,有

$$E = \frac{F}{q_0} \qquad\qquad (11\text{-}4)$$

式(11-4)为电场强度的定义式.它表明,电场中某点处的电场强度矢量等于位于该点处的单位试验电荷所受的电场力.电场强度是空间位置的函数.当取试验电荷为正电荷时,E 的方向与正试验电荷所受力 F 的方向相同.

　　在国际单位制中,电场强度的单位为牛顿·库仑$^{-1}$,符号为 $N \cdot C^{-1}$;电场强度的单位也为伏特·米$^{-1}$,符号为 $V \cdot m^{-1}$.两者是一样的,不过 $V \cdot m^{-1}$ 较 $N \cdot C^{-1}$ 使用得更普遍些.

　　应当指出,在已知电场强度分布的电场中,电荷 q 在场中某点处所受的力 F 可由式(11-4)算得

$$F = qE$$

11.2.3　点电荷电场强度

　　由库仑定律及电场强度定义式,可求得真空中点电荷周围电场的电场强度.

　　如图 11.2(a)所示,在真空中,点电荷 Q 位于直角坐标系的原点 O,由原点 O 指向场点 P 的位矢为 r.若把试验电荷 $q_0(q_0 > 0)$ 置于场点 P,由库仑定律可得 q_0 所受的电场力为

$$F = \frac{1}{4\pi\varepsilon_0} \frac{Qq_0}{r^2} e_r$$

式中,e_r 为位矢 r 的单位矢量,即 $e_r = \dfrac{r}{r}$.由电场强度定义式(11-4)可得场点 P 处的电场强度为

$$E = \frac{1}{4\pi\varepsilon_0} \frac{Q}{r^2} e_r \qquad\qquad (11\text{-}5)$$

　　式(11-5)是在真空中点电荷 Q 所激发的电场中任意点 P 处的电场强度表达式.这个公式也是计算点电荷电场强度的公式.从式(11-5)可以看出,如果点电荷

为正电荷(即 $Q>0$),E 的方向与 r 的方向相同;如果点电荷为负电荷(即 $Q<0$),则 E 的方向与 r 的方向相反[图 11.2(b)].同时表明,真空中点电荷的电场是非均匀场,并具有球对称性.

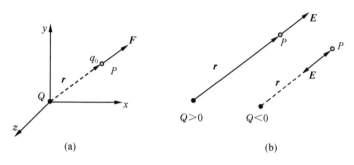

(a)   (b)

图 11.2　点电荷的电场强度

11.2.4　电场强度叠加原理

将静电力的叠加原理式(11-3)代入电场强度的定义式(11-4)中,得

$$E = \frac{F}{q_0} = \sum_{i=1}^{N} \frac{F_i}{q_0} = \sum_{i=1}^{N} E_i = \frac{1}{4\pi\varepsilon_0} \sum_{i=1}^{N} \frac{Q_i}{r_i^2} e_i \qquad (11\text{-}6)$$

式(11-6)表明,点电荷系所激发的电场中某点处的电场强度等于各个点电荷单独存在时对该点所激发的电场强度的矢量和.这就是电场强度的**叠加原理**.对于电荷连续分布的带电体,如图 11.3 所示,设其体积为 V,在带电体上取一体积为 dV 的电荷元 dq,它的线度相对于 V 可视为无限小,dV 内所包含的电量为 dq,可

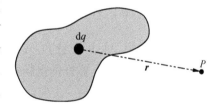

图 11.3　带电体的电场强度 $\mathrm{d}E$

将 dq 作为一个点电荷对待,则 dq 在点 P 的电场强度为

$$\mathrm{d}E = \frac{1}{4\pi\varepsilon_0} \frac{\mathrm{d}q}{r^2} e_r$$

式中,e_r 为由 dq 指向点 P 的单位矢量.根据电场强度叠加原理,整个带电体在点 P 处的电场强度 E 为

$$E = \int \mathrm{d}E = \int \frac{1}{4\pi\varepsilon_0} \frac{e_r}{r^2} \mathrm{d}q \qquad (11\text{-}7)$$

若 ρ 为其电荷体密度,则 $dq=\rho dV$.于是,式(11-7)也可写成

$$E = \int_V \frac{1}{4\pi\varepsilon_0} \frac{\rho e_r}{r^2} \mathrm{d}V \qquad (11\text{-}8\mathrm{a})$$

如果带电体是电荷连续分布的线带电体和面带电体,电荷元 dq 分别为 $dq=\lambda dl$ 和

d$q = \sigma$ds, 其中 λ 为电荷线密度, σ 为电荷面密度, 则由式(11-7)可得它们的电场强度分别为

$$E = \int_l \frac{1}{4\pi\varepsilon_0} \frac{\lambda e_r}{r^2} \mathrm{d}l \tag{11-8b}$$

$$E = \int_s \frac{1}{4\pi\varepsilon_0} \frac{\sigma e_r}{r^2} \mathrm{d}S \tag{11-8c}$$

例 11.1　电偶极子的电场强度.

如图 11.4 所示, 有两个电荷相等、符号相反, 相距为 r_0 的点电荷 $+q$ 和 $-q$. 若场点 P 到这两个点电荷的距离比 r_0 大很多时, 这两个点电荷构成的电荷系称为**电偶极子**. 从 $-q$ 指向 $+q$ 的矢量 r_0 称为电偶极子的轴, qr_0 称为电偶极子的**电偶极矩** (简称电矩), 用符号 p 表示, 有 $p = qr_0$. 下面分别讨论:

（1）电偶极子轴线延长线上一点的电场强度;

（2）电偶极子轴线的中垂线上一点的电场强度.

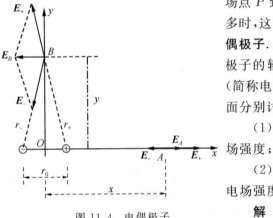

图 11.4　电偶极子

解　（1）如图 11.4 所示, 取电偶极子轴线的中点为坐标原点 O, 沿电偶极子的延长线为 Ox 轴, 轴上任意点 A 距原点 O 的距离为 x. 由式(11-5)可得点电荷 $+q$ 和 $-q$ 在点 A 激发的电场强度分别为

$$E_+ = \frac{1}{4\pi\varepsilon_0} \frac{q}{\left(x - \dfrac{r_0}{2}\right)^2} i$$

$$E_- = -\frac{1}{4\pi\varepsilon_0} \frac{q}{\left(x + \dfrac{r_0}{2}\right)^2} i$$

上两式表明, E_+ 和 E_- 的方向都沿 Ox 轴, 但方向相反. 由电场强度叠加原理可知, 点 A 处的 E 为

$$E = E_+ + E_- = \frac{q}{4\pi\varepsilon_0} \left[\frac{1}{\left(x - \dfrac{r_0}{2}\right)^2} - \frac{1}{\left(x + \dfrac{r_0}{2}\right)^2}\right] i$$

化简后有

$$E = \frac{q}{4\pi\varepsilon_0} \left[\frac{2xr_0}{\left(x^2 - \dfrac{r_0^2}{4}\right)^2}\right] i$$

上面已指出,对电偶极子来说,场点到电偶极子的距离比电偶极子中$+q$和$-q$之间的距离要大得多,即$x \gg r_0$,这样上式中$(x^2 - r_0^2/4) \approx x^2$. 于是上式可写为

$$E = \frac{1}{4\pi\varepsilon_0} \frac{2r_0 q}{x^3}i$$

由于电矩$p = qr_0 = qr_0 i$,所以上式为

$$E = \frac{1}{4\pi\varepsilon_0} \frac{2p}{x^3} \tag{1}$$

式(1)表明,在电偶极子轴线的延长线上任意点A处的电场强度E的大小与电偶极子的电矩p成正比,与电偶极子中点O到点A的距离的三次方成反比;电场强度E的方向与电矩p的方向相同.

（2）取Oy轴如图11.4所示.由式(11-5),可得点电荷$+q$和$-q$对中垂线上任意点B的电场强度分别为

$$E_+ = \frac{1}{4\pi\varepsilon_0} \frac{q}{r_+^2} e_+ \tag{2}$$

$$E_- = -\frac{1}{4\pi\varepsilon_0} \frac{q}{r_-^2} e_- \tag{3}$$

式中,r_+和r_-分别是$+q$和$-q$与点B间的距离,e_+和e_-分别是从$+q$和$-q$指向点B的单位矢量.由于B是$+q$,$-q$连线的中垂线上的一点,所以$r_+ = r_-$,令其为r,即有

$$r_+ = r_- = r = \sqrt{y^2 + \left(\frac{r_0}{2}\right)^2} \tag{4}$$

而e_+为r_+方向的单位矢量,其中r_+为

$$r_+ = \left(-\frac{r_0}{2}i + yj\right)$$

所以,单位矢量$e_+ = \left(-\frac{r_0}{2}i + yj\right)/r$,于是式(2)为

$$E_+ = \frac{1}{4\pi\varepsilon_0} \frac{q}{r^3}\left(yj - \frac{r_0}{2}i\right)$$

同理,式(3)为

$$E_- = -\frac{1}{4\pi\varepsilon_0} \frac{q}{r^3}\left(yj + \frac{r_0}{2}i\right)$$

根据电场强度叠加原理,可得点B处的电场强度E为

$$E = E_+ + E_- = \frac{1}{4\pi\varepsilon_0} \frac{q}{r^3}\left(yj - \frac{r_0}{2}i\right) - \frac{1}{4\pi\varepsilon_0} \frac{q}{r^3}\left(yj + \frac{r_0}{2}i\right)$$

$$E = -\frac{1}{4\pi\varepsilon_0} \frac{qr_0}{r^3}i$$

将式(4)代入上式,有

$$E = -\frac{1}{4\pi\varepsilon_0}\frac{qr_0\boldsymbol{i}}{\left(y^2 + \frac{r_0^2}{4}\right)^{\frac{3}{2}}}$$

对电偶极子来说,$y \gg r_0$,所以 $y^2 + \left(\frac{r_0}{2}\right)^2 \approx y^2$. 于是上式为

$$E = -\frac{1}{4\pi\varepsilon_0}\frac{qr_0}{y^3}\boldsymbol{i}$$

由于电偶极距 $\boldsymbol{p} = q\boldsymbol{r}_0 = qr_0\boldsymbol{i}$,上式也可写成

$$E = -\frac{1}{4\pi\varepsilon_0}\frac{\boldsymbol{p}}{y^3} \tag{5}$$

式(5)表明,在电偶极子的中垂线上任意点 B 处的电场强度 E 的大小与电矩 $\boldsymbol{p}$ 成正比,与电偶极子中点到点 B 的距离 y 的三次方成反比;电场强度 E 的方向与电矩的方向相反.

例 11.2　均匀带电圆环轴线上的电场.

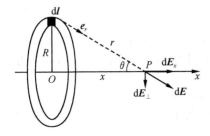

图 11.5　均匀带电圆环轴线上的
电场强度

如图 11.5 所示,正电荷 Q 均匀地分布在半径为 R 的细圆环上.计算在环的轴线上任一点 P 处的电场强度.

解　如图 11.5 所示,取环心为坐标原点,圆环平面与 x 轴垂直.点 P 与环心 O 的距离为 x.由题意知圆环上的电荷是均匀分布的,故其电荷线密度 λ 为一常量,且 $\lambda = q/(2\pi R)$.在环上取线段元 $\mathrm{d}l$,其电荷元 $\mathrm{d}q = \lambda\mathrm{d}l$. 此电荷元对点 P 处产生的电场强度为

$$\mathrm{d}\boldsymbol{E} = \frac{1}{4\pi\varepsilon_0}\frac{\lambda\mathrm{d}l}{r^2}\boldsymbol{e}_r$$

$\mathrm{d}\boldsymbol{E}$ 的方向如图 11.5 所示. $\mathrm{d}\boldsymbol{E}$ 可分为 $\mathrm{d}\boldsymbol{E}_x$,$\mathrm{d}\boldsymbol{E}_\perp$ 两个分量,由于电荷分布的对称性,圆环任意一条直径两端的两段电荷元的 $\mathrm{d}\boldsymbol{E}_\perp$ 分量互相抵消,所以圆环上各电荷元对点 P 处产生的电场在垂直于轴线方向的分量为零,即 $\int \mathrm{d}E_\perp = 0$;但分量 $\mathrm{d}E_x$ 由于都具有相同的方向而互相增强.由图 11.5 可知,$\mathrm{d}E_x = \mathrm{d}E\cos\theta$,所以圆环产生的电场强度为

$$E = \int_l \mathrm{d}E_x = \int_l \mathrm{d}E\cos\theta$$

因为

$$\mathrm{d}E\cos\theta = \frac{1}{4\pi\varepsilon_0} \frac{\lambda\mathrm{d}l}{r^2}\frac{x}{r} = \frac{1}{4\pi\varepsilon_0}\frac{\lambda x}{(x^2+R^2)^{\frac{3}{2}}}\mathrm{d}l$$

代入上式,得

$$E = \frac{1}{4\pi\varepsilon_0}\frac{\lambda x}{(x^2+R^2)^{\frac{3}{2}}}\int_0^{2\pi R}\mathrm{d}l$$

$$E = \frac{1}{4\pi\varepsilon_0}\frac{qx}{(x^2+R^2)^{\frac{3}{2}}}$$

上式表明,均匀带电圆环对轴线上任意点处的电场强度,是该点距环心 O 的距离 x 的函数,即 $E=E(x)$.图 11.6 是带电圆环轴线上 E-x 的分布图线.

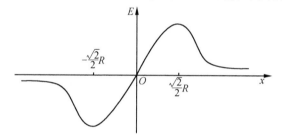

图 11.6 均匀带电圆环轴线上 E-x 的分布图线

当环的半径 $R \ll x$ 时,$E = \frac{1}{4\pi\varepsilon_0}\frac{qx}{(x^2+R^2)^{\frac{3}{2}}}$ 中的 R^2 可以忽略,该环在 x 处产生

的电场强度为 $E = \frac{1}{4\pi\varepsilon_0}\frac{q}{x^2}$,相当于点电荷产生的场.

例 11.3 均匀带电薄圆盘轴线上的电场强度.

如图 11.7 所示,有一半径为 R_0、电荷均匀分布的薄圆盘,其电荷面密度为 σ.求通过盘心且垂直盘面的轴线上任意一点处的电场强度.

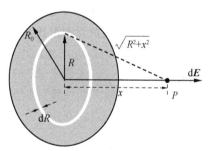

图 11.7 均匀带电薄圆盘轴线上的电场强度

解 如图 11.7 所示,取盘心为坐标原点,薄圆盘平面与 x 轴垂直.

如果没有例 11.2,可以在极坐标下取点电荷元 $\mathrm{d}q=\sigma\mathrm{d}S=\sigma r\mathrm{d}\theta\mathrm{d}r$,应用点电荷的电场

公式求出 $\mathrm{d}\boldsymbol{E}$,再进行对称性分析,得 $E=\int\mathrm{d}E_x$,但这需要计算二重积分,运算较麻烦.若应用例 11.2 的结果,易使问题得以解决.

如图 11.7 所示,把圆盘分成许多细圆环带,其中半径为 R,宽度为 $\mathrm{d}R$ 的环带

面积为 $2\pi R\mathrm{d}R$,此环带上的电荷为 $\mathrm{d}q = \sigma 2\pi R\mathrm{d}R$.利用例 11.2 结果,得环带对 x 轴上点 P 处产生的电场强度为

$$\mathrm{d}E_x = \frac{x\mathrm{d}q}{4\pi\varepsilon_0(x^2+R^2)^{\frac{3}{2}}} = \frac{\sigma xR\,\mathrm{d}R}{2\varepsilon_0(x^2+R^2)^{\frac{3}{2}}}$$

由于圆盘上所有带电的环带在点 P 处的电场强度都沿 x 轴同一方向,故由上式可得带电圆盘的轴线上点 P 处的电场强度为

$$E = \int \mathrm{d}E_x = \frac{1}{2\varepsilon_0}\int_0^{R_0} \frac{\sigma xR\,\mathrm{d}R}{(x^2+R^2)^{\frac{3}{2}}}$$

积分后,得

$$E = \frac{\sigma x}{2\varepsilon_0}\left(\frac{1}{\sqrt{x^2}} - \frac{1}{\sqrt{x^2+R_0^2}}\right) \tag{1}$$

讨论   如果 $x \ll R_0$,带电圆盘可看成是"无限大"的均匀带电平面,这时

$$\left(\frac{1}{\sqrt{x^2}} - \frac{1}{\sqrt{x^2+R_0^2}}\right) \approx \frac{1}{\sqrt{x^2}}$$

于是式(1)可简化为

$$E = \frac{\sigma}{2\varepsilon_0} \tag{2}$$

式(2)表明,很大的均匀带电平面附近的电场强度 E 的值是一个常量,E 的方向与平面垂直.因此,很大的均匀带电平面附近的电场可看作均匀电场.

应用电场强度的叠加原理求解连续带电体电场强度的一般步骤:

(1) 在带电体上选取电荷元(利用已知公式选取电荷元,一般选取点电荷元).

(2) 求出电荷元所带电量 $\mathrm{d}q$.

(3) 根据所选电荷元的形式,利用已知公式求出电荷元产生的电场强度的大小.

(4) 求出所选电荷元产生的电场强度 $\mathrm{d}\boldsymbol{E}$ 的方向.分析带电体上其他电荷元产生的电场强度的方向,按各个 $\mathrm{d}\boldsymbol{E}$ 的方向不同,讨论如下:

(a) 各个 $\mathrm{d}\boldsymbol{E}$ 的方向一致,则合场强 $\boldsymbol{E}$ 的方向与 $\mathrm{d}\boldsymbol{E}$ 的方向相同,其大小为

$$E = \int \mathrm{d}E$$

(b) 各个 $\mathrm{d}\boldsymbol{E}$ 的方向不一致,但有一定的对称性,这时可以通过对称性分析知道合场强 $\boldsymbol{E}$ 的方向,一般是某一分量为 0,总场强的大小为

$$E = \int \mathrm{d}E\cos\theta$$

式中,θ 是各个电荷元产生的电场强度 $\mathrm{d}\boldsymbol{E}$ 与合场强 $\boldsymbol{E}$ 之间的夹角.

(c) 各个 $\mathrm{d}\boldsymbol{E}$ 的方向不一致,并且不具有对称性,则合场强 $\boldsymbol{E}$ 在直角坐标系下表示为

$$\boldsymbol{E} = E_x\boldsymbol{i} + E_y\boldsymbol{j} + E_z\boldsymbol{k}$$

式中

$$E_x = \int \mathrm{d}E\cos\alpha, \quad E_y = \int \mathrm{d}E\cos\beta, \quad E_z = \int \mathrm{d}E\cos\gamma$$

式中，α、β、γ 分别是所选电荷元产生的电场强度 $\mathrm{d}\boldsymbol{E}$ 与坐标轴 x、y、z 之间的夹角. 这种类型运算一般都很复杂，常采用先求电势，再利用式（11-32）求解（详见 11.6.2 小节内容）.

思　考　题

11.2-1　电场强度计算式 $\boldsymbol{E} = \dfrac{q\boldsymbol{r}}{4\pi\varepsilon_0 r^3}$ 的适用条件是什么？公式 $\boldsymbol{E} = \dfrac{q\boldsymbol{r}}{4\pi\varepsilon_0 r^3}$ 和 $\boldsymbol{E} = \dfrac{\boldsymbol{F}}{q}$ 有什么区别和联系？

11.3　电场强度通量　高斯定理

11.3.1　电场线

电场是一种特殊的物质，为了直观、形象地描述电场，可以在电场中做一系列的曲线来表示电场的分布情况，这些曲线称为**电场线**. 电场线上每一点的切线方向与该点的电场强度 $\boldsymbol{E}$ 的方向一致，并以电场线箭头的指向表示电场强度的方向，图 11.8 是几种带电系统的电场线.

电场线如何反映电场的强弱呢？在电场中任一点，取一面积元 $\mathrm{d}S$，并使它与该点的 $\boldsymbol{E}$ 垂直，如图 11.9，设通过该面元的电场线数为 $\mathrm{d}N$，由于 $\mathrm{d}S$ 很小，所以 $\mathrm{d}S$ 面上各点的 $\boldsymbol{E}$ 可以认为是相同的，我们对通过面积元 $\mathrm{d}S$ 的电场线数 $\mathrm{d}N$，及该点的 $\boldsymbol{E}$ 的大小作如下规定：

$$\mathrm{d}N = E\mathrm{d}S$$

变换得

$$E = \frac{\mathrm{d}N}{\mathrm{d}S} \tag{11-9}$$

式（11-9）表明，通过电场中某点垂直于 $\boldsymbol{E}$ 的单位面积的电场线数等于该点处电场强度 $\boldsymbol{E}$ 的大小，$\dfrac{\mathrm{d}N}{\mathrm{d}S}$ 称为电场线密度. 显然，电场线密集的地方，电场强度较大；电场线稀疏的地方，电场强度较小. 例如在图 11.8(a) 和 (b) 中，点电荷附近的电场线密度就较远处的要大些，即点电荷附近的 $\boldsymbol{E}$ 比较远处的 $\boldsymbol{E}$ 要大些.

静电场的电场线有如下特点：①电场线总是始于正电荷（或来自无穷远），终止

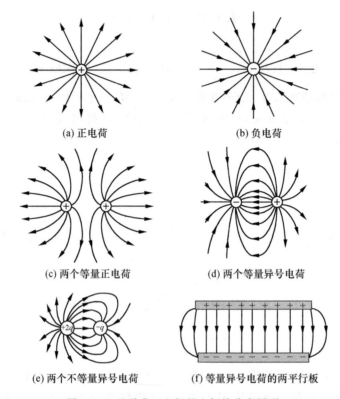

(a) 正电荷　　　　　　　　　(b) 负电荷

(c) 两个等量正电荷　　　　　(d) 两个等量异号电荷

(e) 两个不等量异号电荷　　　(f) 等量异号电荷的两平行板

图 11.8　几种典型电场的电场线分布图形

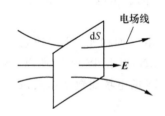

图 11.9　电场线密度与电场强度

于负电荷(或伸向无穷远),但不会在没有电荷的地方中断,也不会形成闭合曲线;②任何两条电场线都不能相交,因为电场中每一点处的电场强度只能有一个确定的方向.

由图 11.8(f)可以看出,带等值而异号电荷的两平行板中间部分的电场线密度处处相同,而且方向一致.这表明电场中的 E 处处相同(方向处一致,大小处处相等),这种电场叫做匀强电场或均匀电场.而图 11.8 中其他几种电场则都是非均匀电场.

虽然电场中并不存在电场线,但引入电场线概念可以形象地描绘出电场的总体情况,对于分析某些实际问题很有帮助.实际问题中遇到的电场往往比较复杂,如电子管内部的电场、高压电器设备附近的电场,在研究某些复杂的电场时,常采用模拟的方法把它们的电场线画出来.例如,在静电场中,放入撒有小石膏晶粒的水平玻璃板,或浮些短发丝的蓖麻油,这些小晶粒或短发丝就会沿电场强度方向排列起来,从而显示出我们所要的电场线图形.

11.3.2 电场强度通量

利用电场线的图像有助于理解电场强度通量.把通过电场中某一个面的电场线数叫做通过这个面的**电场强度通量**,用符号 Φ_e 表示.

下面先讨论匀强电场的情况.设在匀强电场中有一个和电场强度方向垂直的平面 S,如图 11.10(a)所示,则通过面 S 的电场强度通量 Φ_e 为

$$\Phi_e = ES \tag{11-10}$$

如果平面 S 的法线 n 与电场强度 E 的方向有一夹角 θ[图 11.10(b)]时,为了把面 S 在电场中的大小和方位两者同时表示出来,引入面积矢量 S,规定其大小为 S,其方向用它的单位法线矢量 e_n 来表示,有 $S = Se_n$.则通过面 S 的电场强度通量为

$$\Phi_e = ES\cos\theta \tag{11-11a}$$

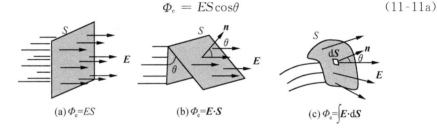

(a) $\Phi_e = ES$ (b) $\Phi_e = \boldsymbol{E} \cdot \boldsymbol{S}$ (c) $\Phi_e = \int \boldsymbol{E} \cdot \mathrm{d}\boldsymbol{S}$

图 11.10 闭合曲面的电场强度通量

根据矢量标积的定义,式(11-11a)可用矢量表示为

$$\Phi_e = \boldsymbol{E} \cdot \boldsymbol{S} = \boldsymbol{E} \cdot \boldsymbol{e}_n S \tag{11-11b}$$

如果电场是非匀强电场,并且面 S 不是平面,而是任意曲面[图 11.10(c)],则可以把曲面分成无限多个面积元 $\mathrm{d}S$,每个面积元 $\mathrm{d}S$ 都可看成是一个小平面,$\mathrm{d}S$ 可以无限小,所以在面积元 $\mathrm{d}S$ 上,E 也可以看成是处处相等.于是根据式(11-11)得,通过面积元 $\mathrm{d}S$ 的电场强度通量为

$$\mathrm{d}\Phi_e = E\mathrm{d}S\cos\theta = \boldsymbol{E} \cdot \mathrm{d}\boldsymbol{S} \tag{11-12}$$

所以通过曲面 S 的电场强度通量 Φ_e,就等于通过面 S 上所有面积元 $\mathrm{d}S$ 电场强度通量 $\mathrm{d}\Phi_e$ 的积分,即

$$\Phi_e = \int_S \mathrm{d}\Phi_e = \int_S E\cos\theta\mathrm{d}S = \int_S \boldsymbol{E} \cdot \mathrm{d}\boldsymbol{S} \tag{11-13}$$

如果曲面是闭合曲面,式(11-13)中的曲面积分应换成对闭合曲面积分,故通过闭合曲面的电场强度通量为

$$\Phi_e = \oint_S E\cos\theta\mathrm{d}S = \oint_S \boldsymbol{E} \cdot \mathrm{d}\boldsymbol{S} \tag{11-14}$$

一般来说,通过闭合曲面的电场线,有些是"穿进"的,有些是"穿出"的.也就是说,通过曲面上各个面积元的电场强度通量 $\mathrm{d}\Phi_e$ 有正、有负.为此规定,曲面上某点的法线矢量的方向是垂直曲面指向闭合曲面外侧的.如图 11.11 所示,在曲面的 A

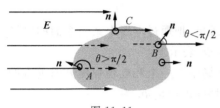

图 11.11

处,电场线从外穿进曲面里,$\theta > 90°$,所以 $\mathrm{d}\Phi_e$ 为负;在 B 处,电场线从曲面里向外穿出,$\theta < 90°$,所以 $\mathrm{d}\Phi_e$ 为正.

例 11.4 如图 11.12 所示,一长为 L、半径为 R 的圆柱体,置于电场强度为 E 的均匀电场中,圆柱体轴线与场强方向平行. 求:

（1）穿过圆柱体左端面的电通量;

（2）穿过圆柱体右端面的电通量;

（3）穿过圆柱体侧面的电通量;

（4）穿过圆柱体整个表面的电通量.

解 （1）$\Phi_{左} = E\cos\pi S_{左} = -E\pi R^2$

（2）$\Phi_{右} = E\cos 0 S_{右} = E\pi R^2$

（3）$\Phi_{侧} = \int_{侧} E\cos\dfrac{\pi}{2}\mathrm{d}S = 0$

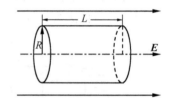

图 11.12　匀强电场通过圆柱体

（4）$\Phi_{闭} = \oint_S \boldsymbol{E} \cdot \mathrm{d}S = \Phi_{左} + \Phi_{右} + \Phi_{侧} = 0$

上述结果表明,在匀强电场中穿入圆柱体的电场线数目与穿出圆柱体的电场线数目相等,即穿过闭合曲面(圆柱体表面)的电场强度通量为零.

11.3.3　高斯定理

高斯定理形式上是关于电场强度通量的定理,但其内涵却是反映电场性质的一个重要定理. **高斯定理**表述为:在真空中,通过任一闭合曲面(**高斯面**)的电场强度通量,等于该曲面所包围的所有电荷的代数和除以 ε_0,与闭合曲面外的电荷无关. 它的数学表达式为

$$\Phi_e = \oint_S \boldsymbol{E} \cdot \mathrm{d}\boldsymbol{S} = \frac{1}{\varepsilon_0}\sum_{i=1}^{n} q_i \qquad (11\text{-}15)$$

高斯定理可以利用库仑定律和场强叠加原理证明. 下面只做简单的讨论,并不是严格的证明.

1. 一个点电荷 q 的情况

设真空中有一个正点电荷 q,被置于半径为 R 的球面中心,如图 11.13(a)所示. 由点电荷电场强度公式(11-5)可知,球面上各点电场强度 E 的大小均等于

$$E = \frac{1}{4\pi\varepsilon_0}\frac{q}{R^2}$$

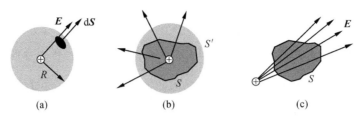

图 11.13 高斯定理说明图

E 的方向则沿径矢方向向外. 在球面上任取一面积元 dS,其正单位法线矢量 e_n 与场强 E 的方向相同,即 E 与面积元 dS 垂直. 根据式(11-12),通过 dS 的电场强度通量为

$$d\Phi_e = \boldsymbol{E} \cdot d\boldsymbol{S} = EdS = \frac{1}{4\pi\varepsilon_0}\frac{q}{R^2}dS$$

通过整个球面的电场强度通量为

$$\Phi_e = \oint_S \boldsymbol{E} \cdot d\boldsymbol{S} = \oint_S \frac{q}{4\pi\varepsilon_0 R^2}dS = \frac{q}{4\pi\varepsilon_0 R^2}\oint_S dS = \frac{q}{\varepsilon_0}$$

即

$$\Phi_e = \oint_S \boldsymbol{E} \cdot d\boldsymbol{S} = \frac{q}{\varepsilon_0}$$

可见,通过球面的电场强度通量与球面的半径无关,只与球面所包围的电荷 q 有关. 若 $q > 0$ 时,从 q 穿出球面的电场线数为 q/ε_0;若 $q < 0$ 时,则穿入球面并汇聚于 q 的电场线数为 $-q/\varepsilon_0$.

若包围点电荷 q 的是任意形状的闭合曲面,其电场强度通量又如何呢?

如图 11.13(b)所示,在曲面 S 外面做一以 q 为中心的球面 S',由于 S 与 S' 之间无其他电荷,所以穿过曲面 S 的电场线的根数(电场强度通量)等于穿过球面 S' 的电场线的根数,即穿过任意形状的闭合曲面 S 的电场强度通量为

$$\Phi_e = \oint_S \boldsymbol{E} \cdot d\boldsymbol{S} = \frac{q}{\varepsilon_0}$$

若点电荷 q 处于任意形状的闭合曲面的外部,如图 11.13(c)所示. 这时,由于闭合曲面内无电荷,所以电场线不会在曲面内终止,也不会由曲面内发出,电场线穿入曲面的根数等于穿出曲面的根数. 从数学上讲,对于闭合曲面的电场强度通量

$$\Phi_e = \oint_S \boldsymbol{E} \cdot d\boldsymbol{S} = \oint_S E\cos\theta dS = 0$$

即上式中的余弦值有正有负,使得 $\Phi_e = 0$.

2. 任意电荷系通过任意形状闭合曲面的电场强度通量

由于任意电荷系均可看成是点电荷的集合体,根据电场的叠加原理

$$\Phi_e = \oint_S \boldsymbol{E} \cdot \mathrm{d}\boldsymbol{S} = \oint_S \sum \boldsymbol{E}_i \cdot \mathrm{d}\boldsymbol{S} = \sum \oint_S \boldsymbol{E}_i \cdot \mathrm{d}\boldsymbol{S} = \sum \Phi_i$$

式中, Φ_i 是第 i 个点电荷通过该曲面的电场强度通量, 当 q_i 在闭合曲面之内时,

$\Phi_i = \dfrac{q_i}{\varepsilon_0}$; 当 q_i 在闭合曲面之外时, $\Phi_i = 0$. 因此通过该曲面的电场强度通量等于该

曲面内的所有电荷的代数和除以 ε_0, 即

$$\Phi_e = \oint_S \boldsymbol{E} \cdot \mathrm{d}\boldsymbol{S} = \frac{1}{\varepsilon_0} \sum_{i=1}^{n} q_i$$

可见高斯定理是成立的.

　　需要注意的是, 闭合曲面外的电荷对通过闭合曲面的电场强度通量没有贡献, 但是对闭合曲面上各点的电场强度是有贡献的, 即闭合曲面上各点的电场强度是由闭合曲面内、外所有电荷共同产生的.

11.3.4　高斯定理应用举例

　　高斯定理的重要应用之一就是计算带电体周围电场的电场强度, 一般来说, 高斯定理的数学表达式属于面积分, 计算比较复杂. 但如果所讨论的电场是均匀的电场, 或者电场的分布是对称的, 使面积分变得简单易算. 下面举几个例子, 说明如何应用高斯定理来计算对称分布的电场的电场强度.

　　例 11.5　均匀带电球面的电场强度.

　　设有一半径为 R, 均匀带电为 $Q(Q>0)$ 的球面. 求球面内部和外部任意点的电场强度 $\boldsymbol{E}$.

　　解　首先分析电场分布的对称性. 如图 11.14(a)所示, P 为球面外任意一点, 由于电荷分布是球对称的, 所以对于任何一对以 OP 为对称的电荷元 $\mathrm{d}q$ 和 $\mathrm{d}q'$, 在 P 点产生的电场强度 $\mathrm{d}\boldsymbol{E}_\text{合}$ 都沿 $\overrightarrow{OP}$ 方向, 因此整个球面在点 P 的电场强度 $\boldsymbol{E}$ 的方向都沿半径向外. 由于 P 点的任意性, 所以球面外各点的电场强度 $\boldsymbol{E}$ 的方向都沿半径方向向外. 又根据电荷分布的球对称性, 知 $\boldsymbol{E}$ 的大小必然仅依赖于从球心到场点的距离 r. 这就是说, 在与带电球面同心的同一球面上各点 $\boldsymbol{E}$ 的大小相等, 且 $\boldsymbol{E}$ 与球面上各处的面积元 $\mathrm{d}S$ 相垂直. 即 $\boldsymbol{E}$ 的分布也是球对称的.

　　根据 $\boldsymbol{E}$ 分布的球对称性, 选取与带电球面同心的球面为高斯面.

　　对于 $0<r<R$, 做如图 11.14(b)所示的高斯面, 由高斯定理式(11-15)可得

$$\oint_{S_1} \boldsymbol{E} \cdot \mathrm{d}\boldsymbol{S} = E4\pi r^2 = 0$$
$$E = 0, \quad 0 < r < R \tag{1}$$

式(1)表明, 均匀带电球面内部的电场强度处处为零.

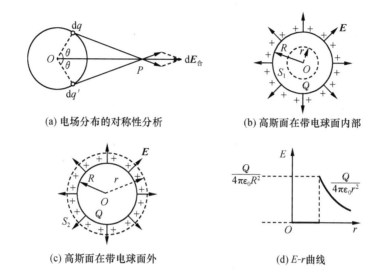

(a) 电场分布的对称性分析 (b) 高斯面在带电球面内部

(c) 高斯面在带电球面外 (d) E-r 曲线

图 11.14 均匀带电球面的电场强度

对于 $r>R$,做如图 11.14(c)所示的高斯面,由高斯定理可得

$$\oint_{S_2} \boldsymbol{E} \cdot \mathrm{d}\boldsymbol{S} = E\oint_{S_2} \mathrm{d}S = E4\pi r^2 = \frac{Q}{\varepsilon_0}$$

$$E = \frac{Q}{4\pi\varepsilon_0 r^2}, \quad r > R \tag{2}$$

其矢量表示式为

$$\boldsymbol{E} = \frac{Q}{4\pi\varepsilon_0 r^2}\boldsymbol{e}_r, \quad r > R$$

上式表明,均匀带电球面在其外部建立的电场与等量电荷全部集中在球心时在外部建立的电场相同.

由式(1)和式(2)可做如图 11.14(d)的 E-r 曲线.从曲线上可以看出,球面内 $(0<r<R)$ 的 E 为零,球面外 $(r>R)$ 的 E 与 r^2 成反比,球面处 $(r=R)$ 的电场强度有跃变.

例 11.6 无限长均匀带电直线的电场强度.

设有一无限长均匀带电直线,单位长度上的电荷,即电荷线密度为 $\lambda(\lambda>0)$. 求距直线为 r 处的电场强度.

解 首先分析电场分布的对称性.如图 11.15(a)所示,导线上任意一点取为 O,OP 垂直于导线,P 为线外任意一点,由于带电直线无限长,且电荷分布是均匀的,所以导线上以 O 点为对称的上下两个电荷元产生的合场强 $\mathrm{d}\boldsymbol{E}$ 的方向必沿 OP 方向,由于 P 点的任意性,故无限长均匀带电直线产生的电场强度 $\boldsymbol{E}$ 沿垂直于该直线的径矢方向,而且在距直线等距离处各点的 E 的大小相等.这就是说,无限长均匀带电直线的电场是轴对称的.

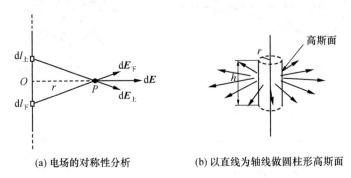

(a) 电场的对称性分析　　　　(b) 以直线为轴线做圆柱形高斯面

图 11.15　无限长均匀带电直线的电场强度

根据电场对称性的特点,取以带电直线为轴线的正圆柱面为高斯面,如图 11.15(b) 所示,它的高度为 h,底面半径为 r.由于 E 与上、下底面的法线垂直,所以通过圆柱两个底面的电场强度通量为零.而通过圆柱侧面的电场强度通量为 $2\pi rhE$,此高斯面所包围的电荷为 λh.所以,根据高斯定理有

$$\oint_S \boldsymbol{E} \cdot \mathrm{d}\boldsymbol{S} = \int_{\text{侧面}} \boldsymbol{E} \cdot \mathrm{d}\boldsymbol{S} + \int_{\text{上底面}} \boldsymbol{E} \cdot \mathrm{d}\boldsymbol{S} + \int_{\text{下底面}} \boldsymbol{E} \cdot \mathrm{d}\boldsymbol{S} = \int_{\text{侧面}} \boldsymbol{E} \cdot \mathrm{d}\boldsymbol{S}$$

$$\int_{\text{侧面}} \boldsymbol{E} \cdot \mathrm{d}\boldsymbol{S} = E \int_{\text{侧面}} \mathrm{d}S = 2\pi rhE = \frac{\lambda h}{\varepsilon_0}$$

解得

$$E = \frac{\lambda}{2\pi\varepsilon_0 r}$$

即无限长均匀带电直线外一点的电场强度与该点距带电直线的垂直距离 r 成反比,与电荷线密度 λ 成正比.

例 11.7　无限大均匀带电平面的电场强度.

设有一无限大的均匀带电平面,单位面积上所带的电荷,即电荷面密度为 $\sigma(\sigma > 0)$.求距离该平面为 r 处某点的电场强度.

解　将带电平面看成是由无穷多个无限长的带电直线组成,由上例题结果知,各点的场强垂直于该平面,且平面两侧对称点处的电场强度大小相等,即带电平面两侧的电场具有平面对称性,如图 11.16(a) 所示.取如图 11.16(b) 所示的圆柱形高斯面,设其底面面积为 ΔS,此高斯面穿过带电平面,并关于带电平面对称.显然其侧面的法线与电场强度垂直,所以,通过侧面的电场强度通量为零,而底面的法线与电场强度平行,且底面上电场强度大小相等,所以通过两底面的电场强度通量

各为 $E\Delta S$. 根据高斯定理可得

$$\oint_S \boldsymbol{E} \cdot \mathrm{d}\boldsymbol{S} = \int_{侧面} \boldsymbol{E} \cdot \mathrm{d}\boldsymbol{S} + \int_{两底面} \boldsymbol{E} \cdot \mathrm{d}\boldsymbol{S} = \int_{两底面} \boldsymbol{E} \cdot \mathrm{d}\boldsymbol{S} = E2\Delta S = \frac{\sigma\Delta S}{\varepsilon_0}$$

解得

$$E = \frac{\sigma}{2\varepsilon_0}$$

上式表明,无限大均匀带电平面的 $\boldsymbol{E}$ 与场点到平面的距离无关,而且 $\boldsymbol{E}$ 的方向与带电平面垂直.因而无限大带电平面的电场为均匀电场.

由上述例题可见,应用高斯定理求电场强度的解题步骤为:

(1) 根据电荷分布的对称性来分析电场强度的对称性,找出 E 相等的点及 $\boldsymbol{E}$ 的方向;

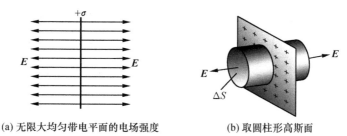

(a) 无限大均匀带电平面的电场强度   (b) 取圆柱形高斯面

图 11.16   无限大均匀带电平面

(2) 根据电场强度的对称性做合适的高斯面;

(3) 求高斯面内电荷的代数和;

(4) 根据高斯定理计算出电场强度的大小.

思 考 题

11.3-1   有人说:电场线上各点的切线方向一定是处于各点的点电荷在电场力作用下运动的加速度方向.这种说法对吗? 为什么?

11.3-2   在高斯定理中,高斯面的形状有无特殊要求?高斯面上的电场是否只与高斯面内的电荷有关? 为什么?

11.3-3   如果高斯面上的电场处处为零,则该高斯面面内必无电荷.这种说法对吗? 为什么?

11.4 静电场的环路定理 电势能

静电场对位于其中的电荷施有作用力.当电荷在静电场中运动时,电场力就要做功.根据电场力做功的特点,电磁学中引入了电势这一概念.电势与电场强度一样,也常被用来描述电场的性质.

11.4.1 静电场力所做的功

下面先来分析点电荷的电场中静电场力做功的特点.如图 11.17 所示,有一正点电荷 q 固定于原点 O,试验电荷 q_0 在 q 的电场中由点 A 沿任意路径 ACB 到达点 B.在路径上点 C 处取位移元 $\mathrm{d}\boldsymbol{l}$,从原点 O 到点 C 的径矢为 $\boldsymbol{r}$.电场力对 q_0 做的元功为

$$\mathrm{d}W = q_0 \boldsymbol{E} \cdot \mathrm{d}\boldsymbol{l}$$

已知点电荷的电场强度为

$$\boldsymbol{E} = \frac{1}{4\pi\varepsilon_0} \frac{q}{r^2} \boldsymbol{e}_r$$

于是元功可写为

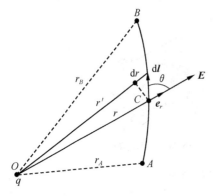

图 11.17 非匀强电场中电场力

$$\mathrm{d}W = \frac{1}{4\pi\varepsilon_0} \frac{qq_0}{r^2} \boldsymbol{e}_r \cdot \mathrm{d}\boldsymbol{l} = \frac{qq_0}{4\pi\varepsilon_0 r^3} \boldsymbol{r} \cdot \mathrm{d}\boldsymbol{l}$$

从图 11.17 可以看出,$\boldsymbol{r} \cdot \mathrm{d}\boldsymbol{l} = r\mathrm{d}l\cos\theta = r\mathrm{d}r$,式中 θ 是 $\boldsymbol{E}$ 与 $\mathrm{d}\boldsymbol{l}$ 之间的夹角.所以上式可写成

$$\mathrm{d}W = \frac{1}{4\pi\varepsilon_0} \frac{qq_0}{r^2} \mathrm{d}r$$

于是,在试验电荷 q_0 从点 A 移至点 B 的过程中,电场力所做的总功为

$$W = \int \mathrm{d}W = \frac{qq_0}{4\pi\varepsilon_0} \int_{r_A}^{r_B} \frac{\mathrm{d}r}{r^2} = \frac{qq_0}{4\pi\varepsilon_0} \left(\frac{1}{r_A} - \frac{1}{r_B} \right) \tag{11-16}$$

式(11-16)表明,在点电荷 q 的非匀强电场中,电场力对试验电荷 q_0 所做的功,只与其移动时的起始和终了位置有关,与所经历的路径无关.

任意带电体都可看成由许多点电荷组成的点电荷系.由电场强度叠加原理可知,点电荷系的电场强度可视为各点电荷电场强度的叠加,即

$$\boldsymbol{E} = \boldsymbol{E}_1 + \boldsymbol{E}_2 + \boldsymbol{E}_3 + \cdots$$

因此任意点电荷系的电场力所做的功,等于组成此点电荷系的各点电荷的电场力所做功的代数和,即所做的功

$$W = q_0 \int_l \boldsymbol{E} \cdot \mathrm{d}\boldsymbol{l} = q_0 \int_l \boldsymbol{E}_1 \cdot \mathrm{d}\boldsymbol{l} + q_0 \int_l \boldsymbol{E}_2 \cdot \mathrm{d}\boldsymbol{l} + \cdots$$

上式中每一项都与路径无关,所以它们的代数和也必然与路径无关. 由此得出如下结论:一试验电荷 q_0 在静电场中从一点沿任意路径运动到另一点时,静电场力对它所做的功,仅与试验电荷 q_0 及路径的起点和终点的位置有关,而与该路径的形状无关.

11.4.2　静电场的环路定理

如图 11.18 所示,设试验电荷 q_0 在静电场中沿闭合路径 $ABCDA$ 运动,电场力做的功为

$$W = q_0 \oint_l \boldsymbol{E} \cdot \mathrm{d}\boldsymbol{l} = q_0 \int_{ABC} \boldsymbol{E} \cdot \mathrm{d}\boldsymbol{l} + q_0 \int_{CDA} \boldsymbol{E} \cdot \mathrm{d}\boldsymbol{l}$$

$$(11\text{-}17)$$

由于

$$\int_{CDA} \boldsymbol{E} \cdot \mathrm{d}\boldsymbol{l} = -\int_{ADC} \boldsymbol{E} \cdot \mathrm{d}\boldsymbol{l}$$

而且电场力做功与路径无关,即

$$q_0 \int_{ADC} \boldsymbol{E} \cdot \mathrm{d}\boldsymbol{l} = q_0 \int_{ABC} \boldsymbol{E} \cdot \mathrm{d}\boldsymbol{l}$$

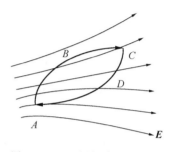

图 11.18　q_0 沿闭合路径移动
一周电场力做功为零

把它们代入式(11-17)得

$$W = q_0 \oint_l \boldsymbol{E} \cdot \mathrm{d}\boldsymbol{l} = q_0 \int_{ABC} \boldsymbol{E} \cdot \mathrm{d}\boldsymbol{l} - q_0 \int_{ADC} \boldsymbol{E} \cdot \mathrm{d}\boldsymbol{l} = 0 \qquad (11\text{-}18)$$

式(11-18)表明,将试验电荷沿闭合路径移动一周,电场力做的功为零.

在式(11-18)中,由于 q_0 不为零,式(11-18)成立,必须有

$$\oint_l \boldsymbol{E} \cdot \mathrm{d}\boldsymbol{l} = 0 \qquad (11\text{-}19)$$

式(11-19)表明,在静电场中,电场强度 $\boldsymbol{E}$ 沿任意闭合路径的线积分为零. $\boldsymbol{E}$ 沿任意闭合路径的线积分又叫做 $\boldsymbol{E}$ 的**环流**,故上式也表明,在静电场中电场强度 $\boldsymbol{E}$ 的环流为零,这称为静电场的**环路定理**. 它与高斯定理一样,也是表述静电场性质的一个重要定理.

应当指出,在静电场中,电场力对试验电荷做功与路径无关是静电场的一个重要性质,这与万有引力和弹性力做功的特性是一样的. 所以静电场力是保守力,静电场是保守场.

11.4.3　电势能

在力学中,针对重力、弹性力这一类保守力,曾引进重力势能和弹性势能. 从上面的讨论中已经知道,静电场力也是保守力,因此也可以引进相应的势能. 可以认

为,电荷在静电场中的一定位置上具有一定的**电势能**,这个电势能是属于电荷-电场系统的,而静电场力对电荷所做的功就等于电荷电势能的减少. 如果以 E_{pA} 和 E_{pB} 分别表示试验电荷 q_0 在电场中点 A 和点 B 处的电势能,则试验电荷从 A 移动到 B,静电场力对它做的功为

$$W = q_0 \int_{AB} \boldsymbol{E} \cdot \mathrm{d}\boldsymbol{l} = E_{pA} - E_{pB} = -(E_{pB} - E_{pA}) \qquad (11\text{-}20)$$

在国际单位制中,电势能的单位是焦耳,符号为 J.

电势能也和重力势能一样,是一个相对的量. 在重力场中,要决定物体在某点的重力势能,就必须先选择一个势能为零的参考点,与此相似,要决定电荷在电场中某一点电势能的值,也必须先选择一个电势能参考点,并设该点的电势能为零. 这个参考点的选择是任意的,处理问题时视方便选取. 在式(11-20)中,若选 q_0 在点 B 处的电势能为零,即 $E_{pB}=0$,则有

$$E_{pA} = q_0 \int_{AB} \boldsymbol{E} \cdot \mathrm{d}\boldsymbol{l} \qquad (11\text{-}21)$$

这表明,试验电荷 q_0 在电场中某点处的电势能,在数值上就等于把它从该点移到零势能处静电场力所做的功. 对于有限带电体,一般选无限远处为电势能的零点.

思 考 题

11.4-1　一个带电粒子在电场中从静止开始运动. 它的运动路线是否是一条电场线? 它的电势能变高还是变低? 为什么?

11.5　电　　势

11.5.1　电势　电势差

由式(11-20)可见,电势能不仅与电场及电荷的位置有关,还与电荷的电量有关,所以不能直接用电势能来描述静电场的性质. 将式(11-20)两边同除以 q_0,得

$$\int_{AB} \boldsymbol{E} \cdot \mathrm{d}\boldsymbol{l} = \frac{E_{pA}}{q_0} - \frac{E_{pB}}{q_0}$$

实验表明,各点处电荷的电势能与其电量的比值 E_p/q_0 只与电场的性质有关. 下面引入描述静电场性质的另一个重要物理量——**电势**. 定义电场中某一点的电势等于单位正电荷在该点的电势能,用 U 表示,则 A 点的电势为

$$U_A = \frac{E_{pA}}{q_0}$$

这样式(11-20)可写成

$$U_A = \int_{AB} \boldsymbol{E} \cdot \mathrm{d}\boldsymbol{l} + U_B \tag{11-22}$$

从式(11-22)可以看出,要确定点 A 的电势,不仅要知道将单位正试验电荷从点 A 移至点 B 时电场力所做的功$\int_{AB} \boldsymbol{E} \cdot \mathrm{d}\boldsymbol{l}$,而且还要知道点 B 的电势.所以点 B 的电势 U_B 常叫做参考电势.原则上参考电势 U_B 可取任意值,但是为方便起见,对电荷分布在有限空间的情况来说,通常取点 B 在无限远处,并令无限远处的电势为零,即 $U_B = 0$.于是,对有限带电体的情况,电场中点 A 的电势为

$$U_A = \int_{A\infty} \boldsymbol{E} \cdot \mathrm{d}\boldsymbol{l} \tag{11-23}$$

式(11-23)表明,电场中某一点 A 的电势 U_A 在数值上等于把单位正试验电荷从点 A 移到无限远处时,静电场力所做的功.

电势是标量,它的国际单位是伏特,简称伏,其符号为 V.

电场中 A、B 两点间的**电势差**用符号 U_{AB} 表示,即

$$U_{AB} = U_A - U_B = -(U_B - U_A) = \int_{AB} \boldsymbol{E} \cdot \mathrm{d}\boldsymbol{l} \tag{11-24}$$

这就是说,静电场中 A、B 两点的电势差 U_{AB} 在数值上等于把单位正试验电荷从点 A 移到点 B 时,静电场力所做的功.因此,如果知道了 A、B 两点间的电势差 U_{AB},就可以很方便地求得把电荷 q 从点 A 移到点 B 时,静电场力所做的功

$$W_{AB} = q \int_{AB} \boldsymbol{E} \cdot \mathrm{d}\boldsymbol{l} = q U_{AB} = q(U_A - U_B) = -q(U_B - U_A) \tag{11-25}$$

把式(11-25)与式(11-20)相比较,可得

$$W_{AB} = E_{pA} - E_{pB} = q(U_A - U_B) = -q(U_B - U_A)$$

应当指出,电场中某一点的电势值与电势为零的参考点的选取有关,而电场中任意两点的电势差则与电势为零的参考点的选取无关.

在实用中,常取大地的电势为零.这样任何导体接地后,就认为它的电势也为零.如某点相对于大地的电势差为 380 V,那么该点的电势就为 380 V.在电子仪器中,常取机壳或公共地线的电势为零,各点的电势值就等于它们与公共地线(或机壳)之间的电势差,只要测出这些电势差的数值,就很容易判定仪器工作是否正常.

11.5.2　点电荷电场的电势

设在点电荷 q 的电场中,点 P 到电荷 q 的距离为 r.由式(11-23)和式(11-5)可得点 P 的电势为

$$U = \int_r^\infty \boldsymbol{E} \cdot \mathrm{d}\boldsymbol{l} = \frac{q}{4\pi\varepsilon_0 r} \tag{11-26}$$

式(11-26)表明,当 $q > 0$ 时,电场中各点的电势都是正值,随 r 的增加而减小;但当

$q<0$ 时,电场中各点的电势则是负值,而在无限远处的电势虽为零,但电势却最高.

电势是标量,故对分布在有限区域中由各个电荷构成的电荷系来说,电场中某点的电势可逐一利用式(11-26)求出后,再求代数和而得.

11.5.3　电势的叠加原理

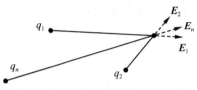

图 11.19　点电荷电势叠加原理图

如图 11.19 所示,真空中有一点电荷系,各电荷分别为 q_1、q_2、$\cdots$、q_n.

由电场强度叠加原理可知,点电荷系的电场中某点的电场强度 $\boldsymbol{E}$,等于各个点电荷独立存在时在该点产生的电场强度的矢量和,即

$$\boldsymbol{E} = \boldsymbol{E}_1 + \boldsymbol{E}_2 + \boldsymbol{E}_3 + \cdots + \boldsymbol{E}_n$$

于是,根据电势的定义式(11-23),可得点电荷系电场中点 A 的电势为

$$U_A = \int_{A\infty} \boldsymbol{E} \cdot \mathrm{d}l = \int_{A\infty} \boldsymbol{E}_1 \cdot \mathrm{d}l + \int_{A\infty} \boldsymbol{E}_2 \cdot \mathrm{d}l + \cdots + \int_{A\infty} \boldsymbol{E}_n \cdot \mathrm{d}l$$

即

$$U_A = U_1 + U_2 + \cdots + U_n$$

式中,U_1、U_2、$\cdots$、U_n 分别为点电荷 q_1、q_2、$\cdots$、q_n 单独存在时在电场中 A 点产生的电势.由点电荷电势的计算式(11-26),上式可写成

$$U_A = \sum_i U_{Ai} = \sum_i \frac{q_i}{4\pi\varepsilon_0 r_i} \tag{11-27}$$

式(11-27)表明,点电荷系所产生的电场中某点的电势,等于各点电荷单独存在时在该点建立的电势的代数和.这一结论叫做静电场的**电势叠加原理**,式(11-27)是它的数学表达式.

若一带电体上的电荷是连续分布的,则可把它分成如图 11.20 所示的无限多个电荷元 $\mathrm{d}q$,每一电荷元在电场中点 P 建立的电势为

$$\mathrm{d}U = \frac{1}{4\pi\varepsilon_0} \frac{\mathrm{d}q}{r}$$

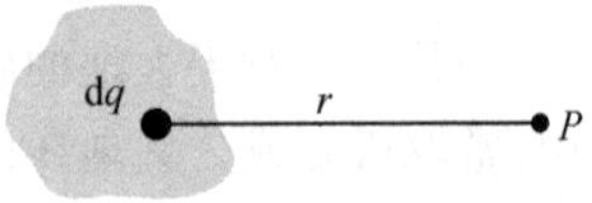

图 11.20　电荷连续分布带电体电势叠加原理图

而该点的电势则为这些电荷元电势的叠加,即

$$U_P = \int \frac{\mathrm{d}q}{4\pi\varepsilon_0 r} \tag{11-28}$$

式(11-28)积分要遍及整个带电体.把式(11-28)和式(11-7)相比较可以看出,求电势的积分是一个标量积分,而求电场强度的积分则是一个矢量积分.

例 11.8　如图 11.21 所示,正电荷 q 均匀的分布在半径为 R 的细圆环上.计

算在环的轴线上与环心 O 相距为 x 处点 P 的电势.

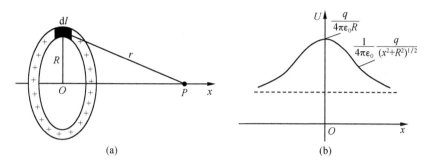

图 11.21　均匀带电圆环轴线上的电势

解　如图 11.21(a)所示,取环心为坐标原点,圆环平面与 x 轴垂直.在圆环上取一长度为 $\mathrm{d}l$ 的电荷元 $\mathrm{d}q$,其电荷线密度为 λ,则有 $\mathrm{d}q = \lambda\mathrm{d}l = \dfrac{q\mathrm{d}l}{2\pi R}$.把它代入式(11-28),得

$$U_P = \frac{1}{4\pi\varepsilon_0 r}\int \frac{q\mathrm{d}l}{2\pi R} = \frac{q}{4\pi\varepsilon_0 r} = \frac{q}{4\pi\varepsilon_0 \sqrt{x^2 + R^2}} \tag{1}$$

图 11-21(b)给出了 x 轴上的电势 U 随坐标 x 变化的曲线.

利用上述结果,很容易计算一均匀带电薄圆盘,在通过盘心且垂直盘面的轴线上任意点的电势.

如图 11.22 所示,取圆盘中心为坐标原点,圆盘平面与 x 轴垂直,点 P 距原点为 x.由于圆

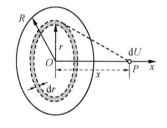

图 11.22　均匀带电薄圆盘的电势

盘均匀带有电荷 Q,其电荷面密度为 $\sigma = \dfrac{Q}{\pi R^2}$.把圆盘分成许多个小圆环,图中画出了一个半径为 r,宽为 $\mathrm{d}r$ 的小圆环,该圆环的电荷为

$$\mathrm{d}q = \sigma 2\pi r \mathrm{d}r$$

由式(1)的结果,可得带电圆盘在点 P 的电势为

$$U_P = \frac{1}{4\pi\varepsilon_0}\int_0^R \frac{\sigma 2\pi r \mathrm{d}r}{\sqrt{x^2 + r^2}} = \frac{\sigma}{2\varepsilon_0}(\sqrt{x^2 + R^2} - x) \tag{2}$$

当 $x \gg R$ 时,$\sqrt{x^2 + R^2} \approx x + \dfrac{R^2}{2x}$.由式(2)得

$$U \approx \frac{\sigma}{2\varepsilon_0}\frac{R^2}{2x} = \frac{1}{4\pi\varepsilon_0}\frac{\sigma\pi R^2}{x} = \frac{1}{4\pi\varepsilon_0}\frac{Q}{x}$$

由这个结果可以看出,在离开圆盘很远处,可以把整个带电圆盘看作一个点电荷.

例 11.9 均匀带电球面的电势.

在真空中,有一带电为 Q,半径为 R 的均匀带电球面,其电荷是面分布的,试求:

(1) 球面外两点间的电势差;

(2) 球面内两点间的电势差;

(3) 球面内外两点间的电势差;

(4) 球面外任意点的电势;

(5) 球面内任意点的电势.

解 由第 11.3 节的例 11.5,已知均匀带电球面的场强为

$$E_1 = 0, \quad r < R$$

$$E_2 = \frac{Q}{4\pi\varepsilon_0 r^2} e_r, \quad r > R$$

(1) 在如图 11.23(a)所示的径向取 A、B 两点,它们与球心的距离分别为 r_A 和 r_B,那么,由式(11-24)可得 A、B 两点之间的电势差为

$$U_A - U_B = \int_{r_A}^{r_B} \mathbf{E}_2 \cdot \mathrm{d}\mathbf{r} = \frac{Q}{4\pi\varepsilon_0}\int_{r_A}^{r_B}\frac{\mathrm{d}r}{r^2}e_r \cdot e_r = \frac{Q}{4\pi\varepsilon_0}\int_{r_A}^{r_B}\frac{\mathrm{d}r}{r^2} = \frac{Q}{4\pi\varepsilon_0}\left(\frac{1}{r_A}-\frac{1}{r_B}\right) \quad (1)$$

式(1)表明,均匀带电球面外两点的电势差,与球上电荷全部集中于球心时该两点的电势差是一样的.

(2) 球面内 A、B 两点间的电势差为

$$U_A - U_B = \int_{r_A}^{r_B} \mathbf{E}_1 \cdot \mathrm{d}\mathbf{r} = 0 \tag{2}$$

这表明,带电球面内各处的电势均相等为一等势体.下面将给出这个等势的值.

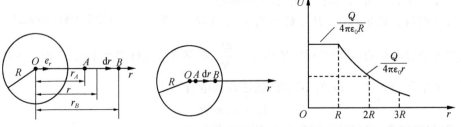

(a) AB 为球面外任意两点   (b) AB 为球面内任意两点   (c) 均匀带电球壳内、外的电势分布曲线

图 11.23 均匀带电球面的电势

(3) 与(1)相似,球面内任意点(到球心距离为 r)与球面外 A 点间的电势差为

$$U_内 - U_A = \int_r^R \mathbf{E}_1 \cdot \mathrm{d}\mathbf{r} + \int_R^{r_A} \mathbf{E}_2 \cdot \mathrm{d}\mathbf{r} = \frac{Q}{4\pi\varepsilon_0}\left(\frac{1}{R}-\frac{1}{r_A}\right) \tag{3}$$

这表明,带电球面内各点与球面外同一点的电势差是相同的,都等于球面到该点的

电势差.

（4）带电球面外一点的电势为

$$U(r) = \int_r^\infty \boldsymbol{E}_2 \cdot \mathrm{d}\boldsymbol{r} = \int_r^\infty \frac{Q}{4\pi\varepsilon_0 r^2} \mathrm{d}r = \frac{Q}{4\pi\varepsilon_0 r} \tag{4}$$

式（4）表明，均匀带电球壳外一点的电势，与球上电荷全部集中于球心时的电势是一样的，式（4）也可以令式（1）中 $r_B \rightarrow \infty$ 得到.

（5）利用式（11-26）求球面内各点的电势

$$U(r) = \int_r^R \boldsymbol{E}_1 \cdot \mathrm{d}\boldsymbol{r} + \int_R^\infty \boldsymbol{E}_2 \cdot \mathrm{d}\boldsymbol{r} = \int_R^\infty \frac{Q}{4\pi\varepsilon_0 r^2} \mathrm{d}r = \frac{Q}{4\pi\varepsilon_0 R} \tag{5}$$

即球面内各处的电势与球面的电势相同.

由式（4）和式（5）可得均匀带电球壳内、外的电势分布曲线如图 11.23（c）所示.

例 11.10　如图 11.24 所示，半径分别为 R_1、R_2 的两个同心均匀带电球面，所带电量分别为 Q_1、Q_2，求电势分布.

解　可以根据电势的定义式

$$U_A = \int_{A\infty} \boldsymbol{E} \cdot \mathrm{d}\boldsymbol{l}$$

按上例去求各处的电势. 现在换一种计算法，利用电势叠加的方法求电势.

利用例题 11.9 中式（4）和式（5）的结果，即
球面内

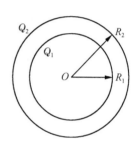

图 11.24　同心带电球面

$$U(r) = \frac{Q}{4\pi\varepsilon_0 R}$$

球面外

$$U(r) = \frac{Q}{4\pi\varepsilon_0 r}$$

对于 $r < R_1$ 的区域，对两球而言都是球面内，所以

$$U(r) = \frac{Q_1}{4\pi\varepsilon_0 R_1} + \frac{Q_2}{4\pi\varepsilon_0 R_2}, \quad r < R_1$$

对于 $R_1 < r < R_2$ 的区域，对带电 Q_1 的球面是球面外，对带电 Q_2 的球面是球面内，所以

$$U(r) = \frac{Q_1}{4\pi\varepsilon_0 r} + \frac{Q_2}{4\pi\varepsilon_0 R_2}, \quad R_1 < r < R_2$$

对于 $r > R_2$ 的区域，对两个球面都是球面外，所以

$$U(r) = \frac{Q_1}{4\pi\varepsilon_0 r} + \frac{Q_2}{4\pi\varepsilon_0 r} = \frac{Q_1 + Q_2}{4\pi\varepsilon_0 r}, \quad r > R_2$$

一般情况下,若电场强度可以用高斯定理求解时,应用电势的定义式求电势较方便,否则应用电势叠加原理求电势相对简单.

思 考 题

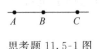

思考题 11.5-1 图

11.5-1 如思考题 11.5-1 图所示,在一条直线上的三点 A、B、C 的电势关系为 $U_A > U_B > U_C$,若将一负电荷放在中间点 B 处由静止释放,则此电荷将向哪点加速运动?

11.6 电场强度与电势梯度

11.6.1 等势面

电场中电势相等的点所构成的面,叫做**等势面**.与利用电场线来形象地描绘电场中电场强度的分布一样,用等势面可以形象地描绘电场中电势的分布.在电场中,电荷 q 沿等势面运动时,电场力对电荷不做功,即 $q\mathbf{E}\cdot\mathrm{d}\mathbf{l}=0$.由于 q、$\mathbf{E}$ 和 $\mathrm{d}\mathbf{l}$ 均不为零,故上式成立的条件是:电场强度 $\mathbf{E}$ 必须与 $\mathrm{d}\mathbf{l}$ 垂直,即某点的 $\mathbf{E}$ 与通过该点的等势面垂直.

前面曾用电场线的疏密程度来表示电场的强弱,也可以用等势面的疏密程度来表示电场的强弱.为此,对等势面的疏密做这样的规定:电场中任意两个相邻等势面之间的电势差都相等.

根据这样的规定,图 11.25 给出了一些典型电场的等势面和电场线的图形.图中实线代表电场线,虚线代表等势面.从图可以看出,等势面越密的地方,电场强度也越大,等势面稀疏的地方,电场强度也小.

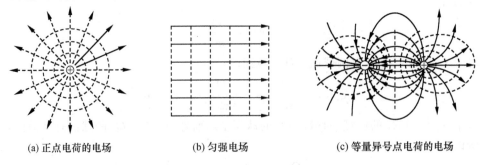

(a) 正点电荷的电场   (b) 匀强电场   (c) 等量异号点电荷的电场

图 11.25 电场线与等势面(虚线为等势面,实线为电场线)

在实用中,由于电势差易于测量,所以常常是先测出电场中等电势的各点,并把这些点连起来,画出电场的等势面,再根据某点的电场强度与通过该点的等势面相垂直的特点而画出电场线,从而对电场有较全面的定性的直观了解.

11.6.2 电场强度与电势的微分关系

电场强度和电势都是描述电场的物理量,从上面可以看到,已知电场中各点的电场强度,可以求出各点的电势.反过来,知道了电场中各点的电势,也可以求出电场强度.

如图 11.26 所示,在静电场中,一单位正电荷从电势为 U 的等势面上的点 A,沿某一方向 l 做一微小的位移 $\mathrm{d}l$ 到点 B,点 B 的电势为 $U+\mathrm{d}U$.设 $\mathrm{d}l$ 与 E 之间的夹角为 θ,则将单位正电荷由点 A 移到点 B,电场力所做的功为

$$\mathrm{d}W = F \cdot \mathrm{d}l = E \cdot \mathrm{d}l = E\cos\theta\mathrm{d}l$$

根据式(11-25),对被移动的单位正电荷,$\mathrm{d}W$ 与 $\mathrm{d}U$ 的关系为

$$\mathrm{d}W = -\mathrm{d}U$$

所以

$$-\mathrm{d}U = E\cos\theta\mathrm{d}l$$

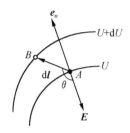

图 11.26 电势和电场
强度的关系

由图可见,$E\cos\theta$ 是电场强度 E 在 l 方向的分量,令 E 在 l 方向的分量用 E_l 表示,则上式可改写为

$$E_l = E\cos\theta = -\frac{\mathrm{d}U}{\mathrm{d}l}$$

即

$$E_l = -\frac{\mathrm{d}U}{\mathrm{d}l} \tag{11-29}$$

式(11-29)表示,电场中某一点的电场强度 E 沿任一方向的分量,等于在这一点沿该方向电势变化率的负值.式中负号表示电场强度 E 总是指向电势降低的方向.显然,电势沿不同方向的变化率是不同的,电场强度沿等势面法线 e_n 的分量为

$$E_n = -\frac{\mathrm{d}U}{\mathrm{d}l_n}$$

这是电势空间变化率的最大值.

在直角坐标系中,电势 U 是坐标 x、y 和 z 的函数.因此,如果把 x 轴、y 轴和 z 轴正方向分别取作 l 的方向,由式(11-29)可得,电场强度在这三个方向上的分量分别为

$$E_x = -\frac{\partial U}{\partial x}, \quad E_y = -\frac{\partial U}{\partial y}, \quad E_z = -\frac{\partial U}{\partial z} \tag{11-30}$$

于是电场强度与电势关系的矢量表达式可写成

$$E = -\left(\frac{\partial U}{\partial x}i + \frac{\partial U}{\partial y}j + \frac{\partial U}{\partial z}k\right) \tag{11-31}$$

在矢量分析中,采用算符

$$\nabla = \mathrm{grad} = \frac{\partial}{\partial x}\boldsymbol{i} + \frac{\partial}{\partial y}\boldsymbol{j} + \frac{\partial}{\partial z}\boldsymbol{k}$$

式(11-31)可简写为

$$\boldsymbol{E} = -\mathrm{grad}U = -\nabla U \qquad\qquad (11\text{-}32)$$

$\mathrm{grad}U$ 称为**电势梯度**,式(11-32)表明,电场强度 $\boldsymbol{E}$ 等于电势梯度的负值.

在国际单位制中,电势梯度的单位是伏特·米$^{-1}$(V·m^{-1}),由式(11-32)得电场强度的单位也可以表示为伏特·米$^{-1}$(V·m^{-1}),$1\,\mathrm{V\cdot m^{-1}} = 1\,\mathrm{N\cdot C^{-1}}$.

电势 U 是标量,与矢量 $\boldsymbol{E}$ 相比,U 比较容易计算,所以,不能应用高斯定理求解时,常是先计算电势 U,然后再用式(11-32)来求出电场强度 $\boldsymbol{E}$.

例 11.11   用电场强度与电势的关系,求均匀带电细圆环轴线上一点的电场强度.

解   在第 11.5 节的例 11.8 中,已求得在 x 轴上点 P 的电势为

$$U = \frac{q}{4\pi\varepsilon_0 (x^2 + R^2)^{\frac{1}{2}}}$$

式中,R 为圆环的半径. 由式(11-31)可得点 P 的电场强度为

$$E = E_x = -\frac{\partial U}{\partial x} = -\frac{\partial}{\partial x}\left[\frac{q}{4\pi\varepsilon_0 (x^2 + R^2)^{1/2}}\right] = \frac{qx}{4\pi\varepsilon_0 (x^2 + R^2)^{3/2}}$$

这与用电场强度叠加原理计算的结果相同.

思 考 题

11.6-1   场强大的地方是否电势就高? 电势高的地方是否场强大?

11.6-2   场强大小相等的地方电势是否相等? 等势面上场强的大小是否一定相等?

11.7   静电场中的电偶极子

在研究电介质的极化机理、电场对有极分子的作用等问题时,电场对电偶极子的作用,以及电偶极子对电场的影响都是十分重要的问题.

如图 11.27 所示,在电场强度为 $\boldsymbol{E}$ 的匀强电场中,放置一电偶极矩为 $\boldsymbol{p} = q\boldsymbol{r}_0$ 的电偶极子.电场作用在 $+q$ 和 $-q$ 上的力分别为 $\boldsymbol{F}_+ = q\boldsymbol{E}$ 和 $\boldsymbol{F}_- = -q\boldsymbol{E}$. 于是作用在电偶极子上的合力为

$$\boldsymbol{F} = \boldsymbol{F}_+ + \boldsymbol{F}_- = q\boldsymbol{E} - q\boldsymbol{E} = 0$$

这表明,在均匀电场中,电偶极子所受电场力的合力为零.但是,由于力 $\boldsymbol{F}_+$ 和 $\boldsymbol{F}_-$ 的作用线不在同一直线上,它们产生力矩.根据力矩的定义,电偶极子所受的力

矩为

$$M = qr_0 E \sin\theta = pE \sin\theta \qquad (11\text{-}33)$$

式(11-33)的矢量形式为

$$\boldsymbol{M} = \boldsymbol{p} \times \boldsymbol{E} \qquad (11\text{-}34)$$

在力矩作用下,电偶极子将在图示情况下做顺时针转动. 当 $\theta = 0$,即电偶极子的电矩 $\boldsymbol{p}$ 的方向与电场强度 $\boldsymbol{E}$ 的方向相同时,电偶极子所受力矩为零,这个位置是电偶极子的稳定平衡位置. 应当指出,当

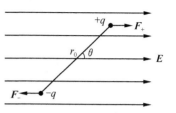

图 11.27 在均匀电场中
电偶极子所受的力矩

$\theta = \pi$ 时,即 $\boldsymbol{p}$ 的方向与 $\boldsymbol{E}$ 的方向相反时,电偶极子所受的力矩虽也为零,但这时电偶极子处于非稳定平衡,只要 θ 稍微偏离这个位置,电偶极子将在力矩作用下,使 $\boldsymbol{p}$ 的方向转至与 $\boldsymbol{E}$ 的方向相一致. 如果电偶极子放在不均匀电场中,这时作用在 $+q$ 和 $-q$ 上的力为

$$\boldsymbol{F} = \boldsymbol{F}_+ + \boldsymbol{F}_- = q\boldsymbol{E}_+ - q\boldsymbol{E}_- \neq 0$$

所以,在非均匀电场中,电偶极子不仅要转动,而且还会在电场力作用下发生移动.

11.8 静电场中的导体

11.8.1 静电感应 静电平衡条件

本节讨论的静电场中的导体是指金属导体. 金属导体中有大量的自由电子. 当导体不带电或者不受外电场影响时,自由电子的负电荷和原子核的正电荷是处处相等的. 导体任一部分呈现电中性. 这种情况下,金属导体中的自由电子只做微观的无规则热运动,而没有任何的宏观电子迁移. 若把金属导体放在外电场中,导体中的自由电子在做无规则热运动的同时,还将在电场力作用下做宏观定向运动,导体中的电荷将重新分布.

在外电场作用下,引起导体中电荷重新分布而呈现出一端带正电,另一端带负电的带电现象,叫做**静电感应**. 导体上因静电感应而出现的电荷称为**感应电荷**.

如图 11.28 所示,在电场强度为 $\boldsymbol{E}_0$ 的匀强电场中放入一块金属板 G,则在电场力的作用下,金属板内部的自由电子将向外电场相反的方向运动,带正电的原子核位置不变,这样就使得 G 的两个侧面出现了等量异号的电荷. 于是,这些感应电荷在金属板的内部建立了一个附加电场,其电场强度 $\boldsymbol{E}'$ 和外电场强度 $\boldsymbol{E}_0$ 的方向相反. 金属板内部的电场强度 $\boldsymbol{E}$ 为

$$\boldsymbol{E} = \boldsymbol{E}' + \boldsymbol{E}_0$$

开始时 $E' < E_0$,自由电子会不断地向左移动,感应电荷逐渐增加,随着感应电荷的累积,E' 逐渐增大,直到金属板内部的电场强度等于零,即 $\boldsymbol{E} = 0$ 时为止. 这

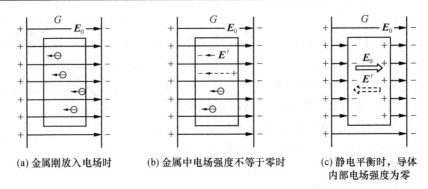

(a) 金属刚放入电场时   (b) 金属中电场强度不等于零时   (c) 静电平衡时,导体
                                                                内部电场强度为零

图 11.28   金属导体处于外电场 E_0 中

时,金属板内部的自由电子受到的电场力也为零,其定向迁移停止,导体两侧累积的电荷量不再变化,导体达到**静电平衡**状态.

当导体处于静电平衡状态时,必须满足以下两个条件:

(1) 导体内部任何一点处的电场强度为零;

(2) 导体表面上任何一点处的电场强度的方向,都与导体表面垂直.

导体的静电平衡条件,也可以用电势来表述.在静电平衡时,导体内部的电场强度为零,导体内任意两点的电势相等,即导体为一**等势体**;同时在导体表面的电场强度与表面垂直,电场强度沿表面的分量,即 E 的切向分量为零,因此导体表面上任意两点的电势差也应为零,所以,导体表面为一等势面.导体内部与导体表面的电势是相等的,否则就仍会发生电荷的定向运动.

11.8.2   静电平衡时导体上电荷的分布和表面附近的场强

1. 导体上电荷分布

利用高斯定理可以证明,处于静电平衡状态下的导体内没有净电荷(未被抵消的正负电荷),导体所带的电荷只能分布在导体的表面上.

如图 11.29(a)所示,有一带电实心导体处于静电平衡状态,在导体内作任意闭合的曲面为高斯面,根据高斯定理有

$$\oint_S \boldsymbol{E} \cdot \mathrm{d}\boldsymbol{S} = \frac{1}{\varepsilon_0} \sum_i q_i$$

又根据静电平衡条件,导体内的电场 E 为零,所以通过导体内任意高斯面的电场强度通量也必为零,即

$$\oint_S \boldsymbol{E} \cdot \mathrm{d}\boldsymbol{S} = 0$$

根据上面两式得 $\sum_i q_i = 0$,即此高斯面内所包围的电荷的代数和为零.由于此高

斯面是任意做出的,所以可得到处于静电平衡状态下的导体内没有净电荷.

如果导体带有空腔 [图 11.29(b)],腔内无电荷,它所带的电荷为 $+q$,这些电荷在空腔导体的内外表面上如何分布呢? 若在导体内取高斯面 S 如图 11.29(b) (高斯面 S 在导体内并包含空腔),根据静电平衡条件:在静电平衡时,导体内的电场强度为零,所以有

$$\oint_S \boldsymbol{E} \cdot \mathrm{d}\boldsymbol{S} = 0, \qquad \sum q_i = 0$$

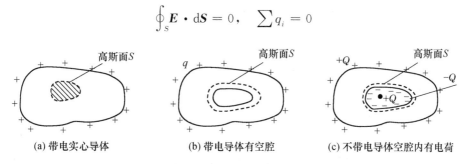

图 11.29　静电平衡时导体内无静电荷

即在空腔的内表面上电荷的代数和为零. 在内表面也不会出现一端带 $+q$,一端带 $-q$ 的情况,因为这与导体是等势体相矛盾.

如果导体本身不带电,导体带有空腔,腔内有电荷 $+Q$[图 11.29(c)],要使导体内的电场强度处处为零,内表面带电必为 $-Q$,外表面带电必为 $+Q$.

2. 导体表面附近的场强

利用高斯定理还可以计算出孤立导体表面的电荷面密度. 如图 11.30 所示,在导体表面上取一圆形面积元 ΔS,当 ΔS 足够小时,ΔS 上的电荷分布可当作均匀的,其电荷面密度为 σ,于是 ΔS 上的电荷为 $\Delta q = \sigma \Delta S$. 以面积元 ΔS 为底面积做一如图 11.30 所示的扁圆柱形高斯

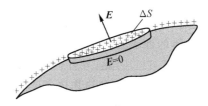

图 11.30　带电导体表面

面,下底面处于导体内部. 由于导体内部电场强度为零,所以通过下底面的电场强度通量为零;在侧面上,电场强度不是为零,就是与侧面的法线垂直,所以通过侧面的电场强度通量也为零;只有在上底面上,电场强度 $\boldsymbol{E}$ 与 ΔS 垂直,所以通过上底面的电场强度通量为 $E\Delta S$,这就是通过扁圆柱形高斯面的电场强度通量. 所以,根据高斯定理可得

$$\oint_S E \cdot \mathrm{d}S = E\Delta S = \frac{\sigma \Delta S}{\varepsilon_0}$$

$$E = \frac{\sigma}{\varepsilon_0} \tag{11-35}$$

式(11-35)表明,导体表面附近的电场强度 $\boldsymbol{E}$ 的大小,与导体表面电荷面密度 σ 成

正比,其方向与导体表面垂直.

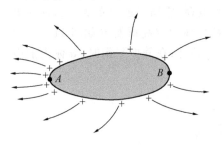

图 11.31 带电导体表面曲率半径
较小处附近的电场要强些

实验表明,如把一定量的电荷放到如图 11.31所示的非球形导体上,当达到静电平衡时,在较平坦之处(点 B 附近),即曲率半径较大的地方,其电荷面密度和电场强度的值较小;而在凸出而尖锐的地方(点 A 附近),即曲率半径较小的地方,其电荷面密度和电场强度的值较大.

由于在导体尖端部分,电荷面密度 σ 较大,电场强度也较大,所以当带电体尖端附近的电场强度超过空气的击穿场强时,可使尖端附近的空气发生电离,使空气中与导体尖端上电荷符号相反的离子被吸引到尖端,与尖端上的电荷中和,从而使导体上的电荷消失,这种现象称为尖端放电.例如,阴雨潮湿天气时,常可在高压输电线表面附近看到淡蓝色辉光的电晕,就是一种平稳的尖端放电现象.尖端放电会使电能白白损耗,还会干扰精密测量和通信.因此在许多高压电器设备中,所有金属元件都应避免带有尖棱,最好做成球形,并尽量使导体表面光滑而平坦,以免尖端放电的产生.尖端放电也有可利用的情况,避雷针就是典型的例子.

11.8.3 静电屏蔽

通过前面的论述,已经知道,静电平衡时,导体内部的电场强度处处为零,并且感应电荷分布在导体的外表面上.若把一空腔导体放在静电场中,电场线将终止于导体的外表面而不能穿过导体的内表面进入内腔(图 11.32),因此,导体内和空腔中的电场强度处处为零,导体空腔内的物体不受外电场的影响,这就是所谓的"**静电屏蔽**".

如果一个带电体放在空腔导体内,导体不接地,腔内带电体对外有影响[图 11.33(a)].要想消除腔内带电体对外的影响,可以把这个带电体放在接地的空腔导体内[图 11.33(b)],这样外表面的正电荷将和从地上来的负电荷中和,球壳外面的电场就消

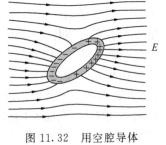

图 11.32 用空腔导体
屏蔽外电场

失了,导体腔内的带电体对导体腔外的电场就不会产生任何影响了.

例 11.12 如图 11.34(a)所示,有一外半径 $R_3 = 10$ cm,内半径 $R_2 = 7$ cm 的金属球壳,在球壳中放一半径 $R_1 = 5$ cm 的同心金属球.若使球壳和球均带有 $q = 10^{-8}$ C 的正电荷,问两球体上的电荷如何分布? 球心的电势为多少?

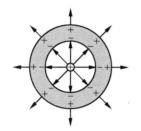 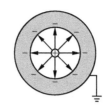

(a) 导体不接地腔内电荷对外有影响　(b) 导体接地腔内电荷对外无影响

图 11.33　接地导体空腔的屏蔽作用

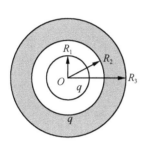 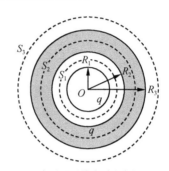

(a) 同心金属球壳和球　　　(b) 在不同区域分别取高斯面

图 11.34　同心金属球壳和球

解　计算球心的电势,应先计算出空间的电场强度分布.由于电荷分布具有球对称性,不难判断电场分布具有球对称性,因此可用高斯定理计算其电场强度.如图 11.34(b)所示,做同心球形高斯面,并且高斯面的球心与金属球同心.分如下四部分进行讨论:

（1）$r < R_1$ 时,根据导体的静电平衡条件得

$$E_1 = 0$$

（2）$R_1 < r < R_2$ 时,做同心球形高斯面 S_1,S_1 内的电量是金属球所带电量,由高斯定理得

$$\oint_{S_1} \boldsymbol{E}_2 \cdot \mathrm{d}\boldsymbol{S} = \frac{q}{\varepsilon_0}$$

$$\oint_{S_1} E_2 \cdot \mathrm{d}S = \oint_{S_1} E_2 \cos 0^\circ \mathrm{d}S = E_2 \oint_{S_1} \mathrm{d}S = E_2 4\pi r^2 = \frac{q}{\varepsilon_0}$$

所以得

$$E_2 = \frac{q}{4\pi\varepsilon_0 r^2}$$

（3）做半径为 $r(R_2 < r < R_3)$ 的同心高斯面 S_2,同（1）得

$$E_3 = 0$$

根据高斯定理得

$$\oint_{S_2} \boldsymbol{E}_3 \cdot \mathrm{d}\boldsymbol{S} = \frac{q + q_{\text{壳内表面}}}{\varepsilon_0} = 0$$

$$q_{\text{壳内表面}} = -q$$

即球壳内表面带电$-q$,电荷均匀分布.

根据电荷守恒,球壳总带电量为q,外表面必定带电$2q$,并且电荷均匀分布.

(4) 做半径 $r > R_3$ 的高斯面 S_3,S_3 所包围的电量为 $2q$,类似(2)得

$$E_4 = \frac{2q}{4\pi\varepsilon_0 r^2}$$

根据电势的定义式(11-26),得球心 O 的电势为

$$U_O = \int_0^\infty \boldsymbol{E} \cdot \mathrm{d}\boldsymbol{l} = \int_0^{R_1} \boldsymbol{E}_1 \cdot \mathrm{d}\boldsymbol{l} + \int_{R_1}^{R_2} \boldsymbol{E}_2 \cdot \mathrm{d}\boldsymbol{l} + \int_{R_2}^{R_3} \boldsymbol{E}_3 \cdot \mathrm{d}\boldsymbol{l} + \int_{R_3}^\infty \boldsymbol{E}_4 \cdot \mathrm{d}\boldsymbol{l}$$

把上面解得的各区域电场强度的表达式代入上式,可得

$$U_O = \frac{q}{4\pi\varepsilon_0}\left(\frac{1}{R_1} - \frac{1}{R_2} + \frac{2}{R_3}\right) = 2.31 \times 10^3 \text{ V}$$

思 考 题

11.8-1 什么叫静电感应? 金属导体的静电平衡条件是什么?

11.9 电容 电容器

11.9.1 孤立导体的电容

在静电场中,当金属导体达到静电平衡时,是一个等势体,具有一定的电势.但是对于大小或形状不同的导体,电势相同时,他们所带的电量却是不同的.这与相同高度而形状不同的容器其水容纳量不同相类似.物理学中引入了电容这个物理量来描述导体的这种性质.

下面先讨论孤立导体的电容.在真空中,一个半径为 R 的带有电荷 Q 的孤立导体球,设无限远处为电势零点,则导体球的电势为 $U = Q/(4\pi\varepsilon_0 R)$,电量 Q 与电势 U 的比值 $Q/U = 4\pi\varepsilon_0 R$ 是一个与电量 Q 和电势 U 无关的常量,它只与导体的大小和几何形状有关.这一结论虽然是对球形孤立导体而言的,但对任意形状的孤立导体也是如此.于是,把孤立导体所带的电荷 Q 与其电势 U 的比值叫做孤立导体的**电容**,电容的符号为 C,有

$$C = \frac{Q}{U} \tag{11-36}$$

电容是表述导体电学性质的物理量,它与导体是否带电无关.就像导体的电阻与导体是否通有电流无关一样.在国际单位制中,电容的单位为法拉,在实际应用中,法拉太大,常用微法(μF)、皮法(pF)等作为电容的单位,它们之间的关系为

$$1\text{F} = 1\text{C} \cdot \text{V}^{-1}, \quad 1\mu\text{F} = 10^{-6}\text{F}, \quad 1\text{pF} = 10^{-12}\text{F}$$

11.9.2 电容器

上面已经讨论了孤立导体的电容,实际上,绝对孤立的导体是不存在的,周围总会有别的导体.当有其他导体存在时,必然会因静电感应而改变原来的电场分布.把两个能够带有等值而异号电荷的导体所组成的系统,叫做**电容器**.电容器可以储存电荷,以后将看到电容器还可以储存能量.如图 11.35 所示,两个导体 A、B 放在真空中,它们所带的电荷分别为 $+Q$ 和 $-Q$,如果它们的电势分别为 U_A 和 U_B,那么它们之间的电势差则为

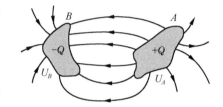

图 11.35 两个具有等值而异号电荷的导体系统

$$U_{AB} = U_A - U_B = \int_{AB} \boldsymbol{E} \cdot \mathrm{d}\boldsymbol{l}$$

电容器的电容定义为:两导体中任何一个导体所带的电荷 Q(指它的绝对值)与两导体间电势差 U_{AB} 的比值,即

$$C = \frac{Q}{U_A - U_B} = \frac{Q}{U_{AB}} \tag{11-37}$$

导体 A 和 B 常称作电容器的两个**电极**或**极板**.

电容器是现代电工技术和电子技术中的重要元件,根据不同需要,电容器的形状以及电容器内所填充的电介质也不同.每个电容器上通常标有容量和耐压两个主要性能指标.如某一电容上印有"100 μF,150 V-D. C",它表示该电容器的容量是 100 μF,直流耐压是 150 V,超过这个工作电压,电容器中的介质可能被击穿损坏,所以,使用电容器必须注意这一点.下面先讨论几种处于真空中的电容器电容,以后再讨论电介质对电容的影响.

1. 平板电容器

如图 11.36 所示,平板电容器由两个彼此靠得很近的平行金属极板 A、B 所组成,两极板的面积均为 S.设两极板分别带有 $+Q$ 和 $-Q$ 的电荷,于是每块极板上的电荷面密度为 $\sigma = \dfrac{Q}{S}$,两极板之间的电场为均匀电场.由高斯定理可得极板间的

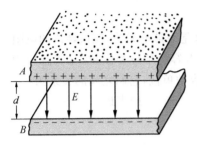

图 11.36　平行平板电容器

场强为

$$E = \frac{\sigma}{\varepsilon_0} = \frac{Q}{\varepsilon_0 S}$$

应当指出,在上面的论述中,略去了极板的边缘效应,即把两极板之间的电场视为均匀电场.这种近似处理的方法是可行的,因为实用的电容器极板间的距离 d 比起极板的线度要小得多,使边缘附近不均匀电场所导致的误差完全可以略去.于是极板间的电势差为

$$U_{AB} = Ed = \frac{Qd}{\varepsilon_0 S}$$

由电容器电容的定义式(11-37),可得平板电容器的电容为

$$C = \frac{Q}{U_{AB}} = \varepsilon_0 \frac{S}{d} \tag{11-38}$$

从式(11-38)可见,平板电容器的电容与极板的面积成正比,与极板间的距离成反比.电容 C 的大小与电容器是否带电无关.

2. 圆柱形电容器

圆柱形电容器是由半径分别为 R_A 和 R_B 的两个同轴圆柱导体面 A 和 B 所构成,且圆柱体的长度 l 比半径 R_B 大得多 $(l \gg R_B)$.

如图 11.37 所示,因为 $l \gg R_B$,所以可把 A、B 两圆柱面电场看成是两个无限长的圆柱面.设内、外圆柱面各带有 $+Q$ 和 $-Q$ 的电荷,则单位长度上的电荷为 $\pm\lambda$.利用高斯定理可得两圆柱面之间距圆柱的轴线为 r 处的电场强度 $\boldsymbol{E}$ 的大小为

$$E = \frac{\lambda}{2\pi\varepsilon_0 r}, \quad R_A < r < R_B$$

电场强度方向垂直于圆柱轴线.于是,两圆柱面间的电势差为

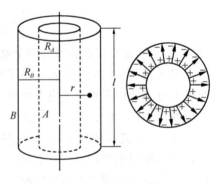

图 11.37　圆柱形电容器

$$U_{AB} = \int_{R_A}^{R_B} \frac{\lambda \, \mathrm{d}r}{2\pi\varepsilon_0 r} = \frac{Q}{2\pi\varepsilon_0 l} \ln \frac{R_B}{R_A}$$

根据式(11-37),得圆柱形电容器的电容为

$$C = \frac{Q}{U_{AB}} = \frac{2\pi\varepsilon_0 l}{\ln\dfrac{R_B}{R_A}} \tag{11-39}$$

式(11-39)表明,圆柱越长,电容 C 越大;两圆柱面间的间隙越小,电容 C 也越大. 如果以 d 表示两圆柱面间的间距,有 $d+R_A=R_B$,当 $d\ll R_A$ 时,有

$$\ln\frac{R_B}{R_A} = \ln\frac{R_A+d}{R_A} \approx \frac{d}{R_A}$$

于是式(11-39)可写成

$$C \approx \frac{2\pi\varepsilon_0 l R_A}{d} = \frac{\varepsilon_0 S}{d}$$

此即平板电容器的电容. 可见,当两圆柱面之间的间隙远小于圆柱体半径,圆柱形电容器可当作平板电容器.

3. 球形电容器的电容

设球形电容器是由半径分别为 R_1 和 R_2 的两个同心金属球壳所组成. 内球带电 $+Q$,外球带电 $-Q$,内、外球壳之间的电势差为 U_{AB}. 由高斯定理可得两球壳之间点 P 的电场强度为

$$\boldsymbol{E} = \frac{Q}{4\pi\varepsilon_0 r^2}\boldsymbol{e}_r, \quad R_1 < r < R_2$$

两球壳之间的电势差为

$$U_{AB} = \int_l \boldsymbol{E} \cdot \mathrm{d}\boldsymbol{l} = \frac{Q}{4\pi\varepsilon_0}\int_{R_1}^{R_2}\frac{\mathrm{d}r}{r^2} = \frac{Q}{4\pi\varepsilon_0}\left(\frac{1}{R_1}-\frac{1}{R_2}\right)$$

于是,由电容器电容的定义式(11-37),可求得球形电容器的电容为

$$C = 4\pi\varepsilon_0\left(\frac{R_1 R_2}{R_2 - R_1}\right)$$

当 $R_2 \to \infty$ 时,有

$$C = 4\pi\varepsilon_0 R_1$$

此即孤立球形导体电容的公式.

11.9.3 电容器的并联和串联

电容器在电路中应用十分广泛. 在实际的工作中,当遇到单独一个电容器在电容的数值或耐压不适合要求时,常需要把一些电容器并联或串联使用.

1. 电容器的并联

将两个电容器 C_1、C_2 按图 11.38 连接,这种连接叫做并联. 将它们接在电压为

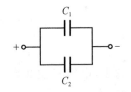

图 11.38 电容器的并联

U 的电路上,则 C_1、C_2 上的电荷分别为 Q_1、Q_2. 根据电容的定义式有

$$C = \frac{Q_1 + Q_2}{U} = C_1 + C_2$$

若是 n 个电容并联时,很容易求得等效电容为

$$C = C_1 + C_2 + \cdots + C_n \tag{11-40}$$

这说明,当几个电容器并联时,其等效电容等于这几个电容器电容之和.

2. 电容器的串联

如图 11.39 所示为电容 C_1、C_2 的串联. 设加在串联电容器组上的电压为 U,两端的极板分别带有 $+Q$ 和 $-Q$ 的电荷. 由于静电感应使左边极板都带电 $+Q$,右边极板都带

图 11.39 电容器的串联

电 $-Q$. 这就是说,串联电容器组中每个电容器极板上所带的电荷是相等的. 根据式(11-37)可得每个电容器的电压为

$$U_1 = \frac{Q}{C_1}, \quad U_2 = \frac{Q}{C_2}$$

而总电压 U 则为各电容器上的电压 U_1 与 U_2 之和,即

$$U = U_1 + U_2 = \left(\frac{1}{C_1} + \frac{1}{C_2}\right)Q$$

如果用一个电容为 C 的电容器来等效地代替串联电容器组,使它两端的电压为 U 时,它所带的电荷也为 Q,则有

$$U = \frac{Q}{C}$$

把它与前式相比较,可得

$$\frac{1}{C} = \frac{1}{C_1} + \frac{1}{C_2}$$

若是 n 个电容串联时,很容易求得等效电容 C 的倒数为

$$\frac{1}{C} = \frac{1}{C_1} + \frac{1}{C_2} + \cdots + \frac{1}{C_n} \tag{11-41}$$

这说明,串联电容器组等效电容的倒数等于电容器组中各电容倒数之和.

思 考 题

11.9-1 "由于 $C = \dfrac{Q}{U} = \varepsilon_0 \dfrac{S}{d}$,所以电容器的电容与其所带电荷成正比."这种说法是否正确? 如果电容器两极的电势差增加一倍,电容将如何变化?

11.10 静电场中的电介质

11.10.1 电介质对电容的影响 相对电容率

电介质是一种绝缘材料,有时也称为绝缘介质,如云母、聚氯乙烯、陶瓷等. 为讨论电介质对静电场的影响,首先从实验出发讨论电介质对电容器电容的影响.

如图 11.40(a)所示,一面积为 S、相距为 d 的平板电容器,极板间为真空,其电容为 C_0,若对此电容器充电,从实验测得两极板间的电压为 U_0,由此可知极板上的电荷为 $Q = C_0 U_0$. 此时撤去电源,维持极板上的电荷 Q 不变,并使两极板间充满均匀的各向同性的电介质,如图 11.40(b)所示,并测得两极板间电压为 U,改变 U_0, U 也随之改变. 但电介质不变时,U_0/U 的值是一个不变的大于 1 的常量,电介质改变时,U_0/U 的值也改变. 它表明,同一种电介质对电容有相同的影响,电介质不同对电容的影响也不相同,这反映了电介质的自身性质. 对此,我们将 $\dfrac{U_0}{U}$ 这个比值定义为电介质的相对电容率或相对介电常数,即

$$\varepsilon_r = \frac{U_0}{U}$$

上式是相对电容率定义式,也是相对电容率的测量公式.

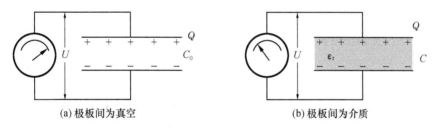

(a) 极板间为真空   (b) 极板间为介质

图 11.40 电解质对电容器的影响

从实验测得两极板间的电压 U,它仅为真空电容器两极板间电压 U_0 的 $\dfrac{1}{\varepsilon_r}$ 倍(此处 ε_r 为大于 1 的数),即

$$U = \frac{1}{\varepsilon_r} U_0$$

代入电容器电容定义式(11-37),可得

$$C = \varepsilon_r C_0 \tag{11-42}$$

即充满均匀电介质的电容器的电容为真空电容器电容的 ε_r 倍. 相对电容率 ε_r 与真空电容率 ε_0 的乘积叫做电容率(或介电常数)ε,即 $\varepsilon = \varepsilon_0 \varepsilon_r$. 由此可见,电容器的电容不仅依赖于电容器的形状、大小、极板间距,而且还和极板间电介质的相对电容率有关.

根据平板电容器中电场强度 E 和电势差 U 的关系 $U=Ed$，由 $U=U_0/\varepsilon_r$，可得

$$E = \frac{E_0}{\varepsilon_r} \qquad\qquad (11\text{-}43)$$

式中，$E_0=U_0/d$. 式(11-43)表明，在两极板电荷不变的条件下，充满均匀的各向同性电介质的平板电容器中，电介质内任意点的电场强度为原来真空时电场强度的 $1/\varepsilon_r$. 有介质时电场强度的改变，是由于介质在外电场的作用下发生了极化，下面讨论这方面的问题.

11.10.2　电介质的极化

从物质的微观结构来看，电介质可分成两类：有些材料，如氢、甲烷、石蜡、聚苯乙烯等，它们的分子正、负电荷中心在无外电场时是重合的，这种分子叫做无极分子[图 11.41(a)]；有些材料，如水、有机玻璃、纤维素、聚氯乙烯等，即使在外电场不存在时，它们的分子正、负电荷中心也是不重合的，使得这种分子具有固有电矩 $\boldsymbol{p}$，称为分子电矩，这种分子叫做**有极分子**[图 11.41(a)].

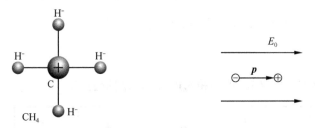

(a) 无外场甲烷分子正、负电荷中心重合　　　(b) 在外电场作用下甲烷分子正、负电荷中心分开，具有电矩 $\boldsymbol{p}$

图 11.41　无极分子的情况

如图 11.41(b)所示，在外电场 $\boldsymbol{E}$ 的作用下，无极分子中的正、负电荷将偏离原来的位置产生相对的位移 $\boldsymbol{r}$，位移的大小与电场强度的大小有关. 这时，每个分子可以看成是一个电偶极子. 由于分子的热运动，电偶极子的电偶极矩 $\boldsymbol{p}$ 的方向和外电场 $\boldsymbol{E}$ 的方向将大体一致. 这样，在电介质内，如果电介质的密度是均匀的，任一小体积内所含有的异号电荷数量相等，即电荷体密度仍然保持为零. 但在电介质与外电场垂直的两个表面上却要分别出现正电荷和负电荷(图 11.42). 但这种正电荷或负电荷是不能用诸如接地之类的导电方法使它们脱离电介质中原子核的束

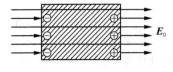

图 11.42　表面产生极化电荷

缚而单独存在的，所以把它们叫做极化电荷或束缚电荷. 这种在外电场作用下介质表面产生极化电荷的现象，叫做**电介质的极化**. 由无极分子构成的电介质，外场越强，表面极化电荷就越多，电介质的

极化也越强.当外电场撤销后,无极分子的正、负电荷中心又将重合而恢复原状,极化现象也随之消失.

对于由有极分子[图 11.43(a)]构成的电介质来说,由于分子的热运动,在无外场时,电介质中各分子电矩的取向是无序的,所以电介质对外不呈现电性.在有外电场作用时,分子电矩都要受到力矩($M = p \times E$)的作用.在此力矩的作用下,电介质中各电矩将转向外电场的方向[图 11.43(b)].在前面已讨论过只有当电偶极矩 p 的方向与外电场的电场强度的方向相同时,作用于电偶极子的力矩为零,电偶极子才处在稳定平衡状态.然而,由于分子的热运动,各电偶极矩并不能十分整齐地依照外电场的方向排列起来,但对整个电介质来说,在均匀电介质表面上,在垂直于电场方向的两表面也同样有极化电荷出现[图 11.43(c)].若撤去外电场,由于分子热运动的缘故,这些分子极矩的排列又将变成无序状态.

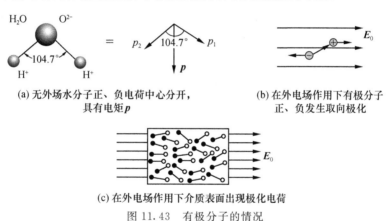

(a) 无外场水分子正、负电荷中心分开,
具有电矩 p

(b) 在外电场作用下有极分子
正、负发生取向极化

(c) 在外电场作用下介质表面出现极化电荷

图 11.43　有极分子的情况

综上所述,在静电场中,虽然不同电介质极化的微观机理不尽相同,但是在宏观上,都表现为在电介质表面上出现极化面电荷,而在不均匀电介质内部还会出现极化体电荷,即产生极化现象.所以,在静电范围内,如不去更深入地讨论电介质的极化机理时,就不需要把这两类电介质分开讨论.

11.10.3　电极化强度矢量

为了定量地描述电介质的极化程度,引入极化强度 P 这个物理量.在电介质中任取一宏观小体积 ΔV,在没有外电场时,电介质未被极化,此小体积中所有分子的电偶极矩 p 的矢量和为零,即 $\sum p = 0$.当外电场存在时,电介质被极化,此小体积中分子电矩 p 的矢量和不再为零.外电场越强时,分子电偶极矩的矢量和越大.因此,用单位体积中分子电矩的矢量和来表示电介质的极化程度,有

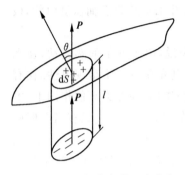

图 11.44 极化电荷面密度与
电极化强度的关系

$$P = \frac{\sum p}{\Delta V} \qquad (11-44)$$

P 叫做**电极化强度**. 电极化强度的单位是 C·m^{-2}.

电介质极化时,P 越大,电介质表面上的**极化电荷面密度 σ'** 也越大. 下面以无极分子构成的均匀电介质为例来讨论它们之间的关系,所得结论对有极分子也适用.

如图 11.44 所示,在电介质中取一长为 l,底面积为 dS 的斜柱体,柱体两底面 dS 上的极化电荷面密度分别为 $-\sigma'$ 和 $+\sigma'$,柱体轴线与电极化强度 P 平行,dS 的面法线方向与电极化强度 P 之间的夹角为 θ. 由于是均匀的电介质,这个柱体内所有分子电矩矢量和的大小相当于柱体两底面 dS 上的极化电荷构成的一个大的电偶极子的电矩,此电矩 $p_大$ 为

$$p_大 = \left| \sum p \right| = \sigma' \Delta S \cdot l$$

因此,由电极化强度的定义可知,电极化强度的大小为

$$P = \frac{\left| \sum p \right|}{\Delta V} = \frac{\sigma' \Delta S \cdot l}{\Delta S \cdot l\cos\theta} = \frac{\sigma'}{\cos\theta}$$

由此可得

$$\sigma' = P\cos\theta = P_n \qquad (11-45)$$

式(11-45)表明,均匀电介质表面上的极化电荷面密度 σ',等于电极化强度 P 在该处的面法线方向的分量.

思 考 题

11.10-1 电介质的极化与金属导体的静电感应的相同之处和不同之处各是什么? 感应电荷和极化电荷有什么区别?

11.11 电位移矢量 有电介质时的高斯定理

前面只研究了真空中静电场的高斯定理. 当静电场中有电介质时,在高斯面内不仅会有自由电荷存在,而且还会有极化电荷存在. 空间各点的电场强度 E 应是自由电荷电场强度 E_0 和极化电荷电场强度 E' 的叠加,即 $E = E_0 + E'$. 这时,高斯定理应有些什么变化呢?

下面以平板电容器中充满各向同性的均匀电介质为例来进行讨论. 在如图 11.45 所示的情形中,取一闭合的正圆柱面作为高斯面,高斯面的上底面在极板内,并与极板平行,下底面在电介质内,底面的面积为 ΔS. 设极板上的自由电荷面密度为 σ_0,电介质表面上的极化电荷面密度为 σ'. 对此高斯面来说,由高斯定理,有

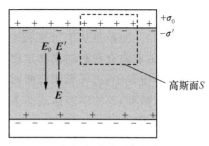

图 11.45　有电介质时的高斯定理

$$\oint_S \boldsymbol{E} \cdot \mathrm{d}\boldsymbol{S} = \frac{1}{\varepsilon_0}(\sigma_0 - \sigma')\Delta S \tag{11-46}$$

$$\oint_S \boldsymbol{E} \cdot \mathrm{d}\boldsymbol{S} = \int_{\text{上底面}} \boldsymbol{E} \cdot \mathrm{d}\boldsymbol{S} + \int_{\text{下底面}} \boldsymbol{E} \cdot \mathrm{d}\boldsymbol{S} + \int_{\text{侧面}} \boldsymbol{E} \cdot \mathrm{d}\boldsymbol{S}$$

$$= \int_{\text{上底面}} 0\mathrm{d}S + \int_{\text{下底面}} E\cos0\mathrm{d}S + \int_{\text{侧面}} E\cos\frac{\pi}{2}\mathrm{d}S = E\Delta S$$

所以得

$$E = \frac{1}{\varepsilon_0}(\sigma_0 - \sigma')$$

利用式(11-43)的关系得

$$E = \frac{E_0}{\varepsilon_r} = \frac{\sigma_0}{\varepsilon_0 \varepsilon_r}$$

与上式比较,可得

$$\sigma' = \left(1 - \frac{1}{\varepsilon_r}\right)\sigma_0 \tag{11-47}$$

将式(11-47)代入(11-46),得

$$\oint_S \varepsilon_0 \varepsilon_r \boldsymbol{E} \cdot \mathrm{d}\boldsymbol{S} = \sigma_0 \Delta S$$

$\sigma_0\Delta S$ 是高斯面内所包围的自由电荷的代数和,记为 $\sum\limits_{i=1}^{n} q_{0i}$. 令

$$\boldsymbol{D} = \varepsilon_0 \varepsilon_r \boldsymbol{E} = \varepsilon\boldsymbol{E} \tag{11-48}$$

于是可得

$$\oint_S \boldsymbol{D} \cdot \mathrm{d}\boldsymbol{S} = \sum_{i=1}^{n} q_{0i} \tag{11-49}$$

式中,$\boldsymbol{D}$ 称**电位移矢量**,而 $\oint_S \boldsymbol{D} \cdot \mathrm{d}\boldsymbol{S}$ 则是通过任意闭合曲面 S 的电位移通量,$\boldsymbol{D}$ 的单

位为 $C \cdot m^{-2}$.

式(11-49)虽是从平行平板电容器得出的,但可以证明在一般情况下它也是正确的.故**有电介质时的高斯定理**可叙述如下:

在静电场中,过任意闭合曲面的电位移通量等于该闭合曲面内所包围的自由电荷的代数和,其数学表达式即为式(11-49).

需要指出,式(11-48)不是电位移矢量 $\boldsymbol{D}$ 的定义式,它只适用于均匀各向同性介质.$\boldsymbol{D}$ 的定义式为

$$\boldsymbol{D} = \boldsymbol{P} + \varepsilon_0 \boldsymbol{E} \tag{11-50}$$

由于引入电位移这一物理量,使得有电介质的高斯定理的数学表达式(11-49)中只有自由电荷一项,所以,用式(11-49)来处理电介质中电场的问题就比较简单.但是从表述有电介质时的电场规律来说,$\boldsymbol{D}$ 只是一个辅助矢量.在本课程教学范围内,描写电场性质的物理量仍是电场强度 $\boldsymbol{E}$ 和电势 U.

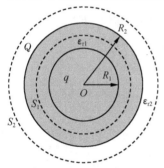

图 11.46 球面型高斯面

例 11.13 如图 11.46 所示,半径为 R_1 的导体球带电量为 q,与球同心的导体薄球壳半径为 R_2,带电量为 Q,球与球壳间充满均匀各向同性的电介质 1,其相对电容率为 ε_{r1},在球壳外充满相对电容率为 ε_{r2} 的均匀各向同性的电介质 2,求电场强度的分布,导体球的电势以及导体球表面处电介质上的束缚电荷面密度.

解 首先分析电场分布的情况,在没有电介质时,自由电荷所产生的电场是球对称的.加入电介质后,束缚电荷均匀分布在导体球及导体球壳四周的电介质表面上,它所激发的电场也是球对称的.因此,电介质中的总电场是球面对称的,可以用高斯定理来计算.

由静电平衡条件得导体中

$$E = 0, \quad r < R_1$$

在电介质 1 中做一个以 O 点为球心,以 r 为半径的一个球面型高斯面 S_1,于是在 $R_1 < r < R_2$ 处,应用有介质的高斯定理得

$$\int_{S_1} \boldsymbol{D}_1 \cdot d\boldsymbol{S} = q$$

$$D_1 \cdot 4\pi r^2 = q, \quad D_1 = \frac{q}{4\pi r^2}$$

利用式(11-48)得

$$E_1 = \frac{D_1}{\varepsilon_0 \varepsilon_{r1}} = \frac{q}{4\pi \varepsilon_0 \varepsilon_{r1} r^2}, \quad R_1 < r < R_2$$

同理,在 $r > R_2$ 处做半径为 r 的同心球面 S_2,可得

$$D_2 = \frac{q+Q}{4\pi r^2}$$

$$E_2 = \frac{D_2}{\varepsilon_0 \varepsilon_{r2}} = \frac{q+Q}{4\pi \varepsilon_0 \varepsilon_{r2} r^2}, \quad r > R_2$$

利用电势定义得

$$U = \int_{R_1}^{\infty} E \cdot \mathrm{d}r = \int_{R_1}^{R_2} \frac{q}{4\pi \varepsilon_0 \varepsilon_{r1} r^2} \mathrm{d}r + \int_{R_2}^{\infty} \frac{q+Q}{4\pi \varepsilon_0 \varepsilon_{r2} r^2} \mathrm{d}r$$

积分得导体球的电势

$$U = \frac{q}{4\pi \varepsilon_0 \varepsilon_{r1}} \left(\frac{1}{R_1} - \frac{1}{R_2} \right) + \frac{q+Q}{4\pi \varepsilon_0 \varepsilon_{r2} R_2}$$

由公式(11-47)可得导体球表面处电介质上的束缚电荷面密度为

$$\sigma' = \left(1 - \frac{1}{\varepsilon_{r1}} \right) \sigma_0 = \frac{q}{4\pi R_1^2} \left(1 - \frac{1}{\varepsilon_{r1}} \right)$$

例 11.14 如图 11.47 所示,一平行平板电容器充满两层厚度各为 d_1 和 d_2 的电介质,它们的相对电容率分别为 ε_{r1} 和 ε_{r2},极板面积为 S. 求:

(1) 电容器的电容;

(2) 当极板上的自由电荷面密度的值为 σ_0 时,两介质分界面上的极化电荷面密度.

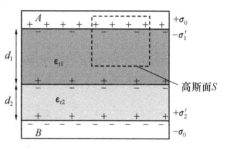

图 11.47 扁圆柱型高斯面

解 (1) 设两极板上的电荷面密度分别为 $+\sigma_0$ 和 $-\sigma_0$,两电介质中的电场强度分别为 E_1 和 E_2. 在图 11.47 中,选上下底面积均为 S_1 的扁圆柱面为高斯面,根据介质中的高斯定理有

$$\oint_S \mathbf{D} \cdot \mathrm{d}\mathbf{S} = \sigma_0 S_1$$

得

$$D = \sigma_0$$

由式(11-48)得

$$E_1 = \frac{D}{\varepsilon_0 \varepsilon_{r1}} = \frac{\sigma_0}{\varepsilon_0 \varepsilon_{r1}}$$

同理可得

$$E_2 = \frac{D}{\varepsilon_0 \varepsilon_{r2}} = \frac{\sigma_0}{\varepsilon_0 \varepsilon_{r2}}$$

两板间的电势差为

$$U_{AB} = \int_l \boldsymbol{E} \cdot \mathrm{d}\boldsymbol{l} = E_1 d_1 + E_2 d_2 = \frac{Q_0}{\varepsilon_0 S}\left(\frac{d_1}{\varepsilon_{r1}} + \frac{d_2}{\varepsilon_{r2}}\right)$$

由电容的定义式得此电容器的电容为

$$C = \frac{Q_0}{U_{AB}} = \frac{\varepsilon_0 \varepsilon_{r1} \varepsilon_{r2} S}{\varepsilon_{r1} d_2 + \varepsilon_{r2} d_1}$$

（2）由式(11-47)，可得分界面处第一层电介质的极化电荷面密度为

$$\sigma_1' = \frac{\varepsilon_{r1} - 1}{\varepsilon_{r1}}\sigma_0$$

第二层电介质的极化电荷面密度为

$$\sigma_2' = -\frac{\varepsilon_{r2} - 1}{\varepsilon_{r2}}\sigma_0$$

例 11.15　如图 11.48 所示，常用的圆柱形电容器，是由半径为 R_A 的长直圆柱导体和同轴的半径为 R_B 的薄导体圆筒组成，并在直导体与导体圆筒之间充以相对电容率为 ε_r 的电介质．设直导体和圆筒单位长度上的电荷分别为 $+\lambda$ 和 $-\lambda$．求：

（1）电介质中的电位移、电场强度；

（2）此圆柱形电容器单位度长度的电容．

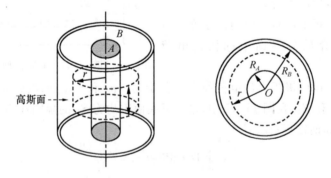

图 11.48　圆柱形电容器

解　（1）忽略边缘效应，则电荷分布是轴对称的，故电介质中的电场也是轴对称的，电场强度的方向沿柱面的径矢方向．做一与圆柱导体同轴的柱形高斯面，其半径为 $r(R_A < r < R_B)$、长为 l．因为电介质中的电位移 $\boldsymbol{D}$ 与柱形高斯面的两底面的法线垂直，所以通过这两底面的电位移通量为零．根据电介质中的高斯定理，有

$$\oint_S \boldsymbol{D} \cdot \mathrm{d}\boldsymbol{S} = \lambda l$$

即

$$D2\pi rl = \lambda l$$

得

$$D = \frac{\lambda}{2\pi r}$$

由 $\boldsymbol{D} = \varepsilon_0 \varepsilon_r \boldsymbol{E}$，得电介质中的电场强度为

$$E = \frac{D}{\varepsilon_0 \varepsilon_r} = \frac{\lambda}{2\pi \varepsilon_0 \varepsilon_r r} \quad (R_A < r < R_B) \tag{1}$$

（2）由式（1）可得圆柱形电容器两极间电势差为

$$U_{AB} = \int \boldsymbol{E} \cdot \mathrm{d}\boldsymbol{r} = \int_{R_A}^{R_B} \frac{\lambda \, \mathrm{d}r}{2\pi \varepsilon_0 \varepsilon_r r} = \frac{\lambda}{2\pi \varepsilon_0 \varepsilon_r} \ln \frac{R_B}{R_A} \tag{2}$$

把式（2）代入电容器电容定义，可得圆柱形电容器的单位长度的电容为

$$C = \frac{Q}{U_{AB}} = \frac{2\pi \varepsilon_0 \varepsilon_r}{\ln \dfrac{R_B}{R_A}}$$

由前面已知，真空圆柱形电容器的单位长度电容为

$$C_0 = \frac{2\pi \varepsilon_0}{\ln \dfrac{R_B}{R_A}}$$

两式相比较，可见 $C = \varepsilon_r C_0$.

思 考 题

11.11-1   电位移矢量 $\boldsymbol{D}$ 和电场强度 $\boldsymbol{E}$ 有什么不同？

11.12   静电场的能量   能量密度

11.12.1   电容器的电能

任何带电过程，都是电荷相对移动的过程. 在这个过程中，外力必须克服电荷间的相互作用力而做功. 如图 11.49 所示，我们分析一个电容为 C 的平行板电容器的充电过程. 设两极板之间接电势差为 U 的电源，开始时两极板不带电，接通电源后，电源不断把正电荷从负极板移到正极板. 电源把 $+\mathrm{d}q$ 电荷从负极板移到正极板时，电源（外力）因克服静电力而需做的功为

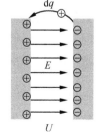

$$\mathrm{d}W = U\mathrm{d}q = \frac{q}{C}\mathrm{d}q$$

要使电容器两极板分别带有 $\pm Q$ 的电荷，则电源（外力）做

图 11.49   电容器储能

的总功为

$$W = \int_0^Q \frac{q}{C} \mathrm{d}q = \frac{Q^2}{2C} \tag{11-51}$$

这时移开电源,电容器两极板带有的电荷不变.根据功能原理,这功使电容器的能量增加,也就是电容器储存了电能 W_e. 将关系式

$$C = \frac{Q}{U}$$

代入. 于是有

$$W_e = \frac{Q^2}{2C} = \frac{1}{2}QU = \frac{1}{2}CU^2 \tag{11-52}$$

从上述讨论可见,在电容器的带电过程中,外力通过克服静电场力做功,把非静电能转换为电容器的电能.

11.12.2 电场的能量 能量密度

电容器的能量储存在哪里呢? 下面仍以平行平板电容器为例进行讨论.

对于极板面积为 S,间距为 d 的平板电容器,若不计边缘效应,则电场所占有的空间体积为 Sd,于是此电容器储存的能量也可以写成

$$W_e = \frac{1}{2}CU^2 = \frac{1}{2}\frac{\varepsilon S}{d}(Ed)^2 = \frac{1}{2}\varepsilon E^2 Sd = \frac{1}{2}\varepsilon E^2 V \tag{11-53}$$

式中,V 为两极板间电场存在的空间.

式(11-52)和式(11-53)的物理意义是不同的. 式(11-52)表明,电容器之所以储存有能量,是因为在外力作用下将电荷 Q 从一个极板移至另一极板,因此电容器能量的携带者是电荷. 而式(11-53)却表明,在外力做功的情况下,使原来没有电场的电容器的两极板间建立了有确定电场强度的静电场,因此电容器能量的携带者应当是电场.已经知道,静电场总是伴随着静止电荷而产生,所以在静电学范围内,上述两种观点是等效的.但对于变化的电磁场来说,情况就不如此了,在后面还会较详细的讨论.由于电磁波是变化的电场和磁场在空间的传播,在电磁波的传播过程中,电磁场是脱离电荷而存在的,所以不能说电磁波能量的携带者是电荷,而只能说电磁波能量的携带者是电场和磁场.因此如果某一空间具有电场,那么该空间就具有**电场能量**.电场强度是描述电场性质的物理量,电场的能量应以电场强度来表述.所以说式(11-53)比式(11-52)更具有普遍的意义.

由式(11-53)可见,$\frac{1}{2}\varepsilon E^2$ 是电场所在处单位体积所具有的能量.定义**电场能量密度**(单位体积的电场能量)为

$$w_e = \frac{1}{2}\varepsilon E^2 = \frac{1}{2}ED \tag{11-54}$$

式(11-54)表明,电场的能量密度与电场强度的二次方成正比.电场强度越大的区域,电场的能量密度也越大.式(11-54)虽然是从平板电容器这个特例中求得的,但可以证明,对任意电场,这个结论也是正确的.

对于非均匀电场,体积 V 内的电场的能量可以表示为

$$W_e = \int_V w_e \mathrm{d}V \tag{11-55}$$

电场具有能量,表明电场确是一种物质.

例 11.16　求 11.11 节例 11.15 中长度为 l 的电容器储存的能量.

解　由高斯定理可知,两圆柱面间的电场强度为

$$E = \frac{\lambda}{2\pi\varepsilon_0\varepsilon_r r}, \quad R_A < r < R_B \tag{1}$$

由于电场强度 E 随到轴线的距离 r 变化,所以我们先考虑 r 变化很小的 $\mathrm{d}V = 2\pi r l \mathrm{d}r$ 体积元(图 11.50)中储存的能量 $\mathrm{d}W_e$

$$\mathrm{d}W_e = w_e \mathrm{d}V = \frac{1}{2}\varepsilon_0\varepsilon_r E^2 \mathrm{d}V \tag{2}$$

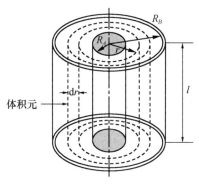

将式(1)和 $\mathrm{d}V$ 的表达式代入式(2),得

$$\mathrm{d}W_e = \frac{1}{2}\varepsilon_0\varepsilon_r \frac{\lambda^2}{(2\pi\varepsilon_0\varepsilon_r r)^2}(2\pi r l \mathrm{d}r) = \frac{l\lambda^2}{4\pi\varepsilon_0\varepsilon_r r}\mathrm{d}r$$

图 11.50　圆柱形电容器储存的能量

积分得该电容器储存的电场能量为

$$W_e = \int_{R_A}^{R_B} \frac{l\lambda^2}{4\pi\varepsilon_0\varepsilon_r r}\mathrm{d}r = \frac{l\lambda^2}{4\pi\varepsilon_0\varepsilon_r}\ln\frac{R_B}{R_A}$$

此题也可以先求电容,再利用式(11-52)求解.

本 章 提 要

1. 点电荷

带电体的大小和带电体之间的距离相比很小时,可以忽略其形状和大小,把它看作一个带电的几何点.

2. 库仑定律

$$\boldsymbol{F}_{12} = \frac{1}{4\pi\varepsilon_0}\frac{q_1 q_2}{r_{12}^2}\boldsymbol{e}_{12}$$

上式适用于真空中静止的点电荷.

3. 电场强度的定义式

$$E = \frac{F}{q_0}$$

电场强度 E 的国际单位为 $N \cdot C^{-1}$ 或 $V \cdot m^{-1}$.

4. 电场强度的叠加原理

$$E = E_1 + E_2 + \cdots + E_n = \sum_{i=1}^{n} E_i$$

5. 点电荷 Q 产生的电场

$$E = \frac{1}{4\pi\varepsilon_0} \frac{Q}{r^2} e_r$$

6. 求电场的三种方法

(1) 利用高斯定理. 真空中的高斯定理为

$$\Phi_e = \oint_S E \cdot dS = \frac{1}{\varepsilon_0} \sum_{i=1}^{n} q_i$$

式中, E 是空间所有电荷产生的电场强度, $\sum_{i=1}^{n} q_i$ 是对高斯面内的电荷求代数和.

有电介质时的高斯定理为

$$\oint_S D \cdot dS = \sum_{i=1}^{n} q_{0i}$$

式中, $\sum_{i=1}^{n} q_{0i}$ 是对高斯面内的自由电荷求代数和.

在各向同性均匀介质中

$$D = \varepsilon_0 \varepsilon_r E = \varepsilon E, \quad \varepsilon_r \text{ 为相对电容率}, \varepsilon \text{ 为电容率}$$

(2) 利用场强叠加法. 对连续带电体

$$E = \int dE = \int \frac{1}{4\pi\varepsilon_0} \frac{e_r}{r^2} dq$$

(3) 利用电场强度与电势的关系

$$E = -\left(\frac{\partial U}{\partial x} i + \frac{\partial U}{\partial y} j + \frac{\partial U}{\partial z} k \right)$$

7. 求电势的两种方法

(1) 利用电势的定义. 当电荷有限分布时, 选无限远为电势零点, 则 A 点的电势为

$$U_A = \int_{A\infty} E \cdot dl$$

(2) 电势叠加法. 利用点电荷的电势公式

$$U = \frac{q}{4\pi\varepsilon_0} \frac{1}{r}$$

取点电荷元,利用电势标量叠加的原理,得

$$U_P = \int \frac{\mathrm{d}q}{4\pi\varepsilon_0 r}$$

也可以取已知电势表达式的其他形式的电荷元.

8. 两点之间的电势差

$$U_{AB} = U_A - U_B = \int_{AB} \boldsymbol{E} \cdot \mathrm{d}\boldsymbol{l}$$

9. 静电场的性质

由静电场的高斯定理 $\oint_S \boldsymbol{E} \cdot \mathrm{d}\boldsymbol{S} = \frac{1}{\varepsilon_0} \sum_{i=1}^n q_i \rightarrow$ 静电场是有源场;

由静电场的环路定理 $\oint_l \boldsymbol{E} \cdot \mathrm{d}\boldsymbol{l} = 0 \rightarrow$ 静电场是保守力场.

10. 静电场中的导体

金属导体静电平衡时,体内 $\boldsymbol{E}=0$,导体是等势体,导体表面是等势面.

11. 电介质的极化

电介质处于外电场中,其表面出现极化电荷.电介质内的电场强度 $\boldsymbol{E}$ 为

$$\boldsymbol{E} = \boldsymbol{E}' + \boldsymbol{E}_0$$

式中,$\boldsymbol{E}_0$ 为外电场的电场强度,$\boldsymbol{E}'$ 为极化电荷产生的电场强度.

12. 电容器的电容

(1)电容

$$C = \frac{Q}{U_A - U_B} = \frac{Q}{U_{AB}}$$

(2)串联

$$\frac{1}{C} = \frac{1}{C_1} + \frac{1}{C_2} + \cdots + \frac{1}{C_n}$$

(3)并联

$$C = C_1 + C_2 + \cdots + C_n$$

(4)储能

$$W_e = \frac{Q^2}{2C} = \frac{1}{2}QU = \frac{1}{2}CU^2$$

13. 电场的能量

$$W_e = \int_V w_e \mathrm{d}V = \int \frac{1}{2}\varepsilon_0 \varepsilon_r E^2 \mathrm{d}V$$

习　题

11-1　电量都是 q 的三个点电荷,分别放在正三角形的三个顶点.试问:

(1) 在这三角形的中心放一个什么样的电荷,就可以使这四个电荷都达到平衡?

(2) 这种平衡与三角形的边长有无关系?

习题 11-2 图

11-2　如习题 11-2 图所示,两小球的质量都是 m,都用长为 l 的细绳挂在同一点,它们带有相同电量,静止时两线夹角为 2θ,设小球的半径和线的质量都可以忽略不计,求每个小球所带的电量.

11-3　如习题 11-3 图所示,在场强为 E(方向垂直向上)的均匀电场中,有一个被长度为 L 的细线悬挂着的质量为 m、带有正电荷 q 的小球.求小球做微小摆动时的摆动周期.

11-4　如习题 11-4 图所示,长 $l=15.0$ cm 的直导线 AB 上均匀地分布着线密度 $\lambda=5.0\times10^{-9}$ C·m^{-1} 的正电荷.试求:

(1) 在导线的延长线上与导线 B 端相距 $a=5.0$ cm 处 P 点的场强;

(2) 在导线的垂直平分线上与导线中点相距 $d=5.0$ cm 处 Q 点的场强.

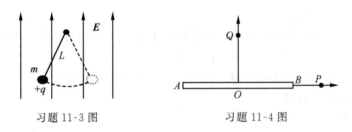

习题 11-3 图　　　　　　　　　习题 11-4 图

11-5　一个半径为 R 的均匀带电半圆环,电荷线密度为 λ,求环心处 O 点的场强.

11-6　一个半径为 R 的半球面,均匀带电 Q,电荷面密度为 σ,求球心处 O 点的场强.

11-7　一个点电荷 q 位于一边长为 a 的立方体中心,在该点电荷电场中穿过立方体的一个面的电通量是多少? 如果该点电荷移动到该立方体的一个顶点上,这时穿过立方体各面的电通量是多少?

11-8　两个无限大的平行平面都均匀带电,电荷的面密度分别为 σ_1 和 σ_2,试求空间各处场强.

11-9　半径为 R_1 和 $R_2(R_2>R_1)$ 的两无限长同轴圆柱面,单位长度上分别带有电量 λ 和 $-\lambda$,试求:

(1) $r<R_1$;

(2) $R_1<r<R_2$;

(3) $r>R_2$ 处各点的场强.

*11-10　半径为 R 的均匀带电球体内的电荷体密度为 ρ,若在球内挖去一个半径为 $r<R$ 的小球体,如习题 11-10 图所示.试求两球心 O 与 O' 点的场强,并证明小球空腔内的电场是均匀的.

11-11　在半径为 R 的球体内,电荷分布是球对称的,电荷体密度为 $\rho=kr$,r 为球心到球内任一点的距离,求此带电体在空间产生的电场强度.

11-12　一电偶极子由 $q=1.0\times10^{-6}$ C 的两个异号点电荷组成,两电荷距离 $d=0.2$ cm,把这电偶极子放在 1.0×10^{5} N·C^{-1} 的外电场中,求外电场作用于电偶极子上的最大力矩.

11-13　如习题 11-13 图所示的绝缘细线上均匀分布着线密度为 λ 的正电荷,两端直导线的长度和半圆环的半径都等于 a.试求环中心 O 点处的场强和电势.

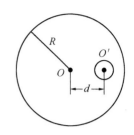

习题 11-10 图

11-14　三个平行金属板 A、B 和 C 的面积都是 200 cm^2,A 和 B 相距 4.0 mm,A 与 C 相距 2.0 mm.B、C 都接地,如习题 11-14 图所示.如果使 A 板带正电 3.0×10^{-7} C,略去边缘效应,问 B 板和 C 板上的感应电荷各是多少？ 以地的电势为零,则 A 板的电势是多少？

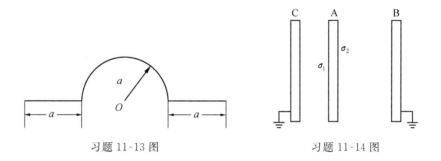

习题 11-13 图　　　　　　　　　　习题 11-14 图

11-15　两个半径分别为 R_1 和 $R_2(R_1<R_2)$ 的同心薄金属球壳,现给内球壳带电 $+q$,试计算：

（1）外球壳上的电荷分布及电势大小；

*（2）先把外球壳接地,然后断开接地线重新绝缘,求此时外球壳的电荷分布及电势.

11-16　半径为 R_1 的导体球所带电荷为 q,球外有一个同心导体球壳,内外径分别为 R_2 和 R_3,球壳带电荷为 Q,求(1)两球的电势 U_1 和 U_2；(2)两球的电势差 ΔU；(3)用导线将导体球与球壳连接在一起后,U_1、U_2 和 ΔU 分别是多少？

11-17　半径为 R 的金属球离地面很远,并用导线与地相连,在与球心相距为 $d=3R$ 处有一点电荷 $+q$,试求金属球上的感应电荷的电量.

11-18　一球形电容器由两同心导体薄球壳组成,其内外径分别为 R_1 和 R_4,现在两导体薄球壳之间放一个内外半径分别为 R_2 和 R_3 的同心导体球壳.若给内球壳(R_1)和外球壳(R_4)分别带电 Q 和 $-Q$.求(1)导体球壳(R_2 和 R_3)的电荷分布；(2)空间各点的电场强度分布；(3)R_1 和 R_4 两导体球壳间的电势差.

11-19　如习题 11-19 图所示,两个同轴的圆柱面,长度均为 l,半径分别为 R_1 和 $R_2(R_2>R_1)$,且 $l\gg R_2-R_1$,两柱面之间为真空.当两圆柱面分别带等量异号电荷 Q 和 $-Q$ 时,求：

（1）在半径 r 处($R_1<r<R_2$),厚度为 dr,长为 l 的圆柱薄壳中任一点的电场能量密度和整个薄壳中的电场能量；

(2) 两柱面之间的总电场能量；

(3) 圆柱形电容器的电容.

11-20 如习题 11-20 图所示，$C_1 = 0.25\ \mu F$，$C_2 = 0.15\ \mu F$，$C_3 = 0.20\ \mu F$. C_1 上电压为 50 V. 求 U_{AB}.

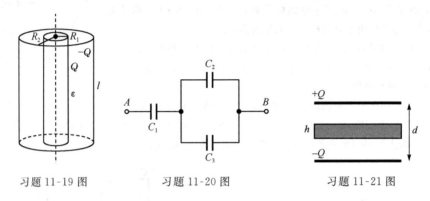

习题 11-19 图　　　　习题 11-20 图　　　　习题 11-21 图

11-21 如图，一平行板电容器两极板间距为 d，面积为 S，在两极板之间放置一厚度为 h 的金属板. 设上下两极板带电量分别为 $\pm Q$，不计边缘效应，求：(1) 金属板上下表面的电荷分布；(2) 两极板间的电势差；(3) 放置金属板后构成的新电容器的电容.

第 12 章 恒 定 磁 场

【学习目标】

了解恒定电流产生的条件,理解电流密度和电动势的概念.掌握描述磁场的物理量——磁感应强度的概念,理解它是矢量点函数.理解毕奥-萨伐尔定律,能利用它计算一些简单问题中的磁感应强度.理解稳恒磁场的高斯定理和安培环路定理.掌握用安培环路定理计算磁感应强度的条件和方法.理解洛伦兹力和安培力的公式,能分析电荷在均匀电场和磁场中的受力和运动.了解磁矩的概念,了解磁介质的磁化现象及其微观解释,了解磁场强度的概念以及在各向同性介质中 $\boldsymbol{H}$ 和 $\boldsymbol{B}$ 的关系,了解磁介质中的安培环路定理,了解铁磁质的特性.

12.1 电 流

12.1.1 电流和电流密度矢量

1. 电流

电荷的定向移动称为电流.通常使用的电,可分为直流电和交流电两大类:方向不随时间变化的电流定义为直流电,其中,大小和方向都不随时间变化的电流定义为稳恒电流;大小和方向随时间变化的电流定义为交流电,或称交变电流.由带电粒子定向运动形成的电流叫做传导电流;由带电物体做机械运动形成的电流叫做运流电流.在此仅讨论传导电流.

为了描述电流的强弱,引入电流强度的概念.单位时间内通过某横截面的电量,称为**电流强度**,即

$$I = \frac{\mathrm{d}q}{\mathrm{d}t} \tag{12-1}$$

在国际单位制中,单位为安培(A).

2. 电流密度矢量

由电流强度的概念可以看出,电流强度 I 是标量,不是矢量,通常说"电流的方向"只是指一群"正电荷的流向"而已.当电流在大块导体中流动时,导体内各处的

电流分布不一定是均匀的. 为了精确描述任一时刻电流在截面内的分布情况,引入了**电流密度**这个矢量,符号为 j. 空间一点的电流密度矢量,其数值等于在单位时间内,通过该点附近垂直于正电荷运动方向的单位面积的电荷;方向为该点正电荷的运动方向. 如图 12.1(a)所示,在导体中某点处取一与该点正电荷运动方向垂直的面积元 dS,则通过 dS 的电流 dI 与该点的电流密度 j 的关系为

$$dI = jdS$$

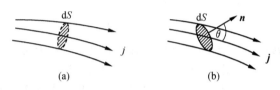

图 12.1　电流密度矢量

如果面积元 dS 的法线方向与该点正电荷运动方向间的夹角为 θ[图 12.1(b)],则有

$$dI = jdS\cos\theta \tag{12-2}$$

所以有

$$j = \frac{dI}{dS\cos\theta} \tag{12-3}$$

式(12-2)可以写成矢量式为

$$dI = \boldsymbol{j} \cdot d\boldsymbol{S} \tag{12-4}$$

通过任意截面 S 的电流与电流密度矢量的关系为

$$I = \int_S \boldsymbol{j} \cdot d\boldsymbol{S} \tag{12-5}$$

金属的电学特性是金属中存在大量的自由电子. 从微观结构上看,金属中的正离子构成金属的晶格,自由电子在晶格间做无规则的热运动. 在通常情况下,导体中没有电流形成. 当导体两端存在电势差时,导体内部就有电场存在,自由电子受到电场力的作用,将沿着电场强度相反的方向相对于晶格做定向运动,在导体中形成电流. 自由电子在电场力的作用下产生的定向运动的平均速度叫**漂移速度**,用符号 v_d 表示. 漂移速度的大小叫**漂移速率**. 设导体中自由电子的数密度为 n,电子的漂移速度为 v_d. 在导体内取一与漂移速度 v_d 垂直的面积元 dS,于是在时间 dt 内,长为 $v_d dt$,截面积为 dS 的柱体内的自由电子都将通过截面积 dS,即有 $nv_d dt dS$ 个电子通过 dS. 每个电子电量的绝对值为 e,所以在 dt 时间内通过 dS 的电量为 $dq = env_d dt dS$. 由电流和电流密度的定义得

$$dI = env_d dS \tag{12-6}$$

$$j = env_d \tag{12-7}$$

上述两式表明,金属导体中的电流和电流密度与自由电子的数密度和自由电子的漂移速率成正比.若电流 I 均匀通过横截面为 S 的导线,由式(12-6)有

$$I = env_{d}S \qquad (12\text{-}8)$$

如果导体不变,导体两端存在的电势差不随时间变化,则自由电子的漂移速率不变,电流 I 也不变,此时导体中的电流即为稳恒电流.

12.1.2 欧姆定律的微分形式

1. 欧姆定律

实验表明,通过一段导体的电流与导体两端的电压成正比,即

$$I \propto U$$

这个结论称为**欧姆定律**.写成等式为

$$U = RI \qquad (12\text{-}9)$$

式中的比例系数 R 称为导体的电阻,它由导体的材料和几何尺寸及形状决定.实验表明,欧姆定律适用于金属导体,也适用于电解质.但对于气体导体和一些导电电子元件,欧姆定律不成立,它们的电流和电压呈现出非线性关系.

2. 电阻率和电导率

实验表明,在温度一定时,由一定材料制成的横截面积均匀的导体,其电阻值与长度 l 成正比,与横截面积 S 成反比,有

$$R = \rho \frac{l}{S} \qquad (12\text{-}10)$$

式中的比例系数 ρ 称为导体的**电阻率**,它由导体的材料决定,它的国际单位为欧姆·米($\Omega \cdot m$).电阻率的倒数称为**电导率**,用 σ 表示,即

$$\sigma = \frac{1}{\rho}$$

电导率的国际单位是西门子·米$^{-1}$($S \cdot m^{-1}$).

3. 欧姆定律的微分形式

欧姆定律也可写成微分形式.如图 12.2 所示,在导体的电流场内取一小柱体元,其长度为 dl,垂直截面积为 dS,柱体元两端的电势差为 dU.根据欧姆定律,通过截面 dS 的电流为

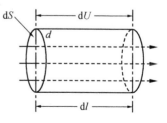

图 12.2 导体内小柱体电流元

$$dI = \frac{dU}{R}$$

式中，R 为小柱体元的电阻，其值为

$$R = \frac{\rho \, \mathrm{d}l}{\mathrm{d}S}$$

于是得

$$\mathrm{d}I = \frac{1}{\rho} \frac{\mathrm{d}U}{\mathrm{d}l} \mathrm{d}S$$

又根据 $\mathrm{d}U = E\mathrm{d}l$，可得

$$\boldsymbol{j} = \frac{1}{\rho}\boldsymbol{E} = \sigma\boldsymbol{E} \tag{12-11}$$

这就是欧姆定律的微分形式. 它表明，通过导体中任一点的电流密度矢量与该点的电场强度成正比，并与导体材料的性质有关.

<h2 style="text-align:center">思　考　题</h2>

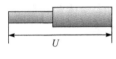

思考题 12.1-1 图

12.1-1　如思考题 12.1-1 图，两根截面积不同而材料相同的圆柱形金属导体同轴串接在一起，两端加一定电压. 则通过两根导体的电流密度是否相同？两导体内的电场强度是否相同？如果两端导体的长度相等，两导体上的电压是否相同？

12.2　电源　电动势

12.2.1　非静电力　电源

如图 12.3 所示，取一电容器，对它充电，使其极板 A 和 B 分别带有一定量的正负电荷，则 A、B 之间具有电势差. 这时用导线连接 A、B 两极板，在导线中就有电场存在. 在电场力作用下，正电荷从极板 A 移动到极板 B，并与极板 B 上的负电荷中和，两板间的电流和电势差逐渐变小直至消失.

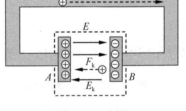

图 12.3　电源

为了使电流恒定不变，需要把正电荷从负极板 B 移至正极板 A，这必须有非静电性质的力的作用. 将能提供非静电力的装置称为电源. 电源内部，非静电力把正电荷从负极板 B 移至正极板 A 上，克服静电力对正电荷做功. 这种做功过程，实质是把其他形式的能量转化为电能的过程. 由于产生非静电力的形式不同，因此有各种各样的电源，同类电源转化能量的能力也不尽相同.

12.2.2 电动势

为了定量描述不同电源转化能量的能力,人们引入了电动势这一物理概念.将单位正电荷绕闭合回路一周的过程中,非静电力所做的功称为电源的**电动势**,通常用符号 ε_k 表示.并且定义作用在单位正电荷上的非静电力为非静电电场强度,通常用符号 E_k 表示.所以电动势的定义式为

$$\varepsilon_k = \oint E_k \cdot \mathrm{d}l \tag{12-12}$$

如果非静电电场强度只在电源内部,则式(12-12)可改写为

$$\varepsilon_k = \int_-^+ E_k \cdot \mathrm{d}l \tag{12-13}$$

式(12-13)表示电源电动势的大小等于将正电荷在电源内部从负极板移至正极板非静电力所做的功.电动势和电势的单位相同,同为伏特(V),但它们是两个性质不同的物理量.电动势是和电源的做功本领(非静电力所做的功)相联系的,而电势是和静电力(电场力)所做的功相联系的.

思 考 题

12.2-1 如思考题 12.2-1 图所示,说明非静电力和静电力的作用和作用区域,并比较电动势和电势是否相同.

思考题 12.2-1 图

12.3 磁场 磁感应强度

12.3.1 基本磁现象

1. 磁现象

人类是从天然的磁性矿石(Fe_3O_4)能够吸铁这一事实中认识磁相互作用的.世界上最早有关磁石的记载见于我国春秋战国时期(公元前 770 年~公元前 221 年),有"上有慈石(磁石)者,其下有铜金"、"磁石招铁"等磁石吸铁的记载.东汉著名的唯物主义思想家王充在《论衡》中所描述的"司南勺"是被公认为最早的磁性指南器.磁铁能够吸引铁制物体的性质叫做磁性.磁铁各部分磁性强弱不同,磁性最强的部分称为磁极.若用细线将条形磁铁水平地悬挂起来,它将自动地指向近似南北方向.指北的一端磁极称为 N 极(或北极),指南的一端称为 S 极(或南极).

地球和其他许多天体都具有磁性.地球这一磁体的 N 极在地理南极附近,S

极在地理北极附近,地理两极与地磁两极的位置并不一致.人们把水平放置的磁针指向与地理子午线之间的夹角称为地磁偏角.地磁偏角是随时间地点而变化的,其值约为 3° 或 4°.

2. 电流的磁效应

不仅磁铁具有磁性,电流也具有磁性.开始,人们对电和磁的研究是相互独立的,但一些科学家通过实验发现电和磁之间是相互联系的.

1820 年间,丹麦科学家奥斯特发表了自己多年研究的成果,这便是历史上著名的奥斯特实验.他的实验可概括如下.如图 12.4 所示,导线 AB 沿南北方向放

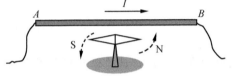

图 12.4 奥斯特实验

置,下面有一可在水平面内自由转动的磁针.当导线中没有电流通过时,磁针在地球磁场的作用下沿南北取向;但当导线中通过电流时,磁针就会发生偏转.当电流的方向是从 A 到 B 时,则从上向下看去,磁针的偏转是沿逆时针方向的;当电流反向时,磁针的偏转方向也倒转过来,沿顺时针方向.奥斯特实验表明,电流可以对磁铁施加作用力.

同年,安培在得知奥斯特的实验结果后,做进一步的实验,又发现了磁场对载流线圈及导线也有力的作用.放在磁铁附近的载流导线也会受到磁力的作用而发生运动(图 12.5),其后又发现载流导线之间或载流线圈之间也有相互作用.例如,两根平行载流导线,当两电流的流向相同时,会相互吸引,相反时则相互排斥(图 12.6).如把两个载流线圈面对面地挂在一起,当两电流的流向相同时,也可看到两线圈相互吸引,相反时则相互排斥.实验结果表明,磁力可以发生于电流和磁铁之间,也可发生于电流和电流之间,磁现象是与电荷的运动密切相关的.电荷的运动产生磁现象,运动的电荷本身也受到磁力的作用.在实验的基础上,安培提出了分子电流的假说,他认为组成磁铁的最小单元就是环形分子电流,若这样一些分

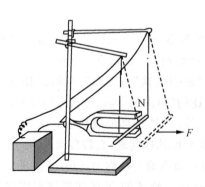

图 12.5 安培实验(一)

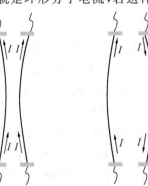

图 12.6 安培实验(二)

子电流定向地排列起来,在宏观上就会显出 N、S 极来.现在我们知道"分子电流"实际上是组成物质的原子、分子等微观粒子内部电子的运动而形成的.电学和磁学开始走向了统一.

12.3.2 磁场

我们知道,静止的电荷在其周围空间能够激发电场,而运动电荷在其周围空间,除了能够激发电场外,还能够激发另一种场——磁场.与电场一样,磁场也是一种客观物质.它的一个最基本特性就是对其中的运动电荷(或电流)产生作用力.可以将两个运动电荷(或电流)之间的磁相互作用理解为:由于其中一个运动电荷(或电流)周围存在磁场,而另一运动电荷(或电流)则完全"浸没"在该磁场中,所以受到磁场力的作用;反之亦然.

12.3.3 磁感应强度

电场的性质用电场强度描述,而磁场的性质是用磁感应强度来描述的.磁感应强度用符号 $\boldsymbol{B}$ 来表示,它是一个矢量,既有大小,也有方向.

对磁感应强度的方向规定:在磁场中的某点,小磁针静止时 N 极的指向即为该点的磁感应强度方向,也称为该点的磁场方向.

对磁感应强度的大小规定与运动电荷在磁场中的受力有关,实验发现:在磁场中的任意一点放入一电量为 q、速度为 v 的试验电荷,它所受的磁场力如图 12.7 所示.

(1)在磁场中,当试验电荷以速度 v 沿磁场方向(或其反方向)运动时,所受磁力为零.

(2)当运动电荷沿其他方向运动时,电荷将受到磁场力的作用,其大小不仅和 q、v 成正比,而且还与 v 与磁场方向之间的夹角的正弦成正比,即 $F \propto qv\sin\theta$;而磁场力 $\boldsymbol{F}$ 的方向总是垂直于 v 与磁场方向所组成的平面.

(3)如果速率 v 不变,电荷在 P 点沿着与磁场方向垂直的方向运动,即 $\theta = 90°$ 时,所受到的磁力为最大值,用 $F_\perp$ 表示.

(4)实验表明,这个最大磁力 $F_\perp$ 正比于运动电荷的电量 q 和运动的速率 v,但比值 $F_\perp/qv$ 却仅与 P 点的位置有关,而与运动电荷的 qv 值的大小无关.

由此可见,比值 $F_\perp/(qv)$ 反映该点磁场本身强弱的性质,所以规定

磁场中任一点 P 点的磁感应强度 $\boldsymbol{B}$ 的大小为

$$B = \frac{F_\perp}{qv} \tag{12-14}$$

综上所述,描述磁场性质的磁感应强度 $\boldsymbol{B}$ 是一个矢量.磁场的方向也可以按右手螺旋法则,根据最大磁力 $F_\perp$ 和 v 的方向,确定 $\boldsymbol{B}$ 的方向如下:右手四指由正电荷所受力 $F_\perp$ 的方向,沿小于 $180°$ 角度的旋转方向转到正电荷运动速度 v 的方

向,这时拇指所指的方向便是该点 B 的方向,如图 12.7 所示.这就是说,对正电荷而言,可由矢积 $F_\perp \times v$ 的方向确定 B 矢量的方向.

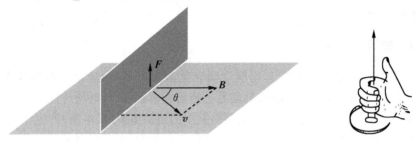

图 12.7   运动电荷在磁场中受到的磁场力

在国际单位制中,磁感应强度 B 的单位为特斯拉,用 T 表示.

$$1T = 1N \cdot A^{-1} \cdot m^{-1}$$

思 考 题

12.3-1   地球和其他许多天体都具有磁性.地球这一磁体的 N 极在地理南极附近,还是在地理北极附近,地理两极与地磁两极的位置是否一致?

12.3-2   一个电子以速度 v 进入磁感应强度为 B 的均匀磁场中,它沿什么方向入射可以不受磁场力的作用? 如果磁场不是均匀磁场是否也可以不受磁场力的作用?

12.4   毕奥-萨伐尔定律及其应用

12.4.1   毕奥-萨伐尔定律

在讨论连续带电体产生的电场时,首先将带电体划分成许多微元 dq,视作点电荷,求出微元 dq 产生的电场强度,然后再利用积分求出整个带电体产生的总场强.与此相似,为了讨论任意形状的载流导线所产生的磁场,先把导线划分成许多微元 dl,dl 中正电荷运动方向为 dl 矢量的方向,Idl 称为电流元.在求出各电流元产生的磁场后,可以根据叠加原理利用矢量积求出任意形状的电流所产生的磁场.

但是电流元与点电荷不同,它不能在实验中单独地实现.人们通过大量的实验和理论工作,进行总结、分析和归纳,得出了下面的电流元产生磁场的规律,这个规律称为毕奥-萨伐尔定律.其内容如下:

在真空中,任一电流元 Idl 在给定点 P 所产生的磁感应强度 dB 的大小与电流元 Idl 的大小成正比,与电流元 Idl 的方向和由电流元到 P 点的位矢 r 之间的夹角的正弦成正比,并与电流元到 P 点的距离 r 的平方成反比,即 $\mathrm{d}B = k\dfrac{I\mathrm{d}l\sin\theta}{r^2}$;

$\mathrm{d}\boldsymbol{B}$ 的方向垂直于 $I\mathrm{d}\boldsymbol{l}$ 和 $\boldsymbol{r}$ 所组成的平面,如图 12.8 所示.

矢量表达式为

$$\mathrm{d}\boldsymbol{B} = k\frac{I\mathrm{d}\boldsymbol{l} \times \boldsymbol{e}_r}{r^2} \tag{12-15}$$

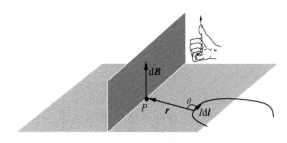

图 12.8 电流元的磁感应强度的方向

式(12.15)是毕奥-萨伐尔定律的微分形式.式中 $\boldsymbol{e}_r$ 表示在 $\boldsymbol{r}$ 方向上的单位矢量,k 是比例系数,取决于所采用的单位制,并与所在的磁介质的性质有关.

任意线电流在 P 点处所产生的磁感应强度为

$$\boldsymbol{B} = \int\mathrm{d}\boldsymbol{B} = \int k\frac{I\mathrm{d}\boldsymbol{l} \times \boldsymbol{e}_r}{r^2} \tag{12-16}$$

式中,积分是对整个载流导线进行的,真空中

$$k = \frac{\mu_0}{4\pi}$$

式中,μ_0 称为真空的**磁导率**.在国际单位制中,真空的磁导率为 $\mu_0 = 4\pi \times 10^{-7}$(特斯拉·米·安培$^{-1}$)(T·m·A^{-1}).所以毕奥-萨伐尔定律在真空中的表达式为

$$\mathrm{d}B = \frac{\mu_0}{4\pi}\frac{I\mathrm{d}l\sin\theta}{r^2}$$

矢量表达式为

$$\mathrm{d}\boldsymbol{B} = \frac{\mu_0}{4\pi}\frac{I\mathrm{d}\boldsymbol{l} \times \boldsymbol{e}_r}{r^2} \tag{12-17}$$

12.4.2 毕奥-萨伐尔定律应用举例

应用毕奥-萨伐尔定律计算电流的磁场时,电流元的选择要适当,进行矢量积分时,还需注意矢量的叠加.实际载流导线周围磁场分布问题的求解可以归纳为

毕奥 - 萨伐尔定律 + 磁场叠加原理 ⇒ 所求的磁场

例 12.1　载流直导线周围磁场的分布.

设真空中长为 l 的载流直导线中通有稳恒电流 I，求与载流导线距离为 a 的 P 点处的磁感应强度 B（图 12.9）.

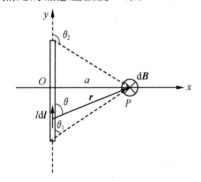

图 12.9　长载流直导线周围磁场

解　如图 12.9，载流直导线上的任一电流元 $I\mathrm{d}l$，方向沿着电流的方向，r 为电流元至所求点 P 的矢径. 坐标原点取在 P 点至载流导线的垂足 O 处，则电流元在 P 点所激发的磁场为

$$\mathrm{d}\boldsymbol{B} = \frac{\mu_0}{4\pi}\frac{I\mathrm{d}\boldsymbol{l} \times \boldsymbol{r}}{r^3}$$

$$\mathrm{d}B = \frac{\mu_0}{4\pi}\frac{I\mathrm{d}y\sin\theta}{r^2}$$

方向垂直于纸面向里. 由于载流直导线上所有电流元在 P 点所激发的磁场方向均相同，故矢量积分实际上变为标量积分，合磁场方向垂直于纸面向里，为积分方便，根据几何关系，把被积函数中的线量全部置换成角量，最后线积分变成对 θ 角进行积分. 考虑到 $r^2 = a^2/\sin^2\theta$，$y = -a \cdot \cot\theta$，所以 $\mathrm{d}y = a\mathrm{d}\theta/\sin^2\theta$，将上述结果代入上式，得

$$B = \frac{\mu_0 I}{4\pi a}\int_{\theta_1}^{\theta_2}\sin\theta\mathrm{d}\theta = \frac{\mu_0 I}{4\pi a}(\cos\theta_1 - \cos\theta_2) \tag{12-18}$$

以下是对上述结果的讨论.

（1）无限长载流直导线的磁场. 当导线为无限长时，$\theta_1 = 0$，$\theta_2 = \pi$，则 $B = \mu_0 I/(2\pi a)$，如果用 r 代替 a，无限长载流直导线周围空间的磁场分布函数为

$$B = \frac{\mu_0 I}{2\pi r} \tag{12-19}$$

在实际中不可能遇到真正的无限长直导线，然而若在闭合回路中有一段长为 l 的直导线，在其附近 $r \ll l$ 的范围内，式（12-19）近似成立.

（2）当 P 点在载流直导线（或其延长线）上时，由于 $I\mathrm{d}\boldsymbol{l} \times \boldsymbol{r} = 0$，所有电流元产生的 $\mathrm{d}B$ 都为零，则总的磁感应强度

$$B = 0 \tag{12-20}$$

例 12.2　圆形载流导线轴线上的磁场.

设在真空中有一半径为 R 的圆形载流导线，通过的电流为 I，通常称作圆电流. 试求通过其轴线上与圆心 O 相距 x 处的任意点 P 处的磁感应强度.

解　建立坐标系如图 12.10 所示，Ox 轴垂直圆形导线的平面. 在圆上任取一电流元 $I\mathrm{d}l$，电流

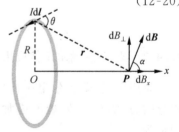

图 12.10　圆形载流导线

元到点 P 的矢量为 r,它在点 P 所激发的磁感强度为

$$d\boldsymbol{B} = \frac{\mu_0}{4\pi} \frac{Id\boldsymbol{l} \times \boldsymbol{e}_r}{r^2}$$

由于 $d\boldsymbol{l}$ 与矢量 r 的单位矢量 $\boldsymbol{e}_r$ 垂直,所以 $\theta = 90°$,$d\boldsymbol{B}$ 的大小为

$$dB = \frac{\mu_0}{4\pi} \frac{Idl}{r^2}$$

$d\boldsymbol{B}$ 的方向垂直于电流元 $Id\boldsymbol{l}$ 与矢量 r 所组成的平面,即 $d\boldsymbol{B}$ 与 Ox 轴的夹角为 α. 因此,可以把 $d\boldsymbol{B}$ 分解成两个分量:dB_x 和 $dB_\perp$. 考虑到圆上任一直径两端的电流元对 x 轴的对称性,故所有电流元在点 P 处的磁感强度的分量 $dB_\perp$ 的总和应等于零. 所以,点 P 处磁感强度的大小为

$$B = \int_l dB_x = \int_l dB\cos\alpha = \int_l \frac{\mu_0}{4\pi} \frac{Idl}{r^2}\cos\alpha$$

由于 $\cos\alpha = \dfrac{R}{r}$,且对给定点 P 来说,r、I 和 R 都是常量,有

$$B = \frac{\mu_0}{4\pi} \frac{IR}{r^3} \int_0^{2\pi R} dl = \frac{\mu_0}{2} \frac{R^2 I}{r^3} = \frac{\mu_0}{2} \frac{R^2 I}{(R^2 + x^2)^{3/2}} \tag{12-21}$$

$\boldsymbol{B}$ 的方向垂直于圆形导线平面沿 Ox 轴正向.

对上述结果进行讨论:

(1) 场点 P 在圆心点 O 处,则 $x = 0$,该处的磁感强度 $\boldsymbol{B}$ 的大小为

$$B = \frac{\mu_0}{2} \frac{I}{R} \tag{12-22}$$

$\boldsymbol{B}$ 的方向垂直于圆形导线平面,沿 Ox 轴正向.

(2) 半径为 R 的平面圆弧电流 I 在圆心处产生的磁场:由对称性可知,圆线圈上各个电流元在圆心处产生的磁感应强度的方向相同,则 $1/N$ 圆周的平面圆弧电流在圆心处产生的磁场为

$$B_{1/N} = \frac{1}{N}B = \frac{\mu_0 I}{2NR} \tag{12-23}$$

同样可以得,圆心角为 θ 的圆弧电流在圆心处产生的磁场为

$$B_\theta = \frac{\theta}{2\pi}B_0 = \frac{\mu_0 \theta}{4\pi R}I \tag{12-24}$$

(3) 场点 P 在远离原点 O 的 Ox 轴上,$x \gg R$,则 $(R^2 + x^2)^{3/2} \approx x^3$. 由式(12-21)可得

$$B = \frac{\mu_0}{2} \frac{IR^2}{x^3}$$

圆电流的面积为 $S = \pi R^2$，上式可写成

$$B = \frac{\mu_0}{2\pi} \frac{IS}{x^3} \tag{12-25}$$

对于平面载流线圈可以引入一个矢量来描述它的磁性，此矢量称作平面载流线圈的"**磁矩**"，用 $\boldsymbol{p}_m$ 表示．其定义为

$$\boldsymbol{p}_m = IS\boldsymbol{e}_n \tag{12-26}$$

式中，$\boldsymbol{e}_n$ 为线圈平面的正法线方向上的单位矢量．规定面积 S 的正法线方向与圆电流的流向成右手螺旋关系，即四个手指的回旋方向与线圈中回路电流的方向一致，大拇指的指向就是该线圈平面的正法线方向，也就是载流平面线圈的磁矩方向．根据上面的分析可知，载流线圈在轴线上产生的磁感应强度 $\boldsymbol{B}$ 的方向与 $\boldsymbol{p}_m$ 的方向相同，所以圆电流轴线上的磁场分布可用矢量式表示为

$$\boldsymbol{B}(x) = \frac{\mu_0 IS\boldsymbol{n}_0}{2\pi(R^2 + x^2)^{3/2}} = \frac{\mu_0 \boldsymbol{p}_m}{2\pi(R^2 + x^2)^{3/2}} \tag{12-27}$$

当 $x \gg R$ 时，在轴线上的远场处的磁场为

$$\boldsymbol{B}(x) = \frac{\mu_0 \boldsymbol{p}_m}{2\pi x^3} \tag{12-28}$$

与 x 的三次方成反比，类似电偶极子在远场处产生的电场情况．一个小载流线圈就可以称作一个磁偶极子．

＊例 12.3　一对间距为 l 的圆电流，流过同方向的等值的稳恒电流 I，圆电流的半径为 R（图 12.11）．求中间区域轴线上的磁场分布，并讨论在什么情况下，中间区域能获得均匀场．

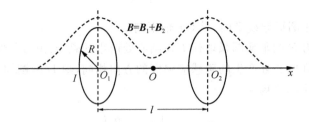

图 12.11　亥姆霍兹线圈

解　取 x 轴沿轴线方向，坐标原点选在两个圆电流圆心连线的中点 O 处．则在两圆电流之间的 x 处，左侧圆电流产生的磁场为

$$B_1 = \frac{\mu_0 IR^2}{2[R^2 + (l/2 + x)^2]^{3/2}}$$

右侧圆电流在 x 处的磁场为

$$B_2 = \frac{\mu_0 I R^2}{2[R^2 + (l/2 - x)^2]^{3/2}}$$

故 x 处的合场强为

$$B = B_1 + B_2$$

而

$$\frac{\mathrm{d}B}{\mathrm{d}x} = -\frac{3\mu_0 I R^2}{2}\left\{\frac{x + l/2}{[R^2 + (l/2 + x)^2]^{5/2}} + \frac{x - l/2}{[R^2 + (l/2 - x)^2]^{5/2}}\right\}$$

在 $x = 0$ 处,$\mathrm{d}B/\mathrm{d}x = 0$,即在两圆电流中心处为轴线上磁场最大或最小的地方. 为使 $x = 0$ 附近磁场均匀,则需 $\mathrm{d}^2 B/\mathrm{d}x^2 |_{x=0} = 0$,而

$$\left.\frac{\mathrm{d}^2 B}{\mathrm{d}x^2}\right|_{x=0} = \frac{3\mu_0 I R^2 (l^2 - R^2)}{(R^2 + l^2/4)^{7/2}}$$

当 $l = R$ 时 $\mathrm{d}^2 B/\mathrm{d}x^2 |_{x=0} = 0$,在 O 点附近区域内磁场最为均匀,这种间距等于半径的一对共轴线圈称作"亥姆霍兹线圈". 在工程和科研中常常需要得到小范围内的弱均匀磁场,亥姆霍兹线圈提供了一个很好的方法. 下面讨论一下亥姆霍兹线圈中心磁场的均匀性.

在中央 O 处($x = 0$)的磁场为 $B_0 = \dfrac{0.716\mu_0 I}{R}$. 如果线圈由 N 匝导线绕成,则

$$B_0 = \frac{0.716\mu_0 N I}{R}$$

在中央两侧 $\pm R/4$ 处($x = \pm R/4$)的磁场为

$$B' = \frac{0.712\mu_0 N I}{R}$$

可见,在中央区域内磁场的确很均匀.

例 12.4 载流密绕直螺线管内部轴线上的磁场.

设真空中有 N 匝细导线紧密地绕在半径为 R,长度为 L 圆筒上(图 12.12). 这样结构的器件称作密绕直螺线管. 每匝导线上通过的电流为 I,只要导线足够细,圆筒足够长,就可以将这一层细导线中流过的电流近似地看成是附在圆筒表面上的一层"面电流". 面电流值为 NI,则单位长度上的面电流为 $nI = \dfrac{NI}{L}$,称作

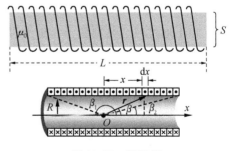

图 12.12 螺线管

面电流的线密度,单位是 A·m^{-1}. 其中 n 为单位长度上的匝数. 这样的一层面电流可以看成是由无限多个圆电流连续排列所形成的,因此可以采用圆电流公

式(12-21)来计算载流螺线管中的场分布问题. 令轴线上任一点 P 为坐标原点 O, 距原点 x 处取一微元 $\mathrm{d}x$, 该微元对应圆电流 $\mathrm{d}I = nI\mathrm{d}x$, 它在原点 O 处激发的磁感应强度大小为

$$\mathrm{d}B = \frac{\mu_0}{2} \frac{R^2 \, In \, \mathrm{d}x}{(R^2 + x^2)^{3/2}}$$

$\mathrm{d}\boldsymbol{B}$ 的方向沿 x 轴正方向. 利用 $x = R\cot\beta$, 得 $\mathrm{d}x = -R\mathrm{d}\beta/\sin^2\beta$, 再利用 $(R^2 + x^2)^{3/2} = (R/\sin\beta)^3$ 代入上式得

$$\mathrm{d}B = -\frac{1}{2}\mu_0 nI \sin\beta\mathrm{d}\beta$$

因为螺线管上所有圆电流在 P 点的 $\mathrm{d}\boldsymbol{B}$ 的方向都相同, 所以整个螺线管在 P 点产生的 $\boldsymbol{B}$ 的大小为

$$B = -\frac{\mu_0 nI}{2} \int_{\beta_1}^{\beta_2} \sin\beta\mathrm{d}\beta = \frac{\mu_0 nI}{2}(\cos\beta_2 - \cos\beta_1) \tag{12-29}$$

式中, β 表示是所求点 O 指向圆电流 $\mathrm{d}I$ 的矢径 $\boldsymbol{r}$ 与 x 轴正方向之间的夹角. 下面讨论两种特殊情况:

（1）当螺线管的长度 $L \gg 2R$ 时, 螺线管变成无限长直螺线管. 此时 $\beta_1 \approx \pi$, $\beta_2 \approx 0$, 代入式(12-29), 得

$$B = \mu_0 nI \tag{12-30}$$

即载流密绕无限长直螺线管轴线上的磁场是均匀的. 可以进一步证明, 对于载流无限长螺线管而言, 管内的磁场完全均匀, 磁感应强度值均为 $\mu_0 nI$; 管外有限区域内磁场为零, 磁力线闭合在无穷远处.

（2）长直螺线管端面处的磁场, 此时 $\beta_1 \approx \pi/2$, $\beta_2 \approx 0$, 或 $\beta_1 \approx \pi$ 及 $\beta_2 \approx \frac{\pi}{2}$, 所以端面处的磁感应强度的大小为

$$B = \frac{1}{2}\mu_0 nI \tag{12-31}$$

以上通过四个典型例子详细地讲述了如何应用毕奥-萨伐尔定律, 在已知稳恒电流分布时求解磁场分布的问题.

思　考　题

12.4-1　试比较电流元 $\boldsymbol{I}\mathrm{d}\boldsymbol{l}$ 所激发的磁场 $\mathrm{d}\boldsymbol{B}$ 与点电荷元 $\mathrm{d}q$ 激发的电场 $\mathrm{d}\boldsymbol{E}$ 有何异同?

12.5　运动电荷的磁场

从电流的磁效应可知, 电流能够激发磁场, 而电流是由带电粒子做有规则的定

向运动所形成,所以,电流所激发的磁场实际上是由每个运动电荷所激发的磁场叠加而成的.

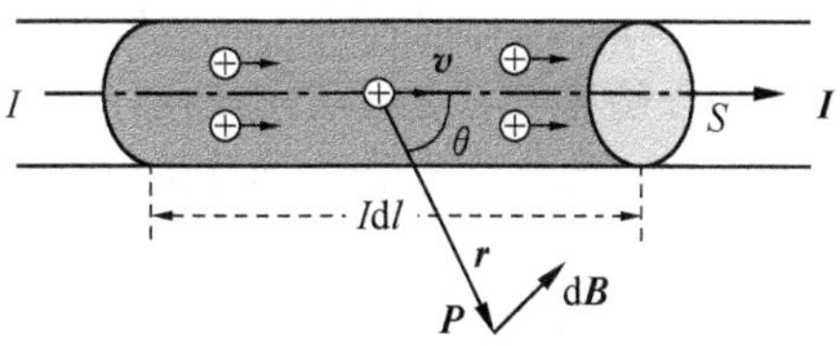

如图 12.13 所示,有一电流元 Idl,横截面为 S,电荷的数密度(单位体积内的电荷数)为 n,每个电荷电量均为 q,运动速率均为 v,在此电流元中,电流密度的大小为 $j=nqv$,且 $\boldsymbol{j}$ 与 S 垂直.因此有

图 12.13 运动电荷激发的磁场

$$Idl=jSdl=nqSdlv \quad (12\text{-}32)$$

式中,dl 的方向与 qv 同向(请读者自行考虑).则根据毕奥-萨伐尔定律,距电流元 r 处的 P 点磁场为

$$d\boldsymbol{B}=\frac{\mu_0}{4\pi}\frac{Idl\times\boldsymbol{r}}{r^3}=\frac{\mu_0}{4\pi}\frac{nqSdl\boldsymbol{v}\times\boldsymbol{r}}{r^3}$$

而在电流元中共有 $dN=nSdl$ 个载流子,则每个载流子在 P 处产生的磁场为

$$\boldsymbol{B}=\frac{d\boldsymbol{B}}{dN}=\frac{\dfrac{\mu_0}{4\pi}\dfrac{nqSdl\boldsymbol{v}\times\boldsymbol{r}}{r^3}}{nSdl}=\frac{\mu_0}{4\pi}\frac{q\boldsymbol{v}\times\boldsymbol{r}}{r^3} \quad (12\text{-}33)$$

同样,对一个在真空中以速度 v 运动的电荷 q,在距该电荷 r 处的磁场为

$$\boldsymbol{B}=\frac{\mu_0}{4\pi}\frac{q\boldsymbol{v}\times\boldsymbol{r}}{r^3} \quad (12\text{-}34)$$

式(12-34)是运动电荷的磁场公式,该表达式只适用于运动电荷的速率 v 远小于光速 c 的情况.对于 v 接近于 c 的情形,应当考虑运动电荷的磁场的相对论性效应.

12.6 磁场的高斯定理

12.6.1 磁感应线

与静电场中用电场线来表示静电场分布一样,为了形象地反映磁场的分布情况,人们常用假想的磁感应线来表示磁场的分布:规定曲线上每一点的切线方向就是该点的磁感强度 $\boldsymbol{B}$ 的方向,并用曲线的疏密程度表示该点磁感强度 $\boldsymbol{B}$ 的大小.这样的曲线叫做**磁感应线**或 $\boldsymbol{B}$ 线.

磁感应线的分布情况可借助小磁针或铁屑在磁场内的排列情况显示出来.在垂直于长直载流导线的玻璃板上撒上一些铁屑,这些铁屑将被磁场磁化,可以当作一些细小的磁针,只需轻敲玻璃板,铁屑便能按照磁场的方向排列起来,形象地显示出磁感应线的分布情况.

图 12.14 给出了几种典型的载流导线磁感应线的图形.由磁感应线的定义可

知磁感应线具有如下特性:

(1) 磁感应线不会相交;

(2) 载流导线周围的磁感应线都是围绕电流的闭合曲线,它不会在磁场中任一处中断.磁感应线的这个特性和静电场中的电场线不同,静电场中的电场线是起始于正电荷,终止于负电荷的非闭合曲线.

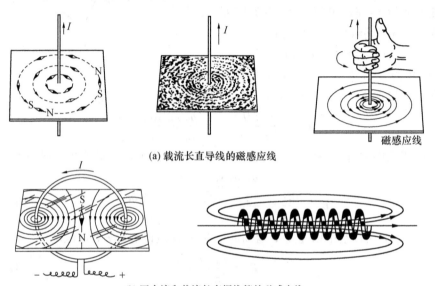

(a) 载流长直导线的磁感应线

(b) 圆电流和载流长直螺线管的磁感应线

图 12.14

磁感应线的疏密程度用磁感应线密度表示,是指磁场中某点处垂直于 **B** 矢量的单位面积上通过的磁感应线数目.为使磁感应线反映磁场的强弱,规定磁感应线密度等于该点 **B** 的数值.显然,磁感应线密度越大,磁场越强,反则反之.对均匀磁场来说,磁场中的磁感应线相互平行,各处磁感应线密度相等;对非均匀磁场来说,磁感应线相互不平行,各处磁感应线密度不相等.

12.6.2　磁通量　磁场的高斯定理

与电场强度通量类似,把通过磁场中某一个面的磁感线数叫做磁感应强度通量,简称磁通量.在均匀磁场中一平面 S 垂直于磁感强度方向放置,如图 12.15(a) 所示,则通过该平面 S 的磁通量为

$$\Phi = BS\cos\theta \tag{12-35}$$

用矢量来表示,式(12-35)为

$$\Phi = \boldsymbol{B} \cdot \boldsymbol{S} = \boldsymbol{B} \cdot \boldsymbol{e}_n S \tag{12-36}$$

在非均匀磁场中,如图 12.15(b) 所示,磁感应线相互不平行,各处磁感应线密

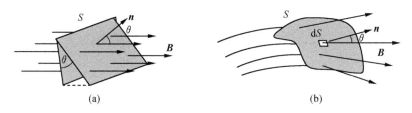

图 12.15　磁通量

度不相等.计算非均匀磁场中通过任意曲面的磁通量时,在曲面上取一面积元矢量 d$\boldsymbol{S}$,它所在处的磁感强度 $\boldsymbol{B}$ 与单位法线矢量 $\boldsymbol{e}_n$ 之间的夹角为 θ,则通过面积元 d$\boldsymbol{S}$ 的磁通量为

$$\mathrm{d}\Phi = B\mathrm{d}S\cos\theta = \boldsymbol{B} \cdot \mathrm{d}\boldsymbol{S}$$

而通过某一有限曲面 $\boldsymbol{S}$ 的磁通量为

$$\Phi = \int_S \mathrm{d}\Phi = \int_S \boldsymbol{B} \cdot \mathrm{d}\boldsymbol{S} \tag{12-37}$$

在国际单位制中,磁通量的单位为韦伯,其符号为 Wb,有

$$1\mathrm{Wb} = 1\mathrm{T} \times 1\mathrm{m}^2$$

对于闭合曲面,通常规定曲面上任一面元 d$\boldsymbol{S}$ 的正法线单位矢量 $\boldsymbol{e}_n$ 的方向垂直于曲面向外.这样,当磁感应线从闭合曲面内穿出时 $\left(\theta < \dfrac{\pi}{2}, \cos\theta > 0\right)$,磁通量是正的;而当磁感应线从曲面外穿入时 $\left(\theta > \dfrac{\pi}{2}, \cos\theta < 0\right)$,磁通量是负的.由于磁感应线是闭合的,因此在磁场中,对任一闭合曲面来说,有多少条磁感应线进入闭合曲面,就一定有多少条磁感应线穿出闭合曲面,通过任意闭合曲面的磁通量必等于零,即

$$\oint_S B\cos\theta\mathrm{d}S = 0$$

或

$$\oint_S \boldsymbol{B} \cdot \mathrm{d}\boldsymbol{S} = 0 \tag{12-38}$$

这就是**磁场的高斯定理**,它是表明磁场性质的重要方程之一.

思　考　题

12.6-1　在同一磁感应线上,各点 $\boldsymbol{B}$ 的数值是否都相等? 为何不把作用于运动电荷的磁力方向定义为磁感强度 $\boldsymbol{B}$ 的方向?

12.7　安培环路定理及其应用

12.7.1　安培环路定理

由磁感应线的特性可知道,载流导线周围的磁感线都是围绕电流的闭合曲线,每一点的磁感应强度 $\boldsymbol{B}$ 的方向是闭合曲线在该点的切线方向.在任一闭合磁感应线的环路上取微元 $\mathrm{d}\boldsymbol{l}$,它与该处磁感应强度 $\boldsymbol{B}$ 的方向一致,则 $\boldsymbol{B} \cdot \mathrm{d}\boldsymbol{l} = B\cos 0°\mathrm{d}l = B\mathrm{d}l > 0$,所以,磁感应强度 $\boldsymbol{B}$ 沿磁感应线的闭合曲线的积分 $\oint_l \boldsymbol{B} \cdot \mathrm{d}\boldsymbol{l}$ 一定不等于零.对于磁场中任一闭合环路(可以不是闭合的磁感线),$\oint_l \boldsymbol{B} \cdot \mathrm{d}\boldsymbol{l}$ 常称为 $\boldsymbol{B}$ 的环流.

安培环路定理表述为在真空的稳恒磁场中,磁感强度 $\boldsymbol{B}$ 沿任一闭合路径的积分(即 $\boldsymbol{B}$ 的环流)的值,等于 μ_0 乘以该闭合路径所包围的各电流的代数和,即

$$\oint_l \boldsymbol{B} \cdot \mathrm{d}\boldsymbol{l} = \mu_0 \sum I_i \qquad (12\text{-}39)$$

环路定理是反映磁场基本性质重要方程之一.在式(12-39)中,若电流流向与积分回路呈右手螺旋关系时,电流取正值;反之则取负值.

安培环路定理的一般证明较复杂,下面通过长直载流导线的磁场来验证该定理.

1. 环路 L 围绕电流 I

如图 12.16 所示,做一平面 S 与载流直导线垂直,交点为 O. 在 S 面内做任意闭合环路 L 包围直电流 I. 过 O 点引矢径交于环路上一点 P,则 P 点的磁感应强度为

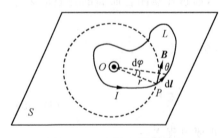

图 12.16　环路 L 围绕电流

$$B = \frac{\mu_0 I}{2\pi r}$$

B 沿环路 L 的积分为

$$\oint_L \boldsymbol{B} \cdot \mathrm{d}\boldsymbol{l} = \oint_L B\cos\theta \mathrm{d}l$$

由图 12.16 中的几何关系知,$\cos\theta \mathrm{d}l = r\mathrm{d}\varphi$,所以

$$\oint_L \boldsymbol{B} \cdot \mathrm{d}\boldsymbol{l} = \int_0^{2\pi} Br\,\mathrm{d}\varphi = \int_0^{2\pi} \frac{\mu_0 I}{2\pi r} r\,\mathrm{d}\varphi = \mu_0 I$$

若电流方向相反,则 $\boldsymbol{B} \cdot \mathrm{d}\boldsymbol{l} = -\dfrac{\mu_0 I}{2\pi}\mathrm{d}\varphi$,上述积分为负值

$$\oint_L \boldsymbol{B} \cdot \mathrm{d}\boldsymbol{l} = -\mu_0 I$$

对多根导线穿过环路的情况,设通过多根导线的电流分别为 $I_1, I_2, \cdots, I_n$,则由磁场的叠加原理有

$$\boldsymbol{B} = \boldsymbol{B}_1 + \boldsymbol{B}_2 + \cdots + \boldsymbol{B}_n$$

所以

$$\oint \boldsymbol{B} \cdot \mathrm{d}\boldsymbol{l} = \oint \boldsymbol{B}_1 \cdot \mathrm{d}\boldsymbol{l} + \oint \boldsymbol{B}_2 \cdot \mathrm{d}\boldsymbol{l} + \cdots + \oint \boldsymbol{B}_n \cdot \mathrm{d}\boldsymbol{l} = \mu_0 \sum_{i=1}^n I_i$$

2. 环路 L 不围绕电流 I

如图 12.17 所示,环路上每一微元都对应着另一微元 $\mathrm{d}\boldsymbol{l}'$,依图有

$$\boldsymbol{B} \cdot \mathrm{d}\boldsymbol{l} + \boldsymbol{B}' \cdot \mathrm{d}\boldsymbol{l}' = B\cos\theta \mathrm{d}l + B'\cos\theta' \mathrm{d}l' = \frac{\mu_0 I}{2\pi r} r\mathrm{d}\varphi + \frac{\mu_0 I}{2\pi r'}(-r'\mathrm{d}\varphi) = 0$$

整个环路可以分为无数这样的微元对,因而,环路 L 不围绕电流 I 时,$\boldsymbol{B}$ 对整个环路的积分一定为零,即

$$\oint_l \boldsymbol{B} \cdot \mathrm{d}\boldsymbol{l} = 0$$

综合前面两种情况,有

$$\oint_l \boldsymbol{B} \cdot \mathrm{d}\boldsymbol{l} = \mu_0 \sum I_{i内}$$

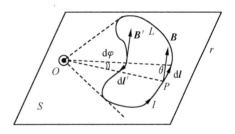

图 12.17　环路 L 不围绕电流

磁感应强度 $\boldsymbol{B}$ 沿磁感应线的闭合环路的积分 $\oint_l \boldsymbol{B} \cdot \mathrm{d}\boldsymbol{l}$ 一定不等于零,说明磁场是一个有旋场,这与静电场完全不同.

12.7.2　安培环路定理的应用举例

例 12.5　载流长直密绕螺线管内的磁场分布.设单位长度上线圈的匝数为 n,电流强度为 I.

解　如图 12.18 所示,经过螺线管内任意一点 P,做一矩形闭合回路 $ABCDA$,AB 段平行于螺线管的轴线,且 $AB=CD=a$,$BC=DA=b$,对此闭合回路应用安培环路定理,有

$$\oint \boldsymbol{B} \cdot \mathrm{d}\boldsymbol{l} = \int_A^B \boldsymbol{B} \cdot \mathrm{d}\boldsymbol{l} + \int_B^C \boldsymbol{B} \cdot \mathrm{d}\boldsymbol{l} + \int_C^D \boldsymbol{B} \cdot \mathrm{d}\boldsymbol{l} + \int_D^A \boldsymbol{B} \cdot \mathrm{d}\boldsymbol{l}$$

由于螺线管很长,在螺线管内的磁感线与管的轴线平行,且大小相等;在管的外管壁附近的磁场很弱,磁感强度趋于零,所以

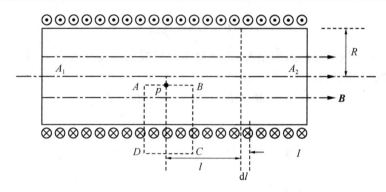

图 12.18　载流直螺线管内部的磁感强度

$$\int_D^A \boldsymbol{B} \cdot \mathrm{d}\boldsymbol{l} = Bb\cos 90° = 0 , \quad \int_B^C \boldsymbol{B} \cdot \mathrm{d}\boldsymbol{l} = Bb\cos 90° = 0$$

$$\int_C^D \boldsymbol{B} \cdot \mathrm{d}\boldsymbol{l} = 0(螺线管外 \boldsymbol{B} = 0)$$

所以有

$$\oint \boldsymbol{B} \cdot \mathrm{d}\boldsymbol{l} = \int_A^B \boldsymbol{B} \cdot \mathrm{d}\boldsymbol{l} = Ba = \mu_0 \sum I_i = \mu_0 naI$$

$$B = \mu_0 nI$$

此结果与前面用毕奥-萨伐尔定律求得的结果相同,且此结果不仅限于载流长直螺线管的轴线上.

　　例 12.6　计算无限长载流圆柱体的磁场.设圆柱体导线的半径为 R,轴向电流 I 均匀地通过导线横截面.

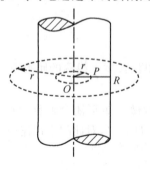

图 12.19　载流圆柱体的磁场

　　解　如图 12.19 所示,由于电流分布具有轴对称性,因此可以判定在圆柱体内外空间中的磁感应线是一系列的同轴圆周线.

　　(1)计算柱体外的 B.

　　设点 P 到柱体轴线的垂直距离为 r,且 $r > R$.通过点 P 做 $OP = r$ 为半径的积分回路 l,其方向与电流的流向成右手螺旋关系,在回路上各点的磁感应强度 $\boldsymbol{B}$ 的大小处处相等,$\boldsymbol{B}$ 的方向都是沿圆周的切线方向,故 $\boldsymbol{B} \cdot \mathrm{d}\boldsymbol{l} = B\mathrm{d}l$.根据安培环路定理得

$$\oint_l \boldsymbol{B} \cdot \mathrm{d}\boldsymbol{l} = B \oint_l \mathrm{d}l = B2\pi r = \mu_0 I$$

$$B = \frac{\mu_0}{2\pi} \frac{I}{r} , \quad r > R$$

上式表明,载流圆柱体外的磁场与全部电流集中在柱轴上的情形一样.

（2）计算柱体内的 $\boldsymbol{B}$

与求圆柱体外的 B 完全类似,根据安培环路定理来计算.应注意的是,只有被积分路径所围面积内的电流才对 B 的环流有贡献.柱内半径为 r 的圆周所围电流为 $\dfrac{r^2 I}{R^2}$,根据安培环路定理得

$$B \cdot 2\pi r = \mu_0 \frac{r^2}{R^2} I$$

$$B = \frac{\mu_0}{2\pi} \frac{I}{R^2} r, \quad r < R$$

上式表明,载流圆柱体内的磁场 B 与 r 成正比;在圆柱体表面（$r=R$）,$B=\dfrac{\mu_0}{2\pi}\dfrac{I}{R}$. 由此可得图 12.20 所示的曲线,它给出磁感应强度 $\boldsymbol{B}$ 的大小随 r 变化的情形.

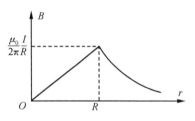

图 12.20 载流圆柱体的磁场分布曲线

例 12.7 载流螺绕环的磁场分布.

所谓螺绕环,就是将细导线 N 匝密绕在内径为 R_1,外径为 R_2 的圆环上（图 12.21）.接通稳恒电流 I,求环内外的磁场分布.

解 在圆环轴线所在平面内,取半径为 r 的圆周 L 为环路,方向如图 12.21.

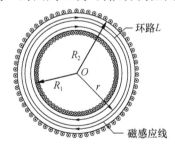

图 12.21 螺绕环

（1）当 $r > R_2$,即环路在圆环外时,由对称性分析得知,环路 L 上各点的 B 值应处处相等,而此时穿过回路的总电流为零,即

$$\oint_L \boldsymbol{B} \cdot \mathrm{d}\boldsymbol{l} = B \oint_L \mathrm{d}l = B 2\pi r = 0$$

故

$$B = 0$$

（2）当 $r < R_1$,即环路在圆环内时,同（1）得

$$\oint_L \boldsymbol{B} \cdot \mathrm{d}\boldsymbol{l} = B \oint_L \mathrm{d}l = B 2\pi r = 0$$
$$B = 0$$

（3）当 $R_1 < r < R_2$，环路在圆环中时，所有线圈均穿过回路，总电流为 NI，得

$$\oint_L \boldsymbol{B} \cdot \mathrm{d}\boldsymbol{l} = B \oint_L \mathrm{d}l = B 2\pi r = \mu_0 NI$$

故

$$B = \frac{\mu_0 NI}{2\pi r}$$

总之，螺绕环的磁场全部集中于螺绕环的内部．由于磁场强度与 r 成反比，故螺绕环内部的磁场并非均匀磁场．在真空中，螺绕环内外的磁感应强度为

$$B = \begin{cases} 0, & r < R_1 \\ \dfrac{\mu_0 NI}{2\pi r}, & R_1 < r < R_2 \\ 0, & r > R_2 \end{cases} \tag{12-40}$$

思 考 题

12.7-1　下面几种情况能否用安培环路定理来求磁感应强度？为什么？
（1）半无限长载流直导线产生的磁场；
（2）圆电流产生的磁场；
（3）两无限长载流同轴圆柱体之间的磁场．

12.8　磁场对载流导线的作用

12.8.1　安培定律

实验表明磁场对磁场中的载流导线有力的作用，这个力遵守的规律最初是由安培在 1820 年从实验中总结出来的，所以被称为安培定律．磁场对电流的作用力通常也叫安培力．**安培定律**表述为在磁场中任一点处的电流元 $I\mathrm{d}l$ 所受到的磁场作用力 $\mathrm{d}\boldsymbol{F}$ 的大小，在数值上等于电流元的大小、电流元所处的磁感强度 $\boldsymbol{B}$ 的大小以及电流元 $\mathrm{d}l$ 和磁感强度 $\boldsymbol{B}$ 之间的夹角 φ 的正弦之乘积，其数学表达式为

$$\mathrm{d}F = I\mathrm{d}lB\sin\varphi \tag{12-41}$$

$\mathrm{d}\boldsymbol{F}$ 的方向为 $I\mathrm{d}l \times \boldsymbol{B}$ 所确定的方向，安培定律的矢量式表示为

$$\mathrm{d}\boldsymbol{F} = I\mathrm{d}\boldsymbol{l} \times \boldsymbol{B} \tag{12-42}$$

安培力的方向由右手法则判断（图 12.22）．

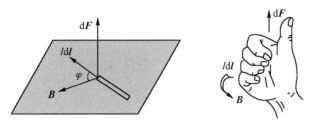

图 12.22 安培力的方向

由力的叠加原理可知,任意形状的载流导线所受的总的安培力为导线上各个电流元所受的 d$\boldsymbol{F}$ 的矢量和,即

$$\boldsymbol{F} = \int \mathrm{d}\boldsymbol{F} = \int_l I \mathrm{d}\boldsymbol{l} \times \boldsymbol{B} \qquad (12\text{-}43)$$

若一根长为 l 的载流直导线放在匀强磁场 $\boldsymbol{B}$ 中,因各电流元所受力的方向是一致的,所以这一载流直导线所受的作用力的大小为

$$F = \int \mathrm{d}F = \int_l IB\sin\varphi \mathrm{d}l = IlB\sin\varphi$$

在磁场中,导线将受到垂直于自身并垂直于磁场的方向的安培力的作用. 导线与磁场平行时,导线所受磁力为零;导线与磁场垂直时,导线所受磁力最大,$F_{\max} = BIL$.

如果各个电流元所受的力,方向不一致,就必须建立坐标系,把每个电流元所受的磁场作用力沿各个坐标轴进行分解,再对各个分量分别积分,最后再将积分结果经矢量合成得到整个导线所受的合力.

例 12.8 如图 12.23 所示,在 xy 平面上有一根形状不规则的电流为 I 的载流导线,磁感强度为 $\boldsymbol{B}$ 的均匀磁场与 xy 平面垂直. 试计算作用在此导线上的磁场力.

解 如图 12.23 所示,导线一端在原点 O,另一端在 x 轴的点 P 上,$OP = l$. 取电流元 $I\mathrm{d}\boldsymbol{l}$,它所受的力为 d$\boldsymbol{F} = I\mathrm{d}\boldsymbol{l} \times \boldsymbol{B}$. 此力沿 Ox 轴和 Oy 轴的分量分别为

$$\mathrm{d}F_x = -\mathrm{d}F\sin\theta = -BI\mathrm{d}l\sin\theta$$

和

$$\mathrm{d}F_y = \mathrm{d}F\cos\theta = BI\mathrm{d}l\cos\theta$$

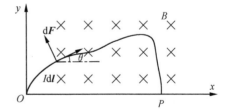

图 12.23 不规则的电流为 I 的载流导线

由几何关系的 $\mathrm{d}l\sin\theta = \mathrm{d}y$,$\mathrm{d}l\cos\theta = \mathrm{d}x$,故上两式分别为

$$\mathrm{d}F_x = -BI\mathrm{d}y$$

和

$$\mathrm{d}F_y = BI\mathrm{d}x$$

由于载流导线是放在均匀磁场中的,因此,整个载流导线所受的磁场力 $\boldsymbol{F}$ 沿 Ox 轴和 Oy 轴的分量分别为

$$F_x = \int \mathrm{d}F_x = -BI\int_0^0 \mathrm{d}y = 0$$

$$F_y = \int \mathrm{d}F_y = BI\int_0^l \mathrm{d}x = BIl$$

于是,载流导线所受的磁场力为

$$\boldsymbol{F} = F_y\boldsymbol{j} = BIl\boldsymbol{j}$$

12.8.2　两根无限长平行载流直导线间的相互作用力　电流单位"安培"的定义

如图 12.24 所示,真空中,有两条平行直线电流 AB 和 CD,两者的垂直距离为 a,电流强度分别为 I_1 和 I_2,方向相同. 距离 a 与导线的长度相比是很小的,因此两导线可视为无限长导线.

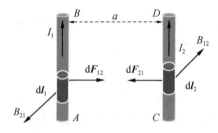

首先计算载流导线 CD 所受的力. 在 CD 上任取一电流元 $I_2\mathrm{d}\boldsymbol{l}_2$,则在该电流元处由无限长直导线 AB 所产生的磁场为

图 12.24　两平行载流直导线相互吸引

$$B_{12} = \frac{\mu_0 I_1}{2\pi a}$$

按安培定律,该电流元所受的力 $\mathrm{d}\boldsymbol{F}_{21}$ 的大小

$$\mathrm{d}F_{21} = B_{12}I_2\mathrm{d}l_2\sin 90° = \frac{\mu_0 I_1 I_2 \mathrm{d}l_2}{2\pi a}$$

$\mathrm{d}\boldsymbol{F}_{21}$ 的方向在两平行直线电流所决定的平面内,而且指向导线 AB. 显然载流导线 CD 上,各个电流元所受的力,方向都与上述方向相同,所以导线 CD 每单位长度所受的磁场力为

$$F_0 = \frac{\mathrm{d}F_{21}}{\mathrm{d}l_2} = \frac{\mu_0 I_1 I_2}{2\pi a} \tag{12-44}$$

同理,可以证明载流导线 AB 每单位长度所受的力的大小也等于 $\mu_0 I_1 I_2/2\pi a$,方向指向导线 CD. 这就是说,两个同方向的平行直线电流,通过磁场的作用,将互相吸引. 此外,也可以证明,两个反向的平行直线电流,通过磁场的作用,将互相排斥,而每一导线单位长度所受的斥力的大小与这两电流同方向时的引力的大小相等.

根据上述讨论,在真空中,两条无限长载流导线单位长度上的作用力为

$$F_0 = \frac{\mu_0 I_1 I_2}{2\pi a}$$

由 $\mu_0 = 4\pi \times 10^{-7}$ (SI),知

$$F_0 = \frac{\mathrm{d}F}{\mathrm{d}l} = 2 \times 10^{-7} \left(\frac{I_1 I_2}{a} \right)$$

式中,令 $a = 1$ m,两根直线电流上的电流强度相等,即 $I_1 = I_2$ 为待定的电流,当电流强度为 1 A 时,得

$$F_0 = \frac{\mathrm{d}F}{\mathrm{d}l} = 2 \times 10^{-7} \text{ N} \cdot \text{m}^{-1}$$

在国际单位制中,电流单位"安培"是由式(12-44)来定义的,即真空中相距为 1 m 的两根平行长直导线,各通有相等的稳恒电流,当导线在每米长度上受力为 2×10^{-7} N 时,则定义每根导线中通有的电流强度为 1 A. 由安培的定义和式(12-44)可以得出

$$\mu_0 = 4\pi \times 10^{-7} \text{ N} \cdot \text{A}^{-2} = 4\pi \times 10^{-7} \text{ H} \cdot \text{m}$$

式中,H 是电感单位"亨利"的符号.

12.8.3　均匀磁场对矩形载流线圈的作用

设在磁感应强度为 $\boldsymbol{B}$ 的匀强磁场中,有一刚性矩形平面载流线圈 $abcd$,边长分别为 $ab = cd = l_2$ 和 $ad = cb = l_1$,电流强度为 I,并设线圈的平面与磁场的方向成任意角 θ,对边 ab、cd 与磁场垂直(图 12.25).这时导线 da 和 bc 所受的磁场作用力分别为 $\boldsymbol{f}_1$ 和 $\boldsymbol{f}_1'$.

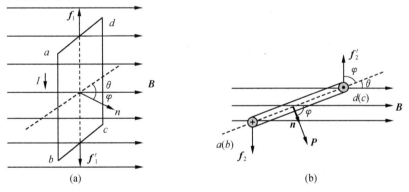

图 12.25　矩形平面载流线圈在匀强磁场中受力分析

根据安培定律

$$f_1' = BIl_1 \sin\theta$$
$$f_1 = BIl_1 \sin(\pi - \theta) = BIl_1 \sin\theta$$

如图 12.25(a)所示,这两个力 $\boldsymbol{f}_1$ 和 $\boldsymbol{f}_1'$ 在同一直线上,大小相等方向相反,所以互相抵消,合力为零.导线 ab 和 cd 所受的磁场作用力分别为 $\boldsymbol{f}_2$ 和 $\boldsymbol{f}_2'$,根据安培定律

$$f_2 = f_2' = BIl_2$$

如图 12.25(b)所示,这两个力 f_2 和 f_2' 大小相等,方向相反,但不在同一直线上,因此形成一力偶,力臂为 $l_1\cos\theta$. 所以磁场作用在线圈上的力矩的大小为

$$M = f_2 l_1 \cos\theta = BI l_1 l_2 \cos\theta = BIS\cos\theta$$

式中,$S = l_1 l_2$ 为线圈的面积. 可见,载流线圈在匀强磁场中所受合力为零,但合力矩不为零. 常用线圈平面的法线方向来表示线圈的方位. 如果用线圈平面的正法线 n 的方向(即与线圈中电流方向成右手螺旋法则的方向)和磁场方向的夹角 φ 来代替 θ,由于 $\theta + \varphi = \pi/2$,则上式可化为

$$M = BIS\sin\varphi$$

如果线圈有 N 匝,那么线圈所受的力矩大小为

$$M = NBIS\sin\varphi = p_m B\sin\varphi \qquad (12\text{-}45)$$

式中,$p_m = NIS$ 为线圈磁矩的大小. 考虑到磁矩是矢量,用 p_m 表示,磁矩的方向与载流线圈的正法线 n 方向相同. 再考虑到平面线圈所受磁力矩 M 的方向是和 $p_m \times B$ 的方向一致的. 所以也可将式(12-45)写成矢量式

$$M = p_m \times B \qquad (12\text{-}46)$$

式(12-45)和式(12-46)不仅对长方形载流线圈成立,而且对于在匀强磁场中任意形状的平面载流线圈也同样成立. 由式(12-45)可知,当 $\varphi = \pi/2$ 时,即线圈平面与磁场方向相互平行时,线圈磁矩 p_m 的方向与磁场的方向垂直,线圈所受到的磁力矩为最大. 这一磁力矩有使 φ 有减小的趋势. 当 $\varphi = 0$ 时,即线圈平面与磁场方向垂直时,线圈磁矩 p_m 的方向与磁场方向相同,线圈所受到的磁力矩为零,这是线圈稳定平衡的位置. 当 $\varphi = \pi$ 时,线圈平面虽然也与磁场方向垂直,但 p_m 的方向与磁场方向正相反,线圈所受到的力矩虽然也为零,这一平衡位置确是不稳定的(区分稳定与不稳定平衡的方法很简单,只需将系统稍微偏离平衡位置或状态. 若系统所受的外力或外力矩使系统回到平衡状态,则系统处于稳定平衡状态;若外力或外力矩使系统离平衡状态越来越远,则系统处于不稳定平衡状态). 由此可见,线圈在磁场中所受的力矩的方向总是促使线圈磁矩的方向与外磁场方向相同,使线圈达到稳定平衡.

在国际单位制中,磁力矩的单位为牛顿·米(N·m). 各种电动机和检流计等就是利用了磁场对载流线圈作用力矩的规律而制成的.

在匀强磁场中的刚性平面载流线圈所受磁场力的合力为零,但所受的合力矩不为零,因此线圈在匀强磁场的作用下将发生转动而不发生平动.

思　考　题

12.8-1　洛伦兹力是否可以做功? 为什么? 安培力是否可以做功? 为什么?

12.8-2　在均匀磁场中,载流线圈处于稳定平衡时,线圈中电流所激发的磁场的方向与外磁场的方向是相同、相反,还是互相垂直?

12.9　运动电荷在电场和磁场中所受的力

12.9.1　运动电荷在磁场中所受的力　洛伦兹力

　　在 12.3 节论述了磁场的特性:当电荷在磁场中运动时,会受到磁场的作用力. 这种磁场对运动电荷作用的力称为**洛伦兹力**. 当电荷的运动方向与磁场方向相同时,所受的磁场力为零;当电荷的运动与磁场方向垂直时,所受的磁场力最大,为 $f=qvB$. 而对一般情况,洛伦兹力的大小为 $f=qvB\sin(v,B)$,洛伦兹力的方向垂直于由 v 和 B 所决定的平面,而且 f、v 及 B(图 12.26)三个矢量的方向符合右手螺旋定则,即当右手四指由正电荷运动的方向经小于 $180°$ 的角转到磁场的方向时,右手拇指的方向就是洛伦兹力的方向. 所以洛伦兹力的矢量公式为

$$f = qv \times B \tag{12-47}$$

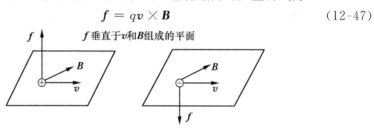

图 12.26　洛伦兹力

如果粒子带有负电荷,洛伦兹力的方向与正电荷的情况相反.由于洛伦兹力与运动电荷的速度方向相垂直,因此洛伦兹力不能改变运动电荷速度的大小,只能改变其运动速度的方向,所以,洛伦兹力永远不做功.

12.9.2　洛伦兹力与安培力的关系

　　洛伦兹力是磁场对运动电荷作用的力,安培力是磁场对载流导体的作用力.而电流是大量电荷的定向移动,导体处在受磁场作用的空间中,导体中做定向运动的电子受到磁场的作用力(洛伦兹力),不断地与晶格上的正离子相碰撞,因而把力传给导体,在宏观上表现为载流导体在磁场中所受的安培力.

　　从安培定律可以推算每一个运动着的带电粒子在磁场中所受到的力.由安培定律,任一电流元 Idl 在磁感应强度为 B 的磁场中所受的力 df 的大小为

$$df = BI\,dl\sin(Idl,B)$$

而由式(12-8)知,电流强度可写成 $I=env_dS$,其中 S 为电流元的截面积. 考虑到

$$df = Idl \times B$$

在线元 dl 这一段导体内有 $dN=nSdl$ 个运动带电粒子,所以每一个运动带电粒子在磁场中所受的力为

$$f = \frac{\mathrm{d}f}{\mathrm{d}N} = \frac{nqS\,\mathrm{d}lv \times \boldsymbol{B}}{nS\,\mathrm{d}l} = q\boldsymbol{v} \times \boldsymbol{B}$$

上式无论电荷 q 为正负均成立,这个结果同式(12-47)相同,可见洛伦兹力与安培力在本质上是一致的.

12.9.3　带电粒子在均匀磁场中运动分析及应用举例

设有一匀强磁场,磁感应强度为 $\boldsymbol{B}$,一电量为 q、质量为 m 的粒子,以初速 $\boldsymbol{v}_0$ 进入磁场中运动,该粒子仅受到洛伦兹力的作用,按初速 $\boldsymbol{v}_0$ 与磁场 $\boldsymbol{B}$ 的关系分下列三种情况讨论.

1. $\boldsymbol{v}_0$ 与 $\boldsymbol{B}$ 同向

因为此时 $\boldsymbol{v}_0$ 与 $\boldsymbol{B}$ 之间的夹角为零,所以作用于带电粒子的洛伦兹力等于零,带电粒子仍做匀速直线运动,不受磁场的影响.

2. $\boldsymbol{v}_0$ 与 $\boldsymbol{B}$ 垂直(图 12.27)

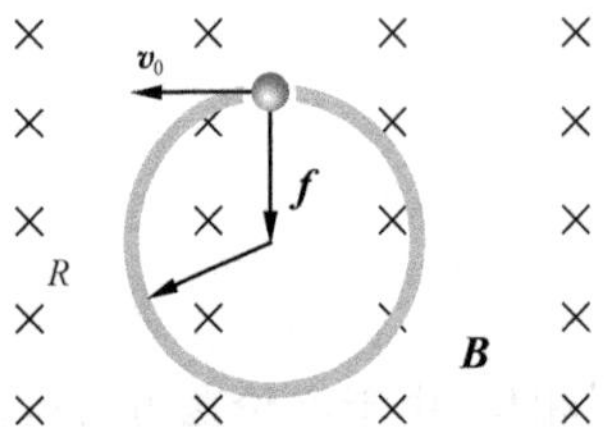

图 12.27　$\boldsymbol{v}_0$ 与 $\boldsymbol{B}$ 垂直

这时粒子受大小为 $f = qv_0 B$,方向垂直于 $\boldsymbol{v}_0$ 的洛伦兹力 f 的作用,所以粒子速度的大小不变,运动的方向改变.带电粒子将做匀速圆周运动,洛伦兹力起着向心力的作用.因此

$$f = qv_0 B = \frac{mv_0^2}{R}$$

因而

$$R = \frac{mv_0}{qB} \tag{12-48}$$

式中,R 是带电粒子做匀速圆周运动的轨道半径,又称**回旋半径**.

从式(12-48)可知,轨道半径与带电粒子的运动速度 $\boldsymbol{v}_0$ 成正比,而与磁感应强度 B 成反比,速度越小,或磁感应强度越大,轨道就弯曲得越大.

带电粒子绕圆形轨道一周所需的时间(即圆周运动的周期)为

$$T = \frac{2\pi R}{v_0} = \frac{2\pi m}{qB} \tag{12-49}$$

这一周期与磁感应强度成反比,而与带电粒子的运动速度无关.应当指出,以上结论只适用于带电粒子速度远小于光速的非相对论情形.如带电粒子的速度接近于光速,上述公式虽然仍可沿用,但粒子的质量 m 不再为常量,而是随速度趋于光速而增加的,因而回旋周期将变长,回旋频率将减小.

3. v_0 与 B 斜交成 θ 角(图 12.28)

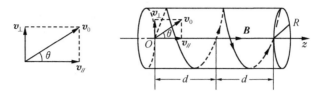

图 12.28 v_0 与 B 斜交的螺旋运动

可把 v_0 分解成两个分量,平行于 B 的分量 $v_{/\!/} = v_0\cos\theta$ 和垂直于 B 的分量 $v_{\perp} = v_0\sin\theta$. 由于洛伦兹力的作用,垂直于 B 的速度分量 $v_{\perp}$ 大小不变,在垂直于磁场的平面内做匀速圆周运动. 但由于同时有平行于 B 的速度分量 $v_{/\!/}$($v_{/\!/}$ 不受磁场的影响,保持不变),所以,带电粒子会沿磁场方向做匀速直线运动. 这样,带电粒子的轨道将是一条螺旋线. 螺旋线的半径是

$$R = \frac{mv_0\sin\theta}{qB} \tag{12-50}$$

旋转一周的时间为

$$T = \frac{2\pi R}{v_0\sin\theta} = \frac{2\pi m}{qB} \tag{12-51}$$

若把粒子回转一周所前进的距离叫做**螺距**,则螺距为

$$d = v_0\cos\theta\, T = \frac{2\pi m v_0\cos\theta}{qB} \tag{12-52}$$

利用上述结果可实现**磁聚焦**. 如图 12.29 所示,在均匀磁场中某点 A 发射一束初速相差不大的带电粒子,它们的 v_0 与 B 之间的夹角 θ 不尽相同,但都很小,于是这些粒子的横向速度略有差异,而纵向速度却近似相等. 这样,这些带电粒子沿半径不同的螺旋线运动,但它们的螺距却是近似相等的,即经距离 d 后都相交于屏上同一点 P'. 这个现象与光束通过光学透镜聚焦的现象很相似,故称为磁聚焦现象. 磁聚焦广泛地应用于电子射线示波管、电子显微镜等电子光学技术领域中.

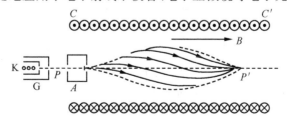

图 12.29 磁聚焦的原理

12. 9. 4　运动电荷在电磁场中所受的力

在电场的讨论中,已经知道若电场中点 P 的电场强度为 E,则处于该点的电荷为 $+q$ 的带电粒子所受的电场力为 $F=qE$,若点 P 处同时存在磁感强度为 B 的磁场,且电荷为 $+q$ 的带电粒子以速度 v 通过点 P,那么,带电粒子同时在 P 点还受到磁场力 $f=qv\times B$ 的作用. 所以,当带电粒子既在电场又在磁场中运动时,带电粒子所受的力应为电场力 qE 和磁场力 $qv\times B$ 之和,即

$$F = qE + qv \times B$$

12. 9. 5　带电粒子在电场和磁场中运动举例

1. 电子比荷(e/m)的测定

电子的电荷和质量是电子最基本的属性,电子电量 e 和电子静质量 m 的比值 e/m 称为电子的**比荷**,又称**荷质比**. 1897 年 J. J. 汤姆孙通过电磁偏转的方法测量了阴极射线粒子的荷质比,它比电解中的单价氢离子的荷质比约大 2000 倍,从而发现了比氢原子更小的组成原子的物质单元,定名为电子. 为此,他于 1906 年获诺贝尔物理学奖. 至于电子电荷,则过了 12 年后由密立根测得. 精确测量电子荷质比的值为 $\dfrac{e}{m_e}=1.75881962(53)\times10^{11}$ C·kg^{-1},根据测定电子的电荷,可确定电子的质量. 20 世纪初,W·考夫曼用电磁偏转法测量 β 射线(快速运动的电子束)的荷质比,发现 e/m 随速度增大而减小. 这是电荷不变质量随速度增加而增大的表现,与狭义相对论质速关系一致,是狭义相对论实验基础之一.

2. 质谱仪

带电粒子的荷质比是可以从观察该粒子在电场或磁场中的运动来测定的,汤姆孙首先测定了气体放电管中正离子的荷质比,证实了正离子是失去价电子后的原子. 测定离子荷质比的仪器称为质谱仪. 最早的质谱仪是根据汤姆孙的方法而设计的. 以后阿斯通、倍恩勃立奇等创立了一些新的方法. 现在把倍恩勃立奇的方法(图 12.30)做一介绍.

倍恩勃立奇质谱仪的结构如图 12.30(a)所示. 离子源所产生的离子经过狭缝 S_1 与 S_2 之间的加速电场后,进入 P_1 与 P_2 两板之间的狭缝. P_1 与 P_2 两板构成速度选择器,使用速度选择器的目的是使具有一定速度的离子被选择出来. 选择器的原理如下:如图 12.30(b)所示,设在 P_1、P_2 两板之间加一电场,方向垂直于板面,场强为 E. 如离子所带的电荷为 $+q$,则离子所受的电场力 $f_e=qE$,方向和板面垂直向右. 同时在 P_1、P_2 两板之间,另加一垂直于图面向外的磁场,磁感应强度为

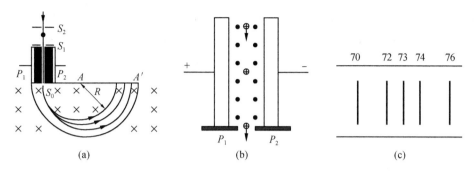

图 12.30　质谱仪的结构图

B',如离子的速度为 v,则离子所受的磁场力 $f_m = qvB'$,方向也与板面垂直,但指向 P_1 板.因此,只有离子的速度恰好使电场力和磁场力等值而反向,即满足下式:

$$qE = qvB' \quad 或 \quad v = \frac{E}{B'}$$

才可能穿过 P_1 与 P_2 两板间的狭缝,而从 S_0 射出.速度大于或小于 E/B' 的离子都要射向 P_1 或 P_2 板而不能从 S_0 射出.离子经过速度选择器后从 S_0 射出,在狭缝 S_0 以外的空间中没有电场,仅有垂直于图面的匀强磁场,磁感应强度为 B.离子进入这磁场后,将做匀速圆周运动,设半径为 R,按式(12-48)可得

$$\frac{q}{m} = \frac{v}{RB}$$

以离子的速度 $v = E/B'$ 代入,得到该离子的荷质比

$$\frac{q}{m} = \frac{E}{RB'B} \tag{12-53}$$

式中,m 为离子的质量.如果离子是一价的,q 与电子电量 e 等值;如果是二价的,q 为 $2e$,以此类推.式(12-53)中右边各量都可直接测量,因而 q/m 及 m 都可算出.

　　另外,从狭缝 S_0 射出来的离子速度 v 与电量 q 都是相等的,如果这些离子中有质量不同的同位素,在磁场 B 中做圆周运动时,圆周的半径 R 就不一样.因此,这些离子就将按照质量的不同而分别射到照相片 AA' 上的不同位置,形成若干细线的条纹图片.每一细条纹相当于一定的质量.根据细条纹的位置,可知圆周的半径 R,因此可算出相应的质量,所以这种仪器叫做**质谱仪**.利用质谱仪可以精确地测定同位素的原子量.图 12.30(c)为用质谱仪测得的锗(Gc)元素的质谱,图中的数字表示各同位素的质量数.

　　3. 霍尔效应

　　1879 年霍尔做了如下的实验,他将一块薄导电板(称作霍尔片)放在均匀磁场 B 中(图 12.31),当导电板通以电流 I 后,在导电板 A,B 两端面出现电势差.通常将这种现象称作**霍尔效应**,出现的电势差 U_H 称作**霍尔电势差**.导电板可以是金属板,也可以是掺杂后的半导体板.设导电板厚度为 a,宽度为 b,实验结果发现霍尔电势差 U_H 与上述参数的关系为

$$U_H \propto \frac{IB}{a}$$

写成等式为

$$U_H = \frac{R_H IB}{a} \tag{12-54}$$

式中,R_H 称为**霍尔系数**,其值与材料的性质有关.霍尔电势差的大小和正负极性可以用电位差计进行精确测量.

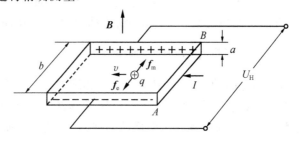

图 12.31 霍尔效应

下面通过运动电荷在电磁场中运动所服从的规律,从理论上推导上述结果并阐明霍尔系数的意义.

设导电板中定向运动的带电粒子(称为载流子)带正电,其平均速率(称为漂移速率)为 v,在均匀磁场中要受到洛伦兹力,如图 12.31 所示,这样正电荷就积聚在 B 表面.相应地,在 A 面上就出现等值负电荷.因此 A、B 两表面之间形成了电势差.在正负电荷向 A、B 两极分离的同时,在导电板 A、B 两端之间形成了一个近似的均匀电场.此时载流子在受到洛伦兹力的同时又受到一个向 A 面的电场力作用.当作用在载流子上的电场力和磁场力平衡时,载流子就不发生偏转,霍尔片 A、B 两极间建立稳定的电势差.电场力 $f_e = qE = qU_H/b$,q 为载流子所带电量;洛伦兹力为 $f_m = qvB$.平衡时 $f_e = f_m$,即 $qU_H/b = qvB$,故霍尔电势差 $U_H = Bvb$.由式(11-8)知,载流子的漂移速率 v 与电流 I 之间存在如下关系:$I = qnSv$,其中 n 为载流子的数密度,又称**载流子浓度**,S 为霍尔片的端面积 $S = ab$.将这些关系代入霍尔电势差的表示式中,最后得

$$U_H = \frac{IB}{nqa} \tag{12-55}$$

将式(12-55)与式(12-54)进行比较,得霍尔系数的表达式为

$$R_H = \frac{1}{nq} \tag{12-56}$$

可以看出霍尔系数确实由材料的性质决定.为了提高霍尔系数,一般采用 n 较小的材料.金属的自由电子密度很高,因此霍尔效应很不明显.目前都采用掺杂的半导体材料做成霍尔片,因为它的载流子浓度 n 可以做得很小,从而提高了 R_H 值.在硅(Si)单晶中掺进硼元素后就变成载流子是正电荷的 P 型半导体;如果掺进磷、砷等元素就会变成载流子是负电荷(电子)的 N 型半导体.当载流子是正电荷时, $q>0$,霍尔系数为正, $U_H>0$;当载流子是负电荷时, $q<0$,霍尔系数为负, $U_H<0$.因此通过霍尔系数的正负,可以判断半导体材料是 P 型还是 N 型.由式(12-55)可得

$$\frac{U_H}{I} = \frac{B}{nqa}$$

此式具有电阻的量纲,称为**霍尔电阻**,用 r_H 表示.

霍尔效应的应用是非常广泛的,如可以把霍尔片取得很小,制成一个探头,用来伸进某种机电设备的小间隙中,测定那里的磁场.每个霍尔片出厂时都标明 R_H 值,因此只要测出 I 和 U_H ,通过式(12-54)就可算出那里的磁感应强度 B 值.

思 考 题

12.9-1 在洛伦兹力 $f = q\boldsymbol{v} \times \boldsymbol{B}$ 表达式中,哪些矢量始终垂直?在安培定律 $\mathrm{d}\boldsymbol{f} = I\mathrm{d}\boldsymbol{l} \times \boldsymbol{B}$ 中,哪些矢量始终垂直?

12.10 磁 介 质

12.10.1 磁介质的磁化

1. 磁介质的分类

同电介质在电场中与电场作用发生极化并产生了附加电场一样,放在磁场中的介质也要和磁场发生相互作用,使介质的状态发生改变,这被称为**磁介质的磁化**.一切在磁场中能够被磁化的介质统称为磁介质.处于磁化状态的磁介质产生一个附加磁场 $\boldsymbol{B}'$,从而对原磁场 $\boldsymbol{B}_0$ 产生影响,使磁介质所处空间中的磁场 $\boldsymbol{B}$ 不同于没有磁介质时的真空状态下该空间中的磁场.这时磁介质所处空间中任一点的磁感应强度 $\boldsymbol{B}$ 应等于 $\boldsymbol{B}_0$ 和 $\boldsymbol{B}'$ 的矢量和,即

$$\boldsymbol{B} = \boldsymbol{B}_0 + \boldsymbol{B}' \tag{12-57}$$

磁介质的特性以其磁导率的大小来区分.为了明确定义磁介质的磁导率,下面用载流无限长直螺线管来讨论.设有一根中空的无限长直螺线管,每单位长度绕有 n 匝线圈,线圈中通有电流 I ,其内部磁感应强度 $\boldsymbol{B}_0$ 的大小为

$$B_0 = \mu_0 nI \tag{12-58}$$

如果在管内充满某种均匀磁介质,测出此时的磁感应强度 B,则由上面的分析知 $\boldsymbol{B}=\boldsymbol{B}_0+\boldsymbol{B}'$. 将 $\boldsymbol{B}$ 和 $\boldsymbol{B}_0$ 的大小的比值

$$\mu_{\mathrm{r}} = \frac{B}{B_0} \tag{12-59}$$

定义为磁介质的**相对磁导率**,它是决定于磁介质磁性的物理量,是一个无量纲的纯数,它反映了磁介质被磁化后对原磁场的影响程度. 合并式(12-58)和式(12-59),即得

$$B = \mu_{\mathrm{r}}\mu_0 nI \tag{12-60}$$

通常令

$$\mu = \mu_{\mathrm{r}}\mu_0 \tag{12-61}$$

则式(12-60)可写作

$$B = \mu nI \tag{12-62}$$

式中,μ 称为磁介质的(绝对)**磁导率**. 它也是一个决定于磁介质磁性的物理量. 在国际单位制中,磁介质的磁导率 μ 的单位和真空的磁导率 μ_0 的单位相同,即 $\mathrm{N} \cdot \mathrm{A}^{-2}$.

根据 μ_{r} 的大小磁介质可分为三类:

(1) 抗磁质($\mu_{\mathrm{r}}<1$),如水银、铜、铋、硫、氯、氢、银、金、锌、铅等,这些物质的 $\boldsymbol{B}'$ 的方向和 $\boldsymbol{B}_0$ 的方向相反,$B=B_0-B'<B_0$;

(2) 顺磁质($\mu_{\mathrm{r}}>1$),如锰、铬、铂、氮等,这些物质的 $\boldsymbol{B}'$ 的方向和 $\boldsymbol{B}_0$ 的方向同向,$B=B_0+B'>B_0$;

(3) 铁磁质($\mu_{\mathrm{r}}\gg1$),如铁、镍、钴、钆以及这些金属的合金,还有铁氧体物质,这些物质的 $\boldsymbol{B}'$ 的方向和 $\boldsymbol{B}_0$ 的方向同向,并且 $\boldsymbol{B}'$ 的值一般是 $\boldsymbol{B}_0$ 值的 $10^2 \sim 10^4$ 倍,$B \gg B_0$.

事实上,一切抗磁质以及大多数顺磁质,μ_{r} 与 1 相差极微,且与外场无关,为常数,所以抗磁质和顺磁质又被称为**弱磁质**. 而铁磁质的相对磁导率 $\mu_{\mathrm{r}}\gg1$,而且与外磁场的强弱有关,还具有一些特殊的性质.

为方便对磁学公式的理解和记忆,可以将真空看成是一种 $\mu_{\mathrm{r}}=1$,$\mu=\mu_0$ 的特殊的"磁介质".

下面先讨论顺磁质和抗磁质磁性的微观本质.

根据物质电结构学说,任何物质(实物)都是由分子、原子组成的. 而分子或原子中任何一个电子,都同时参与两种运动,即环绕原子核的运动和电子本身的自旋. 这两种运动都能产生磁效应. 把分子或原子看作一个整体,分子或原子中各个电子对外界所产生磁效应的总和,可用一个等效的圆电流表示,称为(安培)分子电

流.这种分子电流具有一定的磁矩,称为分子磁矩,用符号 p_m 表示.

有些分子在正常情况下,其分子磁矩为零,由这些分子组成的物质就是抗磁质.有些分子在正常情况下其分子磁矩不为零,具有一定的数值,由这些分子组成的物质就是顺磁质.铁磁质是顺磁质的一种特殊情况.

在外磁场 B_0 作用下,分子或原子中的每个电子都受到力的作用,因而电子的运动状态更为复杂.这时,每个电子除了上述两种运动以外,还要附加以外磁场方向为轴线的转动,称为电子的进动(图 12.32).可以证明,不论电子原来的运动情况如何,如果面对着 B_0 的方向来看,进动的转向(即电子角动量 L 绕 B_0 转动的方向)总是逆时针的.电子的进动也相当于一个圆电流,因为电子带负电,这种等效圆电流的磁矩的方向永远与 B_0 的方向相反.这是导致磁介质产生抗磁性的内因,也是一切磁介质所共有的性质.分子中各个电子因进动而产生的磁效应的总和,可用一个等效的分子电流的磁矩来表示,因进动而产生的等效电流的磁矩称为附加磁矩,用 Δp_m 表示.

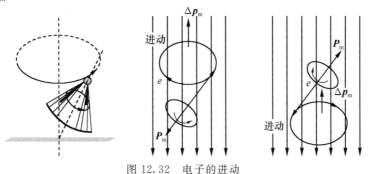

图 12.32 电子的进动

顺磁质与抗磁质的区别,在于分子是否具有分子磁矩.当顺磁质处在外磁场中时,每个分子的分子磁矩有一定的量值,而且要比附加磁矩大得多,以至于附加磁矩可以略去不计.所以分子磁矩是顺磁质产生磁效应的主要原因.而在抗磁质中,每个分子中所有电子的磁效应相互抵消,分子的总磁矩为零,仅在外磁场的作用下才有附加磁矩出现,所以附加磁矩是抗磁质产生磁效应的唯一原因.抗磁质的分子电流,对应分子中各个电子进动的等效圆电流.

2. 磁化 磁化强度

以上仅说明了一个分子的磁性,对大量的分子来说,如果没有外磁场的作用,顺磁质中每个分子虽有一定的磁矩,但由于热运动,分子磁矩排列的方向是杂乱无章的,对顺磁质内任何一个体积元来说,各分子的分子磁矩的矢量和 $\sum p_m = 0$,因而对外界不显示磁效应.而在没有外磁场作用时,抗磁质中每个分子本来就都没有磁性,所以抗磁质中任何一部分对外界显然也没有磁效应.下面分别讨论这两种磁介质在外磁场中的表现.

（1）顺磁质的磁化

顺磁质物体在外磁场作用下，如果在磁体内任取一体积元 ΔV，这体积元内各分子磁矩的矢量和 $\sum \boldsymbol{p}_{\mathrm{m}}$ 将有一定的量值.单位体积内的分子磁矩称为磁化强度，用 $\boldsymbol{M}$ 表示

$$\boldsymbol{M} = \frac{\sum \boldsymbol{p}_{\mathrm{m}}}{\Delta V} \tag{12-63}$$

磁化强度是表征磁介质的磁化程度，即所处磁化状态的物理量.国际单位制中，M 的单位是 $\mathrm{A \cdot m^{-1}}$.在顺磁质中 $\boldsymbol{M}$ 的方向与外磁场 $\boldsymbol{B}_0$ 的方向一致，顺磁质磁化后所产生的附加磁场 $\boldsymbol{B}'$ 的方向也与 $\boldsymbol{B}_0$ 的方向相同，这是顺磁性的重要表现.

（2）抗磁质的磁化

抗磁质在外磁场中的磁化作用，完全决定于抗磁质中分子在外磁场 $\boldsymbol{B}_0$ 作用下时所产生的附加磁矩 $\Delta \boldsymbol{p}_{\mathrm{m}}$，$\Delta \boldsymbol{p}_{\mathrm{m}}$ 的方向与 $\boldsymbol{B}_0$ 的方向相反，大小与 $\boldsymbol{B}_0$ 成正比.

在抗磁质中，磁化强度定义为

$$\boldsymbol{M} = \frac{\sum \Delta \boldsymbol{p}_{\mathrm{m}}}{\Delta V} \tag{12-64}$$

$\boldsymbol{M}$ 的方向与外磁场 $\boldsymbol{B}_0$ 的方向相反，经磁化后在抗磁质内所产生的附加磁场 $\boldsymbol{B}'$ 的方向也与 $\boldsymbol{B}_0$ 的方向相反，这是抗磁性的重要表现.由此可见，抗磁质的磁化与无极分子的电极化完全类似.

因此磁介质的磁化强弱程度，可以用磁化强度 $\boldsymbol{M}$ 来描述，也可以用分子电流来反映.根据磁化强度的定义，很容易找出磁化强度与分子电流之间的关系.

设有无限长的载流直螺线管，管内充满均匀磁介质，电流在螺线管内产生匀强磁场.在外磁场中，磁介质中分子电流平面将趋向于与磁场的方向垂直，磁介质被均匀磁化.考虑磁介质内任一截面上分子电流排列的情况（图 12.33）.在磁介内部任意位置处，通过的分子电流是成对的，而且方向相反，结果相互抵消.只有在截面边缘处，分子电流未被抵消，形成与截面边缘重合的圆电流.对于磁介质的整体来说，未被抵消的分子电流是沿着柱面流动的，称为磁化表面电流.对于顺磁性物质，磁化表面电流和螺线管上导线中的电流 I 方向相同；对于抗磁性物质，则两者方向相反.设 j_S 为圆柱形磁介质表面上"每单位长度的分子磁化表面电流"（即磁化表面电流的线密度），S 为磁介质的截面，l 为所选取的一段磁介质的长度.在 l 长度上，表面电流的总量值为 $I_S = l j_S$，因此在这段磁介质总体积 Sl 中的总磁矩为

$$\sum \boldsymbol{p}_{\mathrm{m}} = I_S \boldsymbol{S} = j_S Sl$$

按定义，$\boldsymbol{M}$ 为单位体积内的磁矩，所以

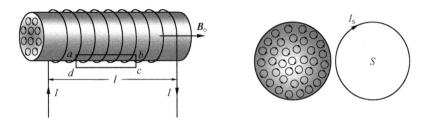

图 12.33 无限长载流直螺线管中的均匀磁介质

$$M = \frac{\sum p_{\mathrm{m}}}{V} = \frac{j_s S l}{S l} = j_s \qquad (12\text{-}65)$$

式(12-65)表明磁介质表面上某点的磁化面电流与该点处磁化强度的关系.下面进一步讨论在一定范围内,磁化电流与磁化强度的联系,为此下面计算磁化强度对闭合回路的线积分 $\oint_L \boldsymbol{M} \cdot \mathrm{d}\boldsymbol{l}$.

在圆柱形磁介质的边界附近,取一长方形闭合回路 $abcd$,ab 边在磁介质内部,它平行于柱体轴线,长度为 l,而 bc,ad 两边则垂直于柱面.现在,在磁介质内部各点处,M 都沿 ab 方向,大小相等,在柱外各点处 $M=0$.所以 M 沿 bc,cd,da 三边的积分为零,而 M 对闭合回路 $abcd$ 的积分等于 M 沿 ab 边的积分,即

$$\oint_L \boldsymbol{M} \cdot \mathrm{d}\boldsymbol{l} = \int_{ab} \boldsymbol{M} \cdot \mathrm{d}\boldsymbol{l} = M \cdot ab$$

将式(12-65)代入后,得

$$\oint_L \boldsymbol{M} \cdot \mathrm{d}\boldsymbol{l} = j_s ab = I_S \qquad (12\text{-}66)$$

式中,$j_s ab = I_S$ 就是通过闭合回路 $abcd$ 的总磁化电流.所以式(12-66)表明,磁化强度对闭合回路的线积分等于通过回路所包围的面积内的总磁化电流.式(12-66)虽是从均匀磁化介质及长方形闭合回路的简单特例导出,但却是在任何情况都普遍适用的关系式.

12.10.2 磁介质中的磁场 磁场强度

1. 磁介质中的高斯定理

磁介质在外磁场中会发生磁化,磁介质中的磁感应强度 $\boldsymbol{B}$ 是 $\boldsymbol{B}_0$ 和 $\boldsymbol{B}'$ 的矢量和,即 $\boldsymbol{B} = \boldsymbol{B}_0 + \boldsymbol{B}'$;不论外磁场 $\boldsymbol{B}_0$ 还是附加磁场 $\boldsymbol{B}'$,其磁场线都是闭合曲线.因此,对于磁场中的任何闭合面 S,均有

$$\oint_S \boldsymbol{B}_0 \cdot \mathrm{d}\boldsymbol{S} = 0, \qquad \oint_S \boldsymbol{B}' \cdot \mathrm{d}\boldsymbol{S} = 0$$

因此,对磁介质中的总磁场 $\boldsymbol{B}$,有

$$\oint_S \boldsymbol{B} \cdot \mathrm{d}\boldsymbol{S} = \oint_S (\boldsymbol{B}_0 + \boldsymbol{B}') \mathrm{d}\boldsymbol{S} = 0 \tag{12-67}$$

式(12-67)是**磁介质中的高斯定理**.

2. 磁介质中的安培环路定理

磁介质在外磁场中会发生磁化,同时产生磁化电流,有磁介质的空间中任一点的磁感应强度 $\boldsymbol{B}$,是由传导电流和磁化电流共同产生的. 因此,这时安培环路定理应写成

$$\oint_L \boldsymbol{B} \cdot \mathrm{d}\boldsymbol{l} = \mu_0 \left(\sum I_i + I_S \right) \tag{12-68}$$

等式右边的两项电流是穿过回路所围面积的总电流,即传导电流 $\sum I_i$ 和磁化电流 I_S 的代数和. 其中,$\sum I_i$ 为所有传导电流的代数和,是可以测量的,可认为它是已知的;而 I_S 一般难以直接测量的,因而是未知的. 为使安培环路定理不出现 I_S,用关系式(12-66)代入式(12-68),有

$$\oint_L \boldsymbol{B} \cdot \mathrm{d}\boldsymbol{l} = \mu_0 \left(\sum I_i + I_S \right) = \mu_0 \left(\sum I_i + \oint \boldsymbol{M} \cdot \mathrm{d}\boldsymbol{l} \right)$$

整理后,得

$$\oint_L \left(\frac{\boldsymbol{B}}{\mu_0} - \boldsymbol{M} \right) \cdot \mathrm{d}\boldsymbol{l} = \sum I_i$$

令

$$\boldsymbol{H} = \frac{\boldsymbol{B}}{\mu_0} - \boldsymbol{M} \tag{12-69}$$

并定义 $\boldsymbol{H}$ 为**磁场强度**,所以磁介质中的安培环路定理可以写为

$$\oint_L \boldsymbol{H} \cdot \mathrm{d}\boldsymbol{l} = \sum I_i \tag{12-70}$$

在国际单位制中,$\boldsymbol{H}$ 的单位是安培·米$^{-1}$(A·m^{-1}). 式(12-70)表明磁场强度 $\boldsymbol{H}$ 沿任一闭合回路的积分,等于穿过该闭合回路的传导电流的代数和,并与磁化电流无关.

实验证明,对于各向同性的磁介质,在磁介质中任一点的磁化强度 $\boldsymbol{M}$ 和磁场强度 $\boldsymbol{H}$ 成正比,即

$$\boldsymbol{M} = \chi_m \boldsymbol{H} \tag{12-71}$$

式中,比例系数 χ_m 是恒量,称为磁介质的**磁化率**,它的量值只与磁介质的性质有关,因为 $\boldsymbol{M}$ 和 $\boldsymbol{H}$ 所用的单位相同,所以磁化率 χ_m 是一个无量纲的纯数.

把式(12-71)代入式(12-69)中,可得

$$\boldsymbol{B} = \mu_0 \boldsymbol{H} + \mu_0 \boldsymbol{M} = \mu_0 (1 + \chi_m) \boldsymbol{H}$$

令
$$\mu_{\text{r}} = 1 + \chi_{\text{m}} \tag{12-72}$$

μ_{r}就是该磁介质的相对磁导率,于是式(12-71)成为
$$\boldsymbol{B} = \mu_{\text{r}}\mu_0 \boldsymbol{H} = \mu \boldsymbol{H} \tag{12-73}$$

对于真空中的磁场来说,由于 $M=0$,从式(12-69)得到
$$\boldsymbol{B} = \mu_0 \boldsymbol{H}$$

这表明"真空"相当于 $\mu_{\text{r}}=1$ 的"磁介质".真空中各点处的磁场强度 H 等于该点磁感应强度 B 的 $1/\mu_0$ 倍,即 $H=B/\mu_0$.

对于各向同性的磁介质 χ_{m} 是恒量,μ_{r} 也是恒量,且都是纯数,$\mu_{\text{r}}=1+\chi_{\text{m}}$,或 $\chi_{\text{m}}=\mu_{\text{r}}-1$.磁介质的磁化率 χ_{m}、相对磁导率 μ_{r}、磁导率 μ 都是描述磁介质磁化特性的物理量,只要知道三个量中的任一个量,该介质的磁性就完全清楚了.

所有顺磁性、抗磁性材料的磁化率的值都很小,其相对磁导率几乎等于1,说明了它们对电流的磁场只产生微弱的影响.

例 12.9 磁导率为 μ_1 的无限长的磁介质圆柱体,半径为 a,其中均匀地通有电流 I.在它外面有半径为 b 的无限长同轴圆柱面(图 12.34).二者之间充满着磁导率为 μ_2 的均匀磁介质,在圆柱面上通有相反方向的电流 I.试求空间各点的磁场磁感应强度 B 和磁场强度 H.

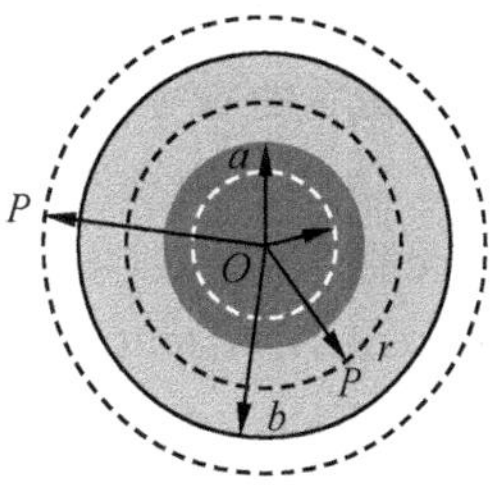

解 这两个无限长的同轴圆柱体和圆柱面,当有电流通过时,它们所产生的磁场是轴对称分布的.

图 12.34 同轴圆柱面

(1) 设圆柱体外圆柱面内任一点 P 到轴的垂直距离是 $r(a<r<b)$,取以 $OP=r$ 为半径的圆形积分回路,根据安培环路定理,则有
$$\oint \boldsymbol{H} \cdot \mathrm{d}\boldsymbol{l} = H\oint \mathrm{d}l = H2\pi r = I$$
$$H = \frac{I}{2\pi r}$$

由式(12-73)得
$$B = \mu_2 H = \frac{\mu_2 I}{2\pi r}$$

(2) 在圆柱体内取半径为 $r(r<a)$ 的圆形积分回路,应用安培环路定理得
$$\oint \boldsymbol{H} \cdot \mathrm{d}\boldsymbol{l} = H\int_0^{2\pi r} \mathrm{d}l = H2\pi r = I\frac{\pi r^2}{\pi a^2} = \frac{r^2 I}{a^2}$$

式中,$I \times (\pi r^2/\pi a^2)$ 是该环路所包围部分的电流,因电流在圆柱体内均匀分布,所以这部分电流的大小和所包围的面积成正比,由此得
$$H = \frac{Ir}{2\pi a^2}$$

由 $B=\mu_1 H$,得

$$B = \frac{\mu_1 Ir}{2\pi a^2}$$

（3）在大圆柱面外以 r 为半径做一个圆（$r>b$）,应用安培环路定律时,考虑到该环路中所包围的传导电流的代数和为零,所以得

$$\oint \boldsymbol{H} \cdot \mathrm{d}\boldsymbol{l} = H \int_0^{2\pi r} \mathrm{d}l = 0$$

则

$$H = 0, \quad B = 0$$

12.10.3　铁磁质

如果在电流产生的磁场中,放入铁磁性物质,那么磁场将显著地增强,这时在铁磁质中的磁感应强度 $\boldsymbol{B}$ 比单纯由电流产生的 $\boldsymbol{B}_0$ 增大百倍、甚至千倍以上. 不仅如此,铁磁质还具有一些特殊的性质:

（1）它们的 $\boldsymbol{B}$ 和 $\boldsymbol{H}$ 不是简单的正比关系,而是比较复杂的函数关系,换句话说,铁磁质的磁导率 μ（以及磁化率 χ_m）不是恒量,而是随磁场强度 H 变化的;

（2）在外磁场停止作用后,铁磁质仍能保留部分磁性;

（3）它们各具有一临界温度称为**居里点**,在这温度下,它们的磁性发生突变. 当温度在居里点以上时,它们的磁导率（或磁化率）和磁场强度 H 无关. 这时铁磁质转化为顺磁质. 铁的居里点是 1040 K,镍的是 631 K,钴的是 1388 K.

铁磁性不能用一般顺磁质的磁化理论来解释. 在铁磁质中,相邻原子间存在着非常强的交换耦合作用,这个相互作用促使相邻原子的磁矩平行排列起来,形成一个自发磁化达到饱和状态的区域. 自发磁化只发生在微小区域内,这些区域称为**磁畴**. 在没有外磁场作用时,在每个磁畴中,原子的分子磁矩均取向同一方位,但对不同的磁畴,其分子磁矩的取向各不相同（图 12.35）. 磁畴的这种排列方式,使整个磁体的任何宏观区域的平

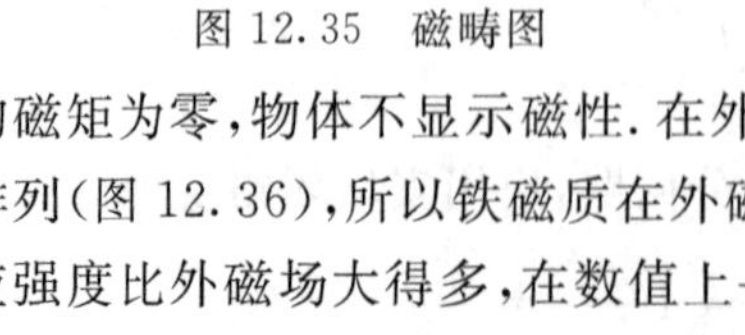

(a) 单晶　　　　(b) 多晶

图 12.35　磁畴图

均磁矩为零,物体不显示磁性. 在外磁场作用下,使所有磁畴趋向于沿外磁场方向排列（图 12.36）,所以铁磁质在外磁场中的磁化程度非常大,它所建立的附加磁感应强度比外磁场大得多,在数值上一般要大几十倍到数千倍,甚至达数百万倍. 附加磁感应强度的大小,取决于磁畴趋向于沿外磁场方向排列的一致程度. 磁畴趋向于沿外磁场方向排列的过程是不可逆的,因而去掉外磁场后,磁畴的某种排列被保留下来,使磁体留有部分磁性,表现出剩磁现象.

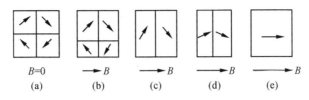

图 12.36　铁磁质磁化过程

　　根据铁磁质中存在着磁畴的观点,高温和振动的去磁作用也可得到解释.在高温情况下,铁磁体中分子的热运动瓦解磁畴内磁矩有规则的排列,当温度达到临界温度时,磁畴全部破坏,铁磁体也就转为普通的顺磁性物质.

　　磁畴的存在可用实验来观察,在磨光的铁磁质表面上,撒一层极细的铁粉,用金相显微镜可以见到粉末沿着磁畴的边界积聚形成某种图形(图 12.37),根据观察,磁畴的体积约 10^{-8} m^3 ~ 10^{-12} m^3,其中含有 10^{17} ~ 10^{21} 个原子.

　　下面具体研究一下铁磁质的磁化现象.取一环形螺线管并以原来没有磁化过的铁磁质作芯,在铁芯上开一很窄的缝口,当螺线管中通有电流时,铁芯中的磁场强度为 $H=nI$,其中 n 为环形螺线管每单位长度的匝数,I 为螺线管中的电流.因为缝口很窄,在缝口的磁感应强度与铁芯中的 B 相等.这样,当螺线管中通过一定的电流时,可利用一个小的载流线圈在缝口测得 B 的值.如应用公式 $\mu=B/H$ 及 $M=B/\mu_0-H$ 还可以计算出对应的 μ 和 M 的值.将实验的结果画成曲线,如图 12.38所示.H 曲线图表示磁感应强度与磁场强度的关系,对于铁磁性物质,B 近似等于 $\mu_0 M(B\gg\mu_0 H)$,这曲线也反映了 M 与 H 的关系,一般称为**磁化曲线**.

图 12.37　磁畴

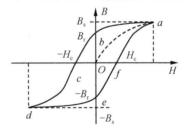

图 12.38　磁化曲线

　　从图 12.38 中可以看到,在开始时磁感应强度 B 值随磁场强度 H 的增加而急速地增加,当 H 达到一定的强度,B 的值不再随 H 的增强而增加,这时磁化已达到饱和.磁感应强度的饱和值用 B_s 表示.如果在达到饱和状态之后,使 H 减小,这时 B 的值也要减小,但不沿原来的曲线下降,而是沿着另一条曲线下降,对应的 B 值比原先的值为大,说明铁磁质磁化过程是不可逆的过程.当 $H=0$ 时,磁感应强度并不等于零,而保留一定的大小 B_r,这就是铁磁质的剩磁现象.要使 B 继续减小,必须在绕组中通入反向电流,即加上反方向的磁场.当 H 等于某一定值 H_c 时,

B 才等于零,这个 H_c 值,称为**矫顽力**.矫顽力 H_c 的大小反映了铁磁材料保存剩磁状态的能力.如再增强反方向的磁场,又可达到反方向的饱和状态.以后再逐渐减小反方向的磁场至 e 点,这时改变绕组中的电流方向,即又引入正向磁场,则形成如图 12.38 所示的闭合回线.从图中可以看出,磁感应强度 B 值的变化总是落后于磁场强度 H 的变化,这种现象称为**磁滞**,是铁磁质的重要特性之一.所以,上述闭合曲线常称为**磁滞回线**.研究铁磁质的磁性就必须知道它的磁滞回线.各种铁磁质有不同的磁滞回线,主要区别在于矫顽力的大小.

实验表明,当铁磁性材料在交变磁场的作用下反复磁化时将要发热.因为铁磁体反复磁化时,磁体内分子的状态不断地改变,因此分子的振动加剧,温度升高.使分子振动加剧的能量是由产生磁场的电流的电源所供给的,这部分能量转变成热量而散失掉,这种在反复磁化过程中能量的损失叫做**磁滞损耗**.理论和实践证明,磁滞回线所包围的面积越大,磁滞损耗也越大.在电器设备中这种损耗是十分有害的,必须尽量使它减小.

此外,铁磁体在交变磁场的作用下,它的形状随之改变,称为磁致伸缩效应,这种特性在超声技术中常被用来作为电磁能和机械能的转换器件.

总之,铁磁质中磁畴的存在是铁磁体磁化特性的内在根据,利用这个观点能解释铁磁体磁化过程所有特性,磁畴理论是目前较为成熟的理论.

铁磁性材料在工程技术上应用很广,不同的磁性材料导磁性能各不相同.一种磁性材料是否适用于某种用途,工程上常常是依据它的磁滞回线来决定.根据磁滞回线的不同,可以将铁磁性材料区分为软磁材料和硬磁材料(图 12.39).

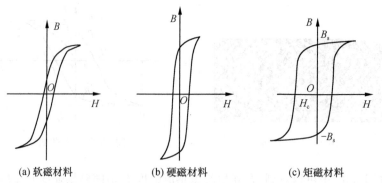

(a) 软磁材料　　　　(b) 硬磁材料　　　　(c) 矩磁材料

图 12.39　不同的磁性材料的磁滞回线

软磁材料的特点是:磁导率大,矫顽力小($H_c < 10^2$ A·m^{-1}),磁滞损耗低.它的磁滞回线成细长条形状.这种材料容易磁化,也容易退磁,适用于交变磁场,可用来制造变压器、继电器、电磁铁、电机以及各种高频电磁元件的铁芯.

硬磁材料的特点是:矫顽力大($H_c > 10^2$ A·m^{-1}),剩磁 B_r 也大.这种材料的磁滞回线所包围的面积肥大,磁滞特性显著.因此,硬磁材料充磁后,仍能保留很强的剩磁,并且这种剩磁不易消除.这种硬磁材料适合于制成永久磁铁.例如,磁电式电表、永磁扬声器、耳机、小型直流电机,以及雷达中的磁控管等用的永久磁铁,都是由硬磁材料做成的.

除了通常的软磁材料和硬磁材料外,工程上常常是依据磁性材料的特殊性能而特殊命名.例如磁滞回线接近矩形的磁性材料命名为矩磁材料,其特点是:剩磁的感应强度接近于饱和值 B_s,矫顽力更大.若矩磁材料在不同方向的磁场下磁化,当电流为零时,总是处于 $+B_s$ 或 $-B_s$ 两种不同的剩磁状态.通常计算机中采用二进位制,只有"0"和"1"两个数码,因此用这种材料的两种剩磁状态($+B_s$ 和 $-B_s$)分别代表两个数码,起到"记忆"的作用.目前广泛采用的是锰-镁和锂-锰铁氧体这两种矩磁材料.

思 考 题

12.10-1 已知两根铁棒中只有一根是永久磁铁,另一根不带磁性,不利用其他任何设备,如何把它们区别开来?

本 章 提 要

1. 磁感应强度 $\boldsymbol{B}$ 的大小定义式为

$$B = \frac{F_\perp}{qv}$$

2. 毕奥-萨伐尔定律

$$\mathrm{d}\boldsymbol{B} = \frac{\mu_0}{4\pi} \frac{I\mathrm{d}\boldsymbol{l} \times \boldsymbol{e}_r}{r^2}$$

$$\boldsymbol{B} = \int \mathrm{d}\boldsymbol{B} = \int \frac{\mu_0}{4\pi} \frac{I\mathrm{d}\boldsymbol{l} \times \boldsymbol{e}_r}{r^2}$$

3. 运动电荷的磁场

$$\boldsymbol{B} = \frac{\mu_0}{4\pi} \frac{q\boldsymbol{v} \times \boldsymbol{r}}{r^3}$$

4. 磁场的高斯定理

$$\oint_S \boldsymbol{B} \cdot \mathrm{d}\boldsymbol{S} = 0$$

5. 安培环路定理

$$\oint_l \boldsymbol{B} \cdot \mathrm{d}\boldsymbol{l} = \mu_0 \sum I_i$$

6. 安培力

$$\mathrm{d}\boldsymbol{F} = I\mathrm{d}\boldsymbol{l} \times \boldsymbol{B}$$

$$F = \int \mathrm{d}F = \int_l I \,\mathrm{d}l \times B$$

7. 洛伦兹力

$$f = q v \times B$$

8. 磁场强度 H 与磁感应强度 B 的关系

$$B = \mu_r \mu_0 H = \mu H$$

9. 磁介质中的安培环路定理

$$\oint_L H \cdot \mathrm{d}l = \sum I_i$$

10. 磁介质的磁化及分类

习　　题

12-1　如习题 12-1 图所示,在真空中,几种载流导线在同一平面内,电流均为 I,它们在 O 点的磁感强度 B 的值各为多少?

习题 12-1 图

12-2　三根平行长直导线在同一平面内,1、2 和 2、3 之间距离都是 $d = 3\,\mathrm{cm}$,其中电流 $I_1 = I_2$,$I_3 = -(I_1 + I_2)$,方向见习题 12-2 图.试求在该平面内 $B = 0$ 的直线的位置.

12-3　如习题 12-3 图所示为两条穿过 y 轴且垂直于 x-y 平面的平行长直导线的正视图,两条导线皆通有电流 I,但方向相反,它们到 x 轴的距离皆为 a.

(1) 推导出 x 轴上 P 点处的磁感强度 B 的表达式;

(2) 求 P 点在 x 轴上何处时,该点的 B 取得最大值.

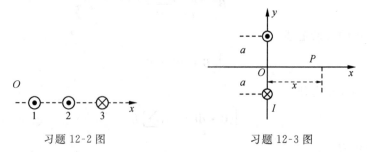

习题 12-2 图　　　　　　　　　　习题 12-3 图

12-4　在真空中,有两根互相平行的无限长直导线 L_1 和 L_2,相距 0.1m,通有方向相反的电流,$I_1=20$ A,$I_2=10$ A,如习题 12-4 图所示.A、B 两点与导线在同一平面内,这两点与导线 L_2 的距离均为 0.05 m.试求 A,B 两点处的磁感应强度,以及磁感应强度为零的点的位置.

12-5　如习题 12-5 图所示,一无限长载流平板宽度为 a,线电流密度(即沿 x 方向单位长度上的电流)为 δ,求与平板共面且距平板一边为 b 的任意点 P 的磁感强度.

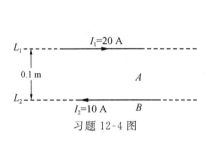

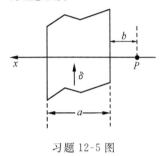

习题 12-4 图　　　　　　　　　　　　　习题 12-5 图

12-6　在一半径 $R=1.0$ cm 的无限长半圆柱形金属薄片中,有电流 $I=5.0$ A 通过,电流分布均匀,如习题 12-6 图所示.试求圆柱轴线任一点 P 处的磁感应强度.

12-7　若空间存在两根无限长直载流导线,空间的磁场分布就不具有简单的对称性,则该磁场分布(　　)

A. 不能用安培环路定理来计算,

B. 可以直接用安培环路定理求出,

C. 只能用毕奥-萨伐尔定律求出,

D. 可以用安培环路定理和磁感强度的叠加原理求出.

12-8　在半径为 R 的长直圆柱形导体内部,与轴线平行地挖成一半径为 r 的长直圆柱形空腔,两轴间距离为 a,且 $a>r$,横截面如习题 12-8 图所示.现在电流 I 沿导体管流动,电流均匀分布在管的横截面上,而电流方向与管的轴线平行.求:

(1)圆柱轴线上的磁感应强度的大小;

(2)空心部分轴线上的磁感应强度的大小.

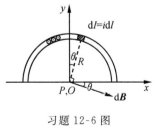

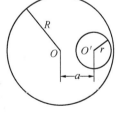

习题 12-6 图　　　　　　　　　　　　　习题 12-8 图

12-9　一根很长的铜导线载有电流 10 A,设电流均匀分布.在导线内部做一平面 S,如习题 12-9 图所示.试计算通过 S 平面的单位长度的磁通量(沿导线长度方向取长为 1 m 的一段作计算).铜的磁导率 $\mu=\mu_0$.

12-10　横截面为矩形的环形螺线管,圆环内外半径分别为 R_1 和 R_2,芯子为真空,导线总匝数为 N,绕得很密,若线圈通电流 I,如习题 12-10 图所示,求:

(1) 芯子中的 B 值和芯子截面的磁通量;

(2) 在 $r < R_1$ 和 $r > R_2$ 处的 B 值.

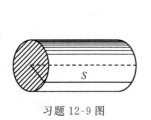

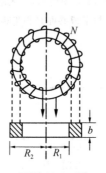

习题 12-9 图　　　　　　　　　　习题 12-10 图

12-11　一根同轴电缆线由半径为 R_1 的长导线和套在它外面的内半径为 R_2、外半径为 R_3 的同轴导体圆筒组成.中间为真空,传导电流 I 沿导线向上流去,由圆筒向下流回,在它们的截面上电流都是均匀分布的.求同轴电缆线内外的磁感强度 B 大小的分布.

12-12　氢原子处在基态时,它的电子可看成是在半径 $a = 0.52 \times 10^{-8}$ cm 的轨道上做匀速圆周运动,速率 $v = 2.2 \times 10^8$ cm · s^{-1}.求电子在轨道中心所产生的磁感应强度和电子磁矩的值.

12-13　电子在 $B = 70 \times 10^{-4}$ T 的匀强磁场中做圆周运动,圆周半径 $r = 3.0$ cm.已知 B 垂直于纸面向外,某时刻电子在 A 点,速度 v 向上,如习题 12-13 图所示.求:

(1) 求这电子速度 v 的大小;

(2) 求这电子的动能 E_k.

12-14　如习题 12-14 图所示,在长直导线 AB 内通以电流 $I_1 = 20$ A,在矩形线圈 $CDEF$ 中通有电流 $I_2 = 10$ A,AB 与线圈共面,且 CD,EF 都与 AB 平行.已知 $a = 9.0$ cm,$b = 20.0$ cm,$d = 1.0$ cm,求:

(1) 导线 AB 的磁场对矩形线圈每边所作用的力;

(2) 矩形线圈所受合力和合力矩.

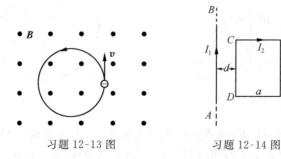

习题 12-13 图　　　　　　　　　　习题 12-14 图

*12-15　边长为 $l=0.1$ m 的正三角形线圈放在磁感应强度 $B=1$ T 的均匀磁场中,线圈平面与磁场方向平行.如习题 12-15 图所示,使线圈通以电流 $I=10$ A,求:

(1) 线圈每边所受的安培力;

(2) 对 OO' 轴的磁力矩大小;

(3) 从所在位置转到线圈平面与磁场垂直时磁力所做的功.

12-16　一长直导线通有电流 $I_1=20$ A,旁边放一导线 ab,其中通有电流 $I_2=10$ A,且两者共面,如习题 12-16 图所示.求导线 ab 所受作用力对 O 点的力矩(已知 $ab=0.09$m).

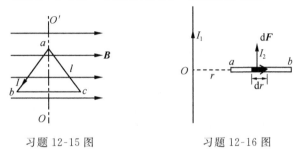

習题 12-15 图　　　　　　　　習题 12-16 图

12-17　通有电流 I 的长直导线在一平面内被弯成如习题 12-17 图所示的形状,放于垂直进入纸面的均匀磁场 B 中,求整个导线所受的安培力(R 为已知).

12-18　截面积为 S,截面形状为矩形的直的金属条中通有电流 I.金属条放在磁感强度为 B 的匀强磁场中,B 的方向垂直于金属条的左、右侧面(习题 12-18 图).在图示情况下金属条的上侧面将积累_____电荷,载流子所受的洛伦兹力 $f_m=$ _____(注:金属中单位体积内载流子数为 n).

 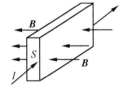

習题 12-17 图　　　　　　　　習题 12-18 图

12-19　习题 12-19 图中的三条线表示三种不同磁介质的 B-H 关系曲线,虚线是 $B=\mu_0 H$ 关系的曲线,试指出哪一条是表示顺磁质? 哪一条是表示抗磁质? 哪一条是表示铁磁质?

12-20　螺绕环中心周长 $L=10$ cm,环上线圈匝数 $N=200$ 匝,线圈中通有电流 $I=100$ mA.

(1) 当管内是真空时,求管中心的磁场强度 H 和磁感应强度 B;

(2) 若环内充满相对磁导率 $\mu_r=4200$ 的磁性物质,则管内的 B 和 H 各是多少?

*(3) 磁性物质中心处由导线中传导电流产生的 B_0 和由磁化电流产生的 B' 各是多少?

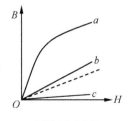

習题 12-19 图

【科学家简介】

　　迈克尔·法拉第(Michael Faraday,1791~1867)是 19 世纪电磁学领域中最伟大的实验物理学家.1791 年 9 月 22 日生于伦敦附近的纽因格顿,父亲是铁匠.由于家境贫苦,他只在 7 岁到 9 岁读过两年小学.12 岁当报童,13 岁在一家书店当了装订书的学徒.他喜欢读书,利用在书店的条件,读了许多科学书籍,并动手做了一些简单的化学实验.法拉第对电磁现象的研究产生了极大的热情.他仔细地分析了电流的磁效应等现象,认为既然电流能产生磁,磁能否产生电呢? 1822 年他在日记中写下了自己的思想:"磁能转化成电."他在这方面进行了系统的研究.起初,他试图用强磁铁靠近闭合导线或用强电流使另一闭合导线中产生电流,做了大量的实验,都失败了.经过历时十年的失败、再试验,直到 1831 年 8 月 29 日才取得成功.他接连又做了几十个这类实验.1831 年 11 月 24 日的论文中,他把产生感应电流的情况概括成五类,1851 年才得出了电磁感应定律.1833~1834 年,法拉第从实验得出了电解定律,这是电荷不连续性的最早的有力证据.法拉第的另一贡献是提出了场的概念.他反对超距作用的说法,设想带电体、磁体周围空间存在一种物质,起到传递电、磁力的作用,他把这种物质称为电场、磁场.1852 年,他引入了电力线(即电场线)、磁力线(即磁感线)的概念,并用铁粉显示了磁棒周围的磁力线形状.场的概念和力线的模型,对当时的传统观念是一个重大的突破.法拉第从近距作用的物理图景出发,还预见了电、磁作用传播的波动性和它们传播的非瞬时性,表现了法拉第深邃的物理洞察力和深刻的物理思想.

　　法拉第是靠自学成才的科学家,在科学的征途上辛勤奋斗半个多世纪,不求名利.1825 年,他参与冶炼不锈钢材和折光性能良好的重冕玻璃工作,不少公司和厂家出重金聘请法拉第为他们的技术顾问.面对 15 万镑的财富和没有报酬的学问,法拉第选择了后者.1851 年,法拉第被一致推选为英国皇家学会会长,他也坚决推辞掉了这个职务,把全身心献给了科学研究事业,终生过着清贫的日子.

第 13 章　电 磁 感 应

【学习目标】

掌握法拉第电磁感应定律.理解动生电动势及感生电动势的本质.会计算感应电动势.了解自感系数和互感系数,会计算规则几何形状导体的自感.了解磁场能量密度的概念.了解涡旋电场、位移电流的概念以及麦克斯韦方程组(积分形式)及其物理意义.了解感生电场与静电场的区别.了解平面电磁波的基本性质.

自 1820 年奥斯特发现了电流的磁效应后,人们就产生了利用磁效应产生电流的想法.从 1822 年起,英国物理学家法拉第一直有目的地进行这方面的实验研究,终于在 1831 年发现了利用磁场产生电流的现象,即电磁感应现象,并由纽曼和韦伯总结概括为电磁感应定律.

13.1　法拉第电磁感应定律

13.1.1　法拉第电磁感应定律

法拉第关于电磁感应的实验可以归纳为两大类,一类是导体线圈与磁铁有相对运动时,线圈中有电流产生;另一类是当一个通电线圈中的电流改变时,它附近的线圈中会有电流产生.法拉第将这些现象称作**电磁感应现象**,线圈中产生的电流称为**感应电流**,感应电流的存在说明回路中有电动势存在,这种电动势称为**感应电动势**.

尽管产生电磁感应现象的具体方法不同,但产生电磁感应现象的基本条件和所遵循的规律却是相同的.即不论任何原因,当穿过闭合导体回路所包围面积的磁通量 Φ 发生变化时,在回路中都会出现感应电动势,感应电动势 ε 的大小与磁通量对时间 t 的变化率 $\mathrm{d}\Phi/\mathrm{d}t$ 成正比,ε 的方向总是与磁通量的变化率的方向相反,即法拉第电磁感应定律的数学表达式为

$$\varepsilon = -K\frac{\mathrm{d}\Phi}{\mathrm{d}t} \tag{13-1a}$$

其中 K 为比例系数,在国际单位制下,比例系数 $K=1$,则式(13-1a)变为

$$\varepsilon = -\frac{\mathrm{d}\Phi}{\mathrm{d}t} \tag{13-1b}$$

关于法拉第电磁感应定律的两点说明如下.

1. 多匝线圈串联的情况

实际中往往是多匝线圈串联,这种情况下整个线圈的感应电动势是每一匝线圈中产生的感应电动势之和. 若 Φ_i 表示穿过第 i 匝线圈的磁通量,整个线圈共有 N 匝,则总的感应电动势为

$$\varepsilon = -\sum_{i=1}^{N}\frac{\mathrm{d}\Phi_i}{\mathrm{d}t} = -\frac{\mathrm{d}}{\mathrm{d}t}\sum_{i=1}^{N}\Phi_i = -\frac{\mathrm{d}\Psi}{\mathrm{d}t} \tag{13-2}$$

式中,$\Psi = \displaystyle\sum_{i=1}^{N}\Phi_i$ 称为**磁链**或线圈的全磁通. 若穿过各匝线圈的磁通量均为 Φ,则 $\Psi = N\Phi$,总的感应电动势为

$$\varepsilon = -N\frac{\mathrm{d}\Phi}{\mathrm{d}t} \tag{13-3}$$

2. 公式中的负号

式(13-1)~式(13-3)中的负号反映了感应电动势的方向与磁通量的变化关系. 为便于分析,规定导体回路绕行方向与导体回路的正面法线方向成右手螺旋关系,如图 13.1 所示.下面以图 13.2 所示情况为例,说明如何应用电磁感应定律确定感应电动势的方向.

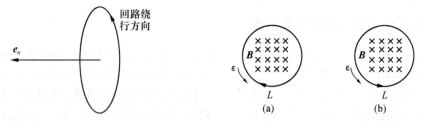

图 13.1　回路绕行方向与正面法线方向的关系　　　图 13.2　ε 的方向和 Φ 的变化关系

在图 13.2 中,磁场垂直纸面向里,且磁感应强度 B 增大.在图 13.2(a)中,选回路 L 的方向为顺时针方向,则 L 所围面积的正面法线方向垂直纸面向里,磁通量 $\Phi>0,\dfrac{\mathrm{d}\Phi}{\mathrm{d}t}>0,\varepsilon<0$,说明感应电动势的方向 ε 与所选回路方向相反.在图 13.2(b)中,若选回路 L 的方向为逆时针方向,则 L 所围面积的正面法线方向垂直纸面向外,磁通量 $\Phi<0,\dfrac{\mathrm{d}\Phi}{\mathrm{d}t}<0,\varepsilon>0$,感应电动势的方向 ε 与所选回路方向相同,如图 13.2(b)所示.

13.1.2　楞次定律

当穿过闭合导体回路所围面积的磁通量发生变化时,在回路中就会有感应电流产生,该感应电流的方向总是使它自己所激发的磁场反抗任何引发电磁感应的原因,这就是**楞次定律**.

法拉第电磁感应定律中的负号,正是体现了这种"反抗".由于感应电动势的方向与感应电流的方向相同,所以应用楞次定律可以更方便地确定感应电动势的方向.

在图 13.2 中,由于穿过回路的磁通量是增加的,根据楞次定律,线圈中应产生逆时针流动的感应电流和感应电动势.感应电流只有按照楞次定律所规定的方向流动,才符合能量守恒和转化定律.

思　考　题

13.1-1　两个人计算出感应电动势的大小相同,但一人得电动势为正,另一人得电动势为负,是否必有一人计算错误? 为什么?

13.1-2　法拉第电磁感应定律中的负号和楞次定律有联系吗?

13.2　动生电动势　感生电动势

13.2.1　动生电动势

按照电动势的产生原因,可以将电动势分为两类:一类是在恒定磁场中运动的导体内产生的电动势,称为**动生电动势**;另一类是导体不动,由于磁场变化而产生的电动势,称为**感生电动势**.下面来讨论动生电动势.

如图 13.3 所示,一矩形导体框处于恒定磁场 $\boldsymbol{B}$ 中,ab 是长度为 l 的可动边,当其他边不动,ab 边垂直于磁场方向以恒定的速度 v 向右运动时,矩形框中产生感应电动势,其大小为

$$|\varepsilon| = \frac{\mathrm{d}\Phi}{\mathrm{d}t} - \frac{\mathrm{d}}{\mathrm{d}t}(Blx) - Blv \qquad (13\text{-}4)$$

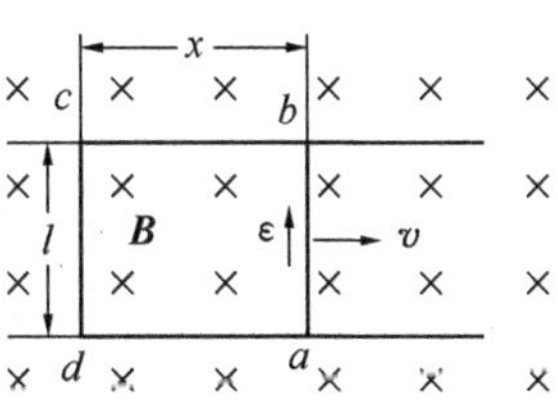

图 13.3　动生电动势

根据楞次定律可判断出感应电流的方向为逆时针方向,由于只有 ab 段运动,所以动生电动势产生于 ab 段,电动势的方向为由 a 指向 b.

由电动势的定义

$$\varepsilon = \int_a^b \boldsymbol{E}_k \cdot \mathrm{d}\boldsymbol{l}$$

可知，ab 段应存在一非静电场强 $\boldsymbol{E}_k$，而非静电场强 $\boldsymbol{E}_k = \boldsymbol{F}_k/q$，$q$ 是电荷所带电量，$\boldsymbol{F}_k$ 是非静电力，下面来求这个非静电力.

如图 13.4 所示，导体中的电子在洛伦兹力 $\boldsymbol{F}_m = (-e)\boldsymbol{v} \times \boldsymbol{B}$ 作用向下运动，使得导体的 a 端积累负电荷，b 端积累等量异号的正电荷. 由于正负电荷的积累，在 ab 之间形成的电场作用于电子，使电子受一静电力 $\boldsymbol{F}_e$ 的作用，$\boldsymbol{F}_e$ 的方向与 $\boldsymbol{F}_m$ 的方向相反. 开始时 $F_m > F_e$，随着电荷的进一步积累，会达到 $F_m = F_e$ 的时刻，这时电子所受合力为零，a、b 两端不再有新的电荷增加，a、b 两端形成稳定的电势差. 由于洛伦兹力是非静电力，所以在此非静电场强为

图 13.4　动生电动势

$$\boldsymbol{E}_k = \frac{\boldsymbol{F}_k}{q} = \frac{\boldsymbol{F}_m}{-e}$$

代入电动势的定义式，可得

$$\varepsilon = \int_a^b \boldsymbol{E}_k \cdot \mathrm{d}\boldsymbol{l} = \int_a^b (\boldsymbol{v} \times \boldsymbol{B}) \cdot \mathrm{d}\boldsymbol{l} \tag{13-5}$$

在图 13.4 中，$\boldsymbol{v} \times \boldsymbol{B}$ 的大小为 vB，方向与 $\mathrm{d}\boldsymbol{l}$ 方向（$a \rightarrow b$ 方向）一致，所以 $\varepsilon = vBl$.

由上述讨论可见，求解动生电动势，既可以应用法拉第电磁感应定律，也可以利用式(13-5). 如果整个导线回路都在磁场中运动时，回路中的电动势为

$$\varepsilon = \oint_L (\boldsymbol{v} \times \boldsymbol{B}) \cdot \mathrm{d}\boldsymbol{l} \tag{13-6}$$

例 13.1　如图 13.5 所示，一根长度为 L 的导体杆 $\overline{ab}$ 处于均匀磁场中，磁感应强度 $\boldsymbol{B}$ 的方向垂直纸面向外，杆绕其一端 a 在垂直于磁场的平面内以角速度 ω 转动，求 a、b 两端的电动势及哪端的电势高.

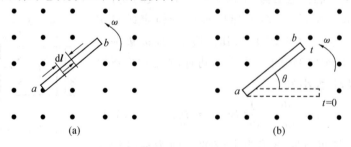

(a)　　　　　　　　　　　　　　(b)

图 13.5　例 13.1 图

解　方法一　利用公式(13-5)求解.

如图 13.5(a)所示，在杆上取一微小矢量 $\mathrm{d}\boldsymbol{l}$，$\mathrm{d}\boldsymbol{l}$ 到 a 点的距离为 l，由于 $\mathrm{d}\boldsymbol{l}$ 与

其运动速度 v 及磁场方向三者互相垂直,所以 $\mathrm{d}l$ 段上的感应电动势为

$$\mathrm{d}\varepsilon = (\boldsymbol{v} \times \boldsymbol{B}) \cdot \mathrm{d}\boldsymbol{l} = \left(vB\sin\frac{\pi}{2}\right)\mathrm{d}l\cos 0° = vB\mathrm{d}l = B\omega l\,\mathrm{d}l$$

导体杆 ab 两端的电动势为

$$\varepsilon = \int_L \mathrm{d}\varepsilon = \int_0^L B\omega l\,\mathrm{d}l = \frac{1}{2}B\omega L^2$$

电动势的值为正,说明与所选积分方向一致,即由 a 指向 b,b 端电势高.

该例题中导体上各个 $\mathrm{d}l$ 段上的运动速度 v 不同,所以需要用积分运算.

方法二 应用法拉第电磁感应定律求解.

如图 13.5(b)所示,假设 $t=0$ 时,杆在 $\theta=0$ 的位置,t 时刻杆在 θ 位置,$0\to t$ 时间内通过导体杆所扫过面积的磁通量为

$$\Phi = B\frac{1}{2}L^2\theta \quad \text{(假定逆时针方向为回路正向)}$$

杆扫过的扇形面积边界上的感应电动势,即杆 ab 上的电动势为

$$\varepsilon = -\frac{\mathrm{d}\Phi}{\mathrm{d}t} = -B\frac{1}{2}L^2\frac{\mathrm{d}\theta}{\mathrm{d}t} = -\frac{1}{2}BL^2\omega$$

电动势为负,说明与所选回路方向相反,所以杆上的电动势方向是由 a 指向 b.

例 13.2 如图 13.6(a)所示,有一无限长直导线通有电流 I,一半径为 R 的半圆形导线以匀速 v 平行于导线方向运动,半圆形导线所围面积与直导线共面.求半圆形导线两端的电动势的大小及方向.

解 **方法一** 如图 13.6(b)所示,在 AB 半圆上圆心角为 θ 处取矢量 $\mathrm{d}\boldsymbol{l}$,$\mathrm{d}\boldsymbol{l}$ 对应的圆心角为 $\mathrm{d}\theta$,则 $\mathrm{d}l = R\mathrm{d}\theta$,在 $\mathrm{d}l$ 处磁感应强度的大小为

$$B = \frac{\mu_0 I}{2\pi x} = \frac{\mu_0 I}{2\pi(a+R-R\cos\theta)}$$

$\mathrm{d}l$ 段上的感应电动势为

$$\mathrm{d}\varepsilon = (\boldsymbol{v} \times \boldsymbol{B}) \cdot \mathrm{d}\boldsymbol{l} = v\frac{\mu_0 I}{2\pi(a+R-R\cos\theta)}\sin\frac{\pi}{2}\cos\left(\frac{\pi}{2}-\theta\right)\mathrm{d}l$$

$$= \frac{v\mu_0 I}{2\pi(a+R-R\cos\theta)}R\sin\theta\mathrm{d}\theta$$

AB 半圆上的感应电动势为

$$\varepsilon = \int_0^\pi \frac{v\mu_0 I}{2\pi(a+R-R\cos\theta)}R\sin\theta\mathrm{d}\theta = \frac{\mu_0 Iv}{2\pi}\ln\frac{a+2R}{a}$$

电动势的方向为 $A\to B$,B 点电势高.

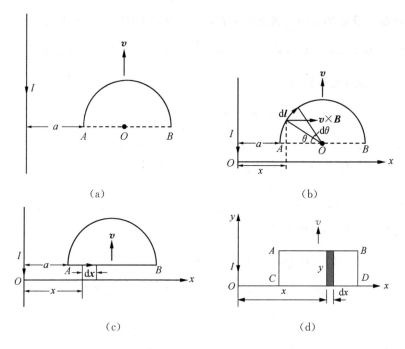

图 13.6　例 13.2

　　方法二　假设半圆形导线和直线 AB 组成一闭合线圈,导线运动时此线圈所围面积的磁通量不变,整个闭合线圈上的感应电动势为零,所以 AB 半圆形导线上的感应电动势与 AB 直导线上的感应电动势互相抵消,即这两段上的感应电动势大小相等方向相同.

　　这样求半圆形导线上的电动势就可以变为求直线 AB 上的电动势.

　　如图 13.6(c)所示,选取 x 坐标,在 AB 上取一微小矢量 $\mathrm{d}\boldsymbol{x}$, x 处的磁感应强度的大小为

$$B = \frac{\mu_0 I}{2\pi x}$$

磁感应强度的方向垂直纸面向外, $\mathrm{d}\boldsymbol{x}$ 段的感应电动势为

$$\mathrm{d}\varepsilon = (\boldsymbol{v} \times \boldsymbol{B}) \cdot \mathrm{d}\boldsymbol{x} = vB\mathrm{d}x = v\frac{\mu_0 I}{2\pi x}\mathrm{d}x$$

AB 直导线即半圆形导线上的电动势为

$$\varepsilon = \int_A^B \mathrm{d}\varepsilon = \int_a^{a+2R} \frac{\mu_0 vI}{2\pi x}\mathrm{d}x = \frac{\mu_0 vI}{2\pi}\ln\frac{a+2R}{a}$$

电动势的方向为 $A{\rightarrow}B$, B 点电势高.

　　方法三　由方法二分析可知,半圆形导线上的电动势等于直导线 AB 上的电动势.下面应用法拉第电磁感应定律求解直导线 AB 上的电动势.

如图 13.6(d)所示,选取 xOy 坐标系,作辅助线 AC、BD,构成回路 $ABDC$,在坐标为 x 处取宽为 $\mathrm{d}x$ 长为 y 的面元 $\mathrm{d}S$,通过面元磁通量的大小为

$$|\,\mathrm{d}\Phi\,| = |\,B \cdot \mathrm{d}S\,| = \frac{\mu_0 I}{2\pi x} y \mathrm{d}x$$

穿过回路 $ABDC$ 的磁通量的大小为

$$|\,\Phi\,| = \int_a^{a+2R} \frac{\mu_0 I}{2\pi x} y \mathrm{d}x = \frac{\mu_0 I y}{2\pi} \ln \frac{a+2R}{a}$$

回路 $ABDC$ 上的电动势就是直导线 AB 上的电动势,也就是半圆形导线上的电动势,根据法拉第电磁感应定律,得

$$|\,\varepsilon\,| = \left|-\frac{\mathrm{d}\Phi}{\mathrm{d}t}\right| = \left(\frac{\mu_0 I}{2\pi} \ln \frac{a+2R}{a}\right)\frac{\mathrm{d}y}{\mathrm{d}t} = \frac{\mu_0 I v}{2\pi} \ln \frac{a+2R}{a}$$

根据楞次定律,可知感应电流和感应电动势的方向为由 A 指向 B.

该例题的特点:在运动的导体上,各个 $\mathrm{d}l$ 段上的 $|B|$ 不相同,但运动速度 v 相同,虽然 $v \times B$ 的方向在各个 $\mathrm{d}l$ 上是相同的,但由于各个 $\mathrm{d}l$ 的方向不同,导致 $v \times B$ 与 $\mathrm{d}l$ 之间的夹角在各段上不同,所以直接计算较复杂.而在方法二中,将求半圆上的电动势转换为求直线上的电动势,这时$(v \times B)$的方向与 $\mathrm{d}l$ 的方向一致,所以计算简单.

由上面两道例题可见,在动生电动势的情况下,应用法拉第电磁感应定律求解的关键是根据具体情况建立一个回路,求出穿过回路的磁通量.

13.2.2 感生电动势

静止的回路所围的磁场发生变化时,穿过它的磁通量也会发生变化,这时的感应电动势称为感生电动势.与感生电动势对应的非静电场强是由何而来的呢?

麦克斯韦通过对电场和磁场关系的研究,在 1861 年提出,不管导体是否存在,变化的磁场都会在它周围激发出一种电场,麦克斯韦称其为**感生电场**,它就是产生感生电动势的非静电场.以 E_k 表示非静电场的电场强度,根据电动势的定义和法拉第电磁感应定律,得

$$\varepsilon = \oint_L E_k \cdot \mathrm{d}l = -\frac{\mathrm{d}\Phi}{\mathrm{d}t} = -\frac{\mathrm{d}}{\mathrm{d}t}\int_S B \cdot \mathrm{d}S \tag{13-7}$$

式中,积分区间 S 是以环路 L 为边界的曲面,当环路不变动时,有

$$\frac{\mathrm{d}}{\mathrm{d}t}\int_S B \cdot \mathrm{d}S = \int_S \frac{\partial B}{\partial t} \cdot \mathrm{d}S$$

由于 $\frac{\partial B}{\partial t} \neq 0$,由公式(13-7)可见,感生电场的环路积分不为零,所以感生电场是非保守场.另外,感生电场的场线是闭合曲线.

一般情况下,空间电场为 $E = E_k + E_{\text{静}}$,由于

$$\oint_L \boldsymbol{E}_{\text{静}} \cdot \mathrm{d}\boldsymbol{l} = 0$$

所以

$$\oint_L \boldsymbol{E} \cdot \mathrm{d}\boldsymbol{l} = -\int_S \frac{\partial \boldsymbol{B}}{\partial t} \cdot \mathrm{d}\boldsymbol{S} \tag{13-8}$$

此式是电磁场的基本方程之一.

　　当大块金属处于变化的磁场中或相对于磁场运动时,在它们的内部会产生感应电流,这种电流在导体内流动的形式呈闭合的涡旋状,所以称为**涡电流**,简称涡流.由于金属导体的电阻很小,涡流很大,所以热效应显著.在工业上,利用涡流的热效应制成高频感应炉用来冶炼金属.涡电流还可以产生机械阻尼效应.利用磁场对金属板的这种阻尼作用,可制成各种电动阻尼器.例如,磁电式电表中或电气机车的电磁制动器中的阻尼装置,都是应用涡电流实现其阻尼作用的.涡流的热效应有时是有害的.在电机和变压器的线圈中都装有铁芯,当线圈中通过交变电流时,铁芯中会产生很大的涡流,这将损耗大量的能量,甚至热量过高会烧毁这些设备.通常采用中间绝缘的多层硅钢片(硅钢电阻率较大)代替整块铁芯,并使硅钢片平面平行于磁感应线,这样把涡流限制在各薄片内,从而大大减少了涡流.

　　金属探测器就是利用电磁感应的原理制造的.当探测器线圈通有脉冲式电流时,如线圈平面在被探测的埋在地下的金属上方时,线圈产生迅速变化的磁场.这个磁场在金属物体内部能感生涡电流.涡电流又会产生磁场,反过来影响原来的磁场,引发探测器发出鸣声.

　　例 13.3　电子感应加速器是利用感生电场加速电子的原理制成的.它是利用电磁铁在两极间产生轴对称磁场,在磁场中放一环形真空管道,管道截面与磁场方向垂直,当磁场发生变化时,产生以轴线为对称的环状感生电场,射入管道内的电子在感生电场的作用下被不断加速(图 13.7).设环形真空管的轴线半径为 R,求管内电子所受电场力的大小与磁场变化率之间的关系.

　　解　由于磁场具有轴对称性,所以产生的感生电场也具有轴对称性.即沿环管轴线上感生电场各处大小相等,且方向都沿环管轴线的切线方向.所以在环的轴线处有

$$\oint_L \boldsymbol{E}_k \cdot \mathrm{d}\boldsymbol{l} = E_k 2\pi R$$

若设环管轴线所围面积上的平均磁感应强度为 $\overline{B}$,由法拉第电磁感应定律可得

$$E_k 2\pi R = -\frac{\mathrm{d}\Phi}{\mathrm{d}t} = -\pi R^2 \frac{\mathrm{d}\overline{B}}{\mathrm{d}t}$$

由上式可得感生电场

$$E_k = -\frac{R}{2} \frac{\mathrm{d}\overline{B}}{\mathrm{d}t}$$

电子受感生电场的作用力大小为

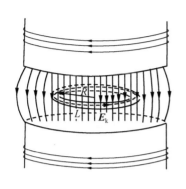

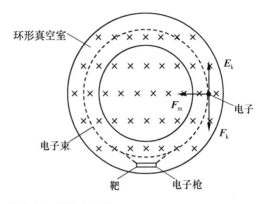

图 13.7 电子感应加速器示意图

$$| F_k | = |- eE_k | = e \frac{R}{2} \left| \frac{d\overline{B}}{dt} \right|$$

由感应加速器加速的电子束轰击各种靶时,发出穿透力很强的电磁辐射,可以用于核物理研究、工业探伤和治疗癌症等.

思 考 题

13.2-1 在半径为 r 的圆柱形体积内,充满磁感应强度为 $\boldsymbol{B}$ 的均匀磁场,dB/dt 是不为零的常数.有一个三角形导线如思考题 13.2-1 图所示位置放置,则 ab 段上的感应电动势等于三角形回路中的感应电动势,为什么?

13.2-2 一种汽车上用的车速表的原理图如思考题 13.2-2 图所示.马蹄形永久磁铁的下端与发动机的转轴相连,磁铁的旋转使铝盘受到力矩的作用而转动,当铝盘所受力矩与弹簧产生形变的扭矩平衡时,铝盘所带动的指针即指出车速的大小.试说明这种车速表的工作原理.

思考题 13.2-1 图

13.2-3 将金属块做成的摆悬挂在电磁铁的两极之间,并使之摆动,如思考题 13.2-3 图所示,电磁铁如果不通电,摆做衰减很慢的摆动,当接通电流时,摆动几乎在瞬间就衰减下来,试分析原因.

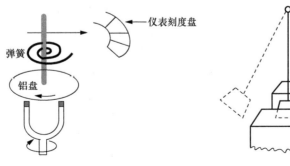

思考题 13.2-2 图　　思考题 13.2-3 图

13.3　自感　互感

13.3.1　自感

当一个回路中的电流 I 随时间变化时,它所激发的磁场通过回路自身的磁通量 Φ 也发生变化,使回路自身也产生感生电动势,这种现象称为**自感现象**,产生的电动势称为**自感电动势**.

根据毕奥-萨伐尔定律,空间任意一点的磁感强度 $\boldsymbol{B}$ 的大小和回路中的电流强度 I 成正比,因此穿过该回路所包围面积的磁通量 Φ 也和 I 成正比,即

$$\Phi = LI \tag{13-9a}$$

式中,L 为比例系数,称为回路的自感系数,简称**自感**.当回路有 N 匝线圈的情况,式(13-9a)应该写为

$$\Psi = LI \tag{13-9b}$$

自感 L 的国际单位为 H,称为亨利.常用的自感单位有毫亨(mH)、微亨(μH),$1\,\text{mH}=10^{-3}\,\text{H}$,$1\,\mu\text{H}=10^{-6}\,\text{H}$. 由式(13-9)可见,线圈的自感在数值上等于回路中的电流强度为一个单位时穿过这个线圈自身的磁链.实验表明,自感 L 仅与回路的匝数、形状、大小以及周围介质的磁导率及其分布有关,与回路中电流无关(铁磁质除外).图 13.8 为自感线圈在电路图中的表示符号.

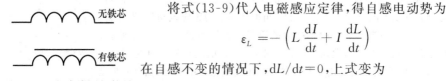

将式(13-9)代入电磁感应定律,得自感电动势为

$$\varepsilon_L = -\left(L\,\frac{\mathrm{d}I}{\mathrm{d}t} + I\,\frac{\mathrm{d}L}{\mathrm{d}t} \right)$$

在自感不变的情况下,$\mathrm{d}L/\mathrm{d}t=0$,上式变为

无铁芯

有铁芯

图 13.8　自感线圈的符号

$$\varepsilon_L = -\,L\,\frac{\mathrm{d}I}{\mathrm{d}t} \tag{13-10}$$

式(13-10)中的负号表明自感电动势总是反抗自身回路中的电流变化.

自感现象在工程技术和日常生活中被广泛应用,如自感线圈是交流电路或无线电设备中的基本元件,它和电容器的组合可以构成谐振电路或滤波器,利用线圈具有阻碍电流变化的特性可以稳定电路中的电流.在电工设备中,常利用自感现象制成自耦变压器或扼流圈.自感现象有时是非常有害的.例如,当自感很大的线圈在电路被断开时,因电流在极短的时间内发生了很大的变化,会产生非常大的自感电动势,导致击穿线圈的绝缘保护,或在电闸断开的间隙产生强烈电弧,可能烧坏电闸开关,如周围空气中有大量可燃性尘粒或气体时,还可引起爆炸.这些都应设法避免.为了减少这种危险,一般都是先增加电阻使电流减小,然后再断开电路.有时还采用油开关,即把开关放在绝缘性能良好的油里,以防止发生电弧.

自耦变压器简介:

自耦变压器实物图如 13.9(a)所示,是只有一个绕组的变压器,当作为升压变压器[图 13.9(b)]使用时,输入电压 U_1 只加在绕组的一部分线匝上.当作为降压变压器[图 13.9(c)]使用时,从绕组中抽出一部分匝数作为二次绕组;当作为通常把同时属于一次和二次的那部分绕组称为公共绕组,自耦变压器的其余部分称为串联绕组,同容量的自耦变压器与普通变压器相比,不但尺寸小,而且效率高,并且变压器容量越大,电压越高,这个优点就越加突出.因此随着电力系统的发展、电压等级的提高和输送容量的增大,自耦变压器由于其容量大、损耗小、造价低而得到广泛应用.

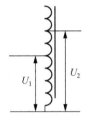
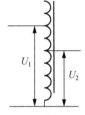

(a) 自耦变压器实物图　　(b) 升压型自耦变压器　　(c) 降压型自耦变压器

图 13.9　自耦变压器

接通和断开电路的暂态电流:

最常见的自感现象是接通和断开电路时出现暂态电流的现象.下面我们来定量地研究这种情况.

设一回路,其中包含电动势为 ε 的电池,电阻 R,自感为 L 的线圈和开关 K,如图 13.10 所示.当 K 连到 1 的位置时,电流开始由零增加,回路中出现自感电动势 ε_L,因此,回路中的电流 i 满足欧姆定律的形式为

$$iR = \varepsilon - L\frac{\mathrm{d}i}{\mathrm{d}t} \qquad (13\text{-}11)$$

应用分离变量法将上式写为

$$\frac{\mathrm{d}i}{i - \dfrac{\varepsilon}{R}} = -\frac{R}{L}\mathrm{d}t$$

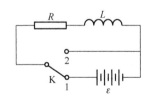

图 13.10　接通与断形时的暂态电流

两边积分,并用初始条件 $t=0$ 时,$i=0$,得

$$i = \frac{\varepsilon}{R}(1 - e^{-\frac{R}{L}t}) \qquad (13\text{-}12)$$

由公式(13-12)可见,电路接通时,电路中的电流并不是立即达到 I_0 ($I_0 = \dfrac{\varepsilon}{R}$ 是稳定时没有自感现象时的电流强度),而是逐渐增至 I_0,L 越大,R 越小,电流增长得越慢.同理可分析断开电路的暂态电流.

在图 13.9 中若将开关 K 很快拨向 2,由于互感现象的存在,电流从 $I_0 = \dfrac{\varepsilon}{R}$ 逐渐减小,其变化关系式为

$$i = \frac{\varepsilon}{R} \mathrm{e}^{-\frac{R}{L}t} \tag{13-13}$$

读者可自行推导上式.

例 13.4　一无限长直密绕螺线管,管内充满磁导率为 μ 的磁介质,螺线管的横截面积为 S,单位长度上的匝数为 n,求长为 l 的一段螺线管的自感.

解　设螺线管通有电流 I,根据有介质的安培环路定理可求得,螺线管内部的磁感应强度为

$$B = \mu n I$$

通过一匝线圈所围面积的磁通量为

$$\Phi = BS = \mu n I S$$

通过长为 l 的一段螺线管的磁链为

$$\Psi = n l \Phi = \mu n^2 I S l = \mu n^2 I V$$

式中,V 是 l 长螺线管包围的体积.

长 l 的螺线管的自感为

$$L = \frac{\Psi}{I} = \mu n^2 V$$

例 13.5　如图 13.11 所示,一电缆由两个"无限长"同轴圆筒状的导体组成,

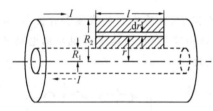

图 13.11　电缆的磁通量计算

其间充满磁导率为 $\mu \approx \mu_0$ 的磁介质.沿内圆筒和外圆筒流过的电流强度 I 相等,但方向相反.设内、外圆筒的半径分别为 R_1 和 R_2,求电缆单位长度的自感系数.

解　由安培环路定理可求得离开轴线垂直距离为 r 处的磁感应强度.在 $r < R_1$ 和 $r > R_2$ 处,$B=0$.在 $R_1 < r < R_2$ 处,磁感应强度为

$$B = \frac{\mu_0 I}{2\pi r}$$

取一段电缆,长为 l,穿过电缆纵剖面上的面积元 $l\,\mathrm{d}r$ 的磁通量为

$$\mathrm{d}\Phi = B\,\mathrm{d}S = \frac{\mu_0 I}{2\pi r} l\,\mathrm{d}r$$

穿过长度为 l 的两圆筒之间的总磁通量为

$$\Phi = \int_S \mathrm{d}\Phi = \int_{R_1}^{R_2} \frac{\mu_0 I}{2\pi r} l \, \mathrm{d}r = \frac{\mu_0 Il}{2\pi} \ln \frac{R_2}{R_1}$$

长度为 l 的这段电缆的自感系数为

$$L = \frac{\Phi}{I} = \frac{\mu_0 l}{2\pi} \ln \frac{R_2}{R_1}$$

单位长度电缆的自感系数为

$$\frac{L}{l} = \frac{\mu_0}{2\pi} \ln \frac{R_2}{R_1}$$

由例 13.4 和例 13.5 的结果可以看出,自感仅与回路的匝数、形状、大小以及周围介质的磁导率及其分布有关.

通常,自感采用实验的方法测定,只有个别简单的情形才能利用定义计算出.

13.3.2 互感

如图 13.12 所示,1、2 是两个邻近的线圈,分别通有电流 I_1 和 I_2,当 I_1 和 I_2 变化时,不仅使得线圈本身要产生自感电动势,同时电流 I_1 的变化要导致线圈 2 中产生感应电动势,电流 I_2 的变化要导致线圈 1 中产生感应电动势,这种现象称为**互感现象**,产生的电动势称为**互感电动势**.

根据毕奥-萨伐尔定律,若电流 I_1 产生的磁场穿过线圈 2 的磁链为 Ψ_{21},电流 I_2 产生的磁场穿过线圈 1 的磁链为 Ψ_{12},则

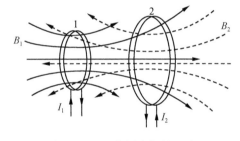

图 13.12 两线圈之间的互感

$$\Psi_{21} = M_{21} I_1, \quad \Psi_{12} = M_{12} I_2$$

式中,M_{21} 和 M_{12} 是比例系数,称为两个线圈间的**互感**,互感的单位与自感相同. M_{21} 和 M_{12} 与两线圈的形状、大小、匝数、相对位置以及周围磁介质的磁导率有关.理论和实验都可以证明 M_{21} 和 M_{12} 相等,并都用 M 表示,上式则改写为

$$\Psi_{21} = MI_1, \quad \Psi_{12} = MI_2 \tag{13-14}$$

将式(13-14)代入法拉第电磁感应定律,当 M 一定时,可得电流 I_1 的变化在线圈 2 中产生的互感电动势为

$$\varepsilon_{21} = -M \frac{\mathrm{d}I_1}{\mathrm{d}t} \tag{13-15a}$$

同理,电流 I_2 的变化在线圈 1 中产生的互感电动势为

$$\varepsilon_{12} = -M \frac{\mathrm{d}I_2}{\mathrm{d}t} \tag{13-15b}$$

式(13-15)中的负号表明,在一个线圈中产生的互感电动势要反抗另一个线圈中电流的变化.

互感一般常通过式(13-15)用实验来测定.

互感在电工和电子技术中应用广泛.通过互感线圈可以使能量或电信号由一个线圈方便地传递到另一个线圈.利用互感现象的原理可制成变压器、感应圈等.但在有些情况中,互感现象也是有害的.例如,电视机、收录机及电子设备中常会由于导线或部件间的互感而妨害正常工作.这时,常利用磁屏蔽的方法将某些器件保护起来.

两个有互感耦合的线圈串联:

两个有互感耦合的线圈串联后等效于一个自感线圈,由于联结方式不同,其等效自感 L 就不同.在图 13.13(a)、(b)中的联结方式为顺接和反接,其联结后的等效自感 L 为

$$L = L_1 + L_2 + 2M \text{(顺接)} \tag{13-16a}$$
$$L = L_1 + L_2 - 2M \text{(反接)} \tag{13-16b}$$

其中 M 为两线圈的互感,$M = K\sqrt{L_1 L_2}$,$0 \leqslant K \leqslant 1$.只有在无漏磁的情况下 $K = 1$.

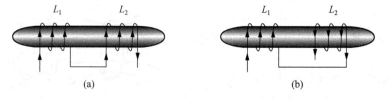

图 13.13　自感线圈的串联

思　考　题

13.3-1　无铁芯的长直螺线管的自感系数表达式为 $L = \mu_0 n^2 V$,其中 n 为单位长度上的匝数,V 为螺线管的体积.实际直螺线管的自感系数与该结果相同吗? 为什么? 增大线圈自感的有效途径是什么?

13.3-2　用金属丝绕成的标准电阻要求无自感,怎样绕制才能达到这一要求? 为什么?

13.3-3　如何利用一个小线圈(匝数为 N,面积为 S,电阻可以忽略),一个可以测量电量 q 的冲击电流计(电阻为 R),测量磁场的大小?

13.4　磁场的能量

若一个线圈的自感为 L,当线圈与电源接通,并且线圈中的电流 i 由零增加至恒定值 I 时,由于自感现象,线圈中的自感电动势将起着阻碍电流增大的作

用. 因此, 外电源电动势要反抗自感电动势做功. 在 dt 时间内, 电源中的非静电力将电量为 dq 的负电荷由电源正极移至负极, 所以, 电源反抗自感电动势所做的元功为

$$dA = -\varepsilon_L \, dq$$

由于

$$\varepsilon_L = -L \frac{di}{dt}, \quad i = \frac{dq}{dt}, \quad 即 \ dq = i \, dt$$

因而

$$dA = Li \, di$$

在电流由 0 至 I 的变化过程中, 电源反抗自感电动势所做的功为

$$A = \int dA = \int_0^I Li \, di = \frac{1}{2} LI^2$$

即电源通过对电荷做功的方式将自身的能量转变为磁能的形式储存在线圈中. 当线圈的自感为 L, 通有电流 I 时, 线圈中储存的磁能为

$$W_m = \frac{1}{2} LI^2 \tag{13-17}$$

由 13.3 节的例 13.4 知, 长直螺线管的自感为 $L = \mu n^2 V$, 代入式 (13-13) 中, 得

$$W_m = \frac{1}{2} \mu n^2 V I^2 = \frac{1}{2\mu} (\mu n I)^2 V$$

由于长直螺线管内的磁场 $B = \mu n I$, 所以上式可变为

$$W_m = \frac{1}{2\mu} B^2 V \tag{13-18}$$

由于长直螺线管内部为均匀的磁场, 因此单位体积内的磁场的能量——**磁场能量密度** w_m 的表达式为

$$w_m = \frac{B^2}{2\mu} \tag{13-19}$$

当空间的磁场为非均匀磁场时, 式 (13-18) 应写为

$$W_m = \int_V w_m \, dV = \int_V \frac{B^2}{2\mu} \, dV \tag{13-20}$$

式 (13-19) 虽是在特例情况下导出的, 但具有普遍意义. 可见, 自感线圈是储存磁场能量的元件.

在磁场是由电流产生的情况下, 式 (13-18) 和式 (13-20) 是等价的, 因为有电流就有磁场. 但当磁场脱离电流时, 只有式 (13-20) 仍然适用, 即磁能是储存在磁场中的, 建立磁场的同时就伴有磁场能量的产生.

13.5　麦克斯韦方程组

13.5.1　位移电流

在稳恒电流的条件下,磁场满足安培环路定理

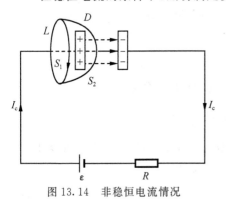

图 13.14　非稳恒电流情况

$$\oint_L \boldsymbol{H} \cdot \mathrm{d}\boldsymbol{l} = I_c \qquad (13\text{-}21)$$

式中,I_c 是穿过以闭合回路 L 为边界的任意曲面 S 的传导电流.在非稳恒电流的条件下,这个定理是否仍然成立呢?

以平行板电容器的充电为例进行讨论.电容充电时,导线中的电流随时间变化,是非稳恒情况.如图 13.14 所示,若围绕导线取一闭合回路 L,并以 L 为边界做两个曲面,S_1 面被导线穿过,S_2 面穿过电容器两个极板之间.显然,对 S_1 面应用安培环路定理,得

$$\oint_L \boldsymbol{H} \cdot \mathrm{d}\boldsymbol{l} = I_c$$

对 S_2 面应用安培环路定理,得

$$\oint_L \boldsymbol{H} \cdot \mathrm{d}\boldsymbol{l} = 0$$

可见安培环路定理式(13-21),在非稳恒情况下不再适用.

为了得到非稳恒情况下适用的定理,麦克斯韦注意到在电容器的充电过程中,虽然传导电流会在电容器极板间中断,却同时会在电容器极板上出现电荷的积累.

设任一时刻极板上分别带有正、负电荷 $q=\sigma S$,其中 σ 为极板的电荷面密度,S 为极板面积,它们都随时间而增大.电路中的充电电流为 I_c,则

$$I_c = \frac{\mathrm{d}q}{\mathrm{d}t} = \frac{\mathrm{d}(\sigma S)}{\mathrm{d}t} = S\frac{\mathrm{d}\sigma}{\mathrm{d}t}$$

由于平板电容器中 $D=\sigma$,所以传导电流强度 I_c 可表示为

$$I_c = S\frac{\mathrm{d}D}{\mathrm{d}t}$$

而穿过极板的电位移通量为

$$\Phi_D = \int_S \boldsymbol{D} \cdot \mathrm{d}\boldsymbol{S} = DS$$

所以

$$\frac{\mathrm{d}\Phi_D}{\mathrm{d}t} = S\frac{\mathrm{d}D}{\mathrm{d}t}$$

即两极板之间电位移通量随时间的变化率在数值上与电路中的传导电流 I_c 相等.

当电容器充电时,电场增加,$\mathrm{d}D/\mathrm{d}t$ 的方向与电场的方向一致,也与电路中的传导电流 I_c 的方向一致.

如果以 $\mathrm{d}\Phi_D/\mathrm{d}t$ 表示某种电流,在两极板间就不会有电流的中断,从而保持了电流的连续性,由电流的不连续造成的矛盾就会得以解决.

于是,麦克斯韦提出**位移电流假设**,并定义通过电场中某一截面的位移电流 I_d 等于通过该截面电位移通量 Φ_D 随时间的变化率,即

$$I_d = \frac{\mathrm{d}\Phi_D}{\mathrm{d}t} \tag{13-22}$$

麦克斯韦认为,在电路中可同时存在传导电流 I_c 和位移电流 I_d,二者之和称为全电流. 在一般情况下,安培环路定理可修正为

$$\oint_L \boldsymbol{H} \cdot \mathrm{d}\boldsymbol{l} = I_c + \frac{\mathrm{d}\Phi_D}{\mathrm{d}t} \tag{13-23}$$

这就是全电流安培环路定理.

由式(13-23)可见,传导电流和位移电流都可以激发有旋磁场,但它们的本质不同. 将电位移矢量的定义式 $\boldsymbol{D} = \varepsilon_0\boldsymbol{E} + \boldsymbol{P}$ 代入式(13-23)中,得

$$\frac{\mathrm{d}\Phi_D}{\mathrm{d}t} = \frac{\mathrm{d}}{\mathrm{d}t}\int \boldsymbol{D}\cdot\mathrm{d}\boldsymbol{S} = \int\frac{\partial\boldsymbol{D}}{\partial t}\cdot\mathrm{d}\boldsymbol{S} = \varepsilon_0\int\frac{\partial\boldsymbol{E}}{\partial t}\cdot\mathrm{d}\boldsymbol{S} + \int\frac{\partial\boldsymbol{P}}{\partial t}\cdot\mathrm{d}\boldsymbol{S}$$

在真空时,$\boldsymbol{P} = 0$,$\dfrac{\partial\boldsymbol{P}}{\partial t} = 0$,即位移电流的基本部分是 $\varepsilon_0\displaystyle\int\frac{\partial\boldsymbol{E}}{\partial t}\cdot\mathrm{d}\boldsymbol{S}$ 项,即位移电流的本质是变化的电场. 所以,麦克斯韦位移电流假设的实质是变化的电场激发有旋磁场.

位移电流虽然具有磁效应,却不产生焦耳热.

13.5.2 麦克斯韦方程组的积分形式

麦克斯韦关于感生电场和位移电流的两个假设,分别指出了变化的磁场产生有旋电场和变化的电场产生有旋磁场,变化的电场和变化的磁场构成一个不可分割的电磁场的整体. 在 1864 年,麦克斯韦提出了全面反映电磁场基本性质、阐明电场和磁场之间的联系的麦克斯韦方程组.

一般情况下,电磁场满足下列 4 个方程,即

电场的高斯定理

$$\oint_S \boldsymbol{D} \cdot \mathrm{d}\boldsymbol{S} = \sum_{i=1}^{n} q_{0i} \tag{13-24a}$$

电场的环路定理

$$\oint_L \boldsymbol{E} \cdot \mathrm{d}\boldsymbol{l} = -\int_S \frac{\partial \boldsymbol{B}}{\partial t} \cdot \mathrm{d}\boldsymbol{S} \tag{13-24b}$$

磁场的高斯定理

$$\oint_S \boldsymbol{B} \cdot \mathrm{d}\boldsymbol{S} = 0 \tag{13-24c}$$

磁场的安培环路定理

$$\oint_L \boldsymbol{H} \cdot \mathrm{d}\boldsymbol{l} = \sum_i I_{ci} + \frac{\mathrm{d}\Phi_D}{\mathrm{d}t} = \int_S \left(j_c + \frac{\partial \boldsymbol{D}}{\partial t} \right) \cdot \mathrm{d}\boldsymbol{S} \tag{13-24d}$$

以上 4 个方程即为麦克斯韦方程组的积分形式. 在介质内, 只应用上述麦克斯韦方程组还不能够完全解决电磁场问题, 对于各向同性线性介质, 还需补充描述介质性质的三个方程, 即

$$\boldsymbol{D} = \varepsilon \boldsymbol{E} \tag{13-25a}$$

$$\boldsymbol{B} = \mu \boldsymbol{H} \tag{13-25b}$$

$$\boldsymbol{j} = \sigma \boldsymbol{E} \tag{13-25c}$$

应用式(13-24)和式(13-25), 原则上可以解决各种宏观电磁场问题.

思　考　题

13.5-1　位移电流和传导电流是两个截然不同的物理概念, 它们有什么相同之处和不同之处?

*13.6　电磁振荡　电磁波

麦克斯韦电磁场理论最卓越的成就之一是预言了电磁波的存在. 感生电场假设的实质是变化的磁场能够激发电场; 位移电流假设的实质是变化的电场能够激发磁场, 电场和磁场相互激发, 由近到远, 以波动的形式在空间传播, 从而形成**电磁波**.

形成电磁波要有波源. 下面我们介绍一种产生电磁振荡的电路. 电磁振荡就是电路中的电荷和电流周期性变化, 即电场能量和磁场能量相互转化. 下面仅就无阻尼自由振荡电路进行讨论.

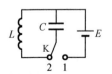

13.6.1　电磁振荡　无阻尼自由电磁振荡

图 13.15 为一个由电感线圈和电容器组成的简单振荡电路, 设电感线圈与导线的电阻为零. 首先让电源给电

图 13.15　*LC* 振荡电路

容器 C 充电(K 置 1),充电完毕后能量以电能的形式储存在电容器的两极板之间的电场中.然后电键 K 置 2,使电容器与自感线圈 L 相连,这时电容器开始放电,如图 13.16(a)所示.电流沿逆时针方向逐渐增大,反抗线圈中的自感电动势做功,在电容器放尽电荷的瞬间,电路中的电流达到最大值,即放电结束.电容器的电能全部转化为磁能,储存在线圈的磁场中,如图 13.16(b)所示.线圈中的电流达到最大以后,将对电容器反向充电.由于自感的作用,反向充电是一个较缓慢的过程,电流逐渐减弱.当电路中电流减小至零时,电容器两极板上的电荷量达到最大值,线圈中的磁场能又完全转变为电容器中的电场能,如图 13.16(c)所示.然后电容器又开始通过线圈放电,不过,此时电流方向与上述方向相反,沿顺时针方向流动,电容器的电场能又转换成线圈中的磁场能量,如图 13.16(d)所示.此后,电容器又被充电,回到它的初始状态,完成了一个振荡周期.由此可见,若 LC 电路中的电阻可忽略,那么,电磁振荡将一直持续下去.这种电磁振荡称为**无阻尼自由电磁振荡**.

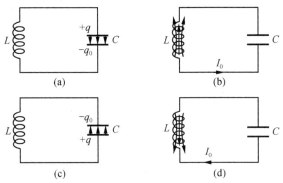

图 13.16　无阻尼自由振荡

可以证明,无阻尼自由振荡的周期与频率为

$$T = 2\pi\sqrt{LC} \tag{13-26}$$

$$\nu = \frac{1}{T} = \frac{1}{2\pi\sqrt{LC}} \tag{13-27}$$

实际上任何电路都是存在电阻的,因而有一部分能量要转变为电阻上的焦耳热,振荡电流的振幅就会逐渐衰减,回路中的总能量也将逐渐减少,这种电磁振荡称为**阻尼振荡**.

13.6.2　电磁波的产生

利用上述振荡电路(LC 振荡电路)可以激发变化的电场和磁场,但由于电路中的电容器和电感线圈产生的电场、磁场的能量都集中在元件中无法向外辐射.另外因电磁波的辐射功率与频率的四次方成正比,而一般的振荡电路中的 L 值和 C

值都比较大,由式(13-25)可知,回路的固有频率 ν 值较低.要使振荡回路能有效地将电磁能量辐射出去,必须满足振荡频率要高,电路要开放.即将 LC 振荡电路变为振荡偶极子.图 13.17 显示了 LC 振荡电路到振荡偶极子的过渡过程.在图 13.17 直导线中,电流在其中往复振荡,两端出现正负交替的等量异号的电荷,形成所谓振荡偶极子.振荡偶极子可以作为发射电磁波的天线,向周围空间发射电磁波.电视台或广播电台的天线就是这样的振荡偶极子.

图 13.17   LC 振荡电路过渡到振荡电偶极子的过程

赫兹于 1888 年用类似于上述的振荡偶极子产生了电磁波,他的实验在历史上首次直接证实了电磁波的存在.

13.6.3 平面电磁波的基本性质

在远离振荡偶极子的一个局部范围内,在均匀介质中,电磁波可看作是平面电磁波.平面电磁波的波函数与平面简谐波的形式相同,对于沿 x 方向传播的平面电磁波,其波动方程为

$$E = E_0 \cos\omega\left(t - \frac{x}{u}\right) \tag{13-28a}$$

$$B = B_0 \cos\omega\left(t - \frac{x}{u}\right) \tag{13-28b}$$

式中,E_0、B_0 分别为电、磁场强度的幅值,u 为电磁波的传播速度.

平面电磁波的基本性质如下:

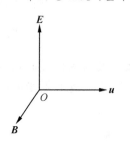

图 13.18 E,B 和 u 成右手螺旋关系

(1) 电磁波是横波,E、B 和 u 三者构成右手螺旋关系,如图 13.18 所示;

(2) E、B 始终是同相位,即它们同时达到最大值,同时为零;

(3) 在同一点,E 和 B 在量值上有确定关系.常用 E 和 H 表示为

$$E\sqrt{\varepsilon} = H\sqrt{\mu}$$

(4) 电磁波的传播速度与介质有关.其传播速度为

$$u = \frac{1}{\sqrt{\varepsilon\mu}}$$

真空中电磁波的传播速度为

$$u = c = \frac{1}{\sqrt{\varepsilon_0 \mu_0}} = 2.9979 \times 10^8 \text{ m} \cdot \text{s}^{-1}$$

与真空中的光速相同.

13.6.4 电磁波的能量

电场和磁场都具有能量,因此随着电磁波的传播就有能量的传播,这种以电磁波形式传播出去的能量称为**辐射能**,显然辐射能的传播速度等于电磁波的传播速度.下面给出辐射能与电场强度 E 和磁场强度 H 的量值关系(适用于均匀介质).

由于电场和磁场的能量密度分别为

$$w_e = \frac{1}{2}\varepsilon E^2 , \quad w_m = \frac{1}{2}\mu H^2$$

所以,电磁场的总能量密度为

$$w = w_e + w_m = \frac{1}{2}\varepsilon E^2 + \frac{1}{2}\mu H^2$$

用电磁波的能流密度来表示电磁波能量的传播,则单位时间内穿过垂直于电磁波的传播方向上的单位面积的辐射能量为

$$S = wu = EH$$

设电磁波的能流密度矢量为 S,则有

$$\boldsymbol{S} = \boldsymbol{E} \times \boldsymbol{H}$$

S 还称为坡印亭矢量,其方向为电磁波的传播方向.

13.6.5 电磁波谱

电磁波的频率范围很广,其波长或频率的范围不受限制,从长波的无线电波、红外线、可见光,到短波的紫外线、X 射线和 γ 射线等都是电磁波.把它们按照电磁波波长(或频率)依次排列起来,称为**电磁波谱**,如图 13.19 所示.

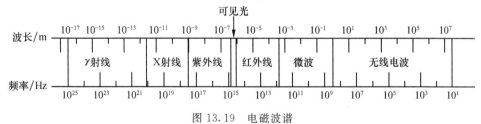

图 13.19 电磁波谱

从图 13.19 可知,整个电磁波谱可大致分为以下几个区域:

(1) 无线电波(包括微波).波长范围大约从 1 mm 到几千米左右.无线电波又被分为长波、中波、短波、超短波、微波等.长波、中波适合传送电台的广播信号;微波的波长没有统一的规定,多用在雷达或其他通信系统以及化学化工领域.

（2）红外线.波长范围大约从 $7.6×10^{-7}$ m 到 $1.0×10^{-3}$ m,主要来源于炽热物体的热辐射,用于红外遥感、红外加热等.

（3）可见光.可见光是人的眼睛能够直接感受从而能看到的极狭窄的一个波段的电磁波,波长范围大约从 $4.0×10^{-7}$ m 到 $7.6×10^{-7}$ m,一般由原子外层电子受激辐射产生.

（4）紫外线.波长范围大约从 $5.0×10^{-9}$ m 到 $4.0×10^{-7}$ m.这些波产生的原因和光波类似,当炽热物体的温度很高时就会辐射紫外线(如太阳).由于它的能量和一般化学反应所涉及的能量大小相当,因此紫外光的化学效应最强,常用于原子结构识别.

（5）伦琴射线(X 射线).这部分电磁波谱,波长范围从 $6×10^{-12}$ m 到 $2×10^{-9}$ m.伦琴射线是由原子的内层电子受激发后产生的,常用于材料探伤和疾病诊断.

（6）$γ$ 射线.是波长范围在 10^{-10} m 以下的电磁波.它来自宇宙射线或放射性元素的衰变过程.$γ$ 射线的穿透力很强,对生物的破坏力很大,可用于癌症治疗.

本 章 提 要

1. 法拉第电磁感应定律

$$\varepsilon = -\frac{\mathrm{d}\Phi}{\mathrm{d}t}$$

2. 动生电动势

$$\varepsilon_{ab} = \int_a^b (\boldsymbol{v} \times \boldsymbol{B}) \cdot \mathrm{d}\boldsymbol{l}$$

动生电动势也可以用法拉第电磁感应定律求解.

3. 感生电动势

$$\varepsilon = \oint \boldsymbol{E}_\mathrm{k} \cdot \mathrm{d}\boldsymbol{l} = -\frac{\mathrm{d}\Phi}{\mathrm{d}t} = -\int_s \frac{\partial \boldsymbol{B}}{\partial t} \cdot \mathrm{d}\boldsymbol{S}$$

式中,$\boldsymbol{E}_\mathrm{k}$ 为感生电场,是由变化的磁场产生的.

4. 自感与互感

自感系数

$$L = \frac{\Psi}{I}$$

自感电动势

$$\varepsilon_L = -L\frac{\mathrm{d}I}{\mathrm{d}t}$$

互感系数

$$M = \frac{\Psi_{21}}{I_1} = \frac{\Psi_{12}}{I_2}$$

互感电动势

$$\varepsilon_{21} = -M \frac{\mathrm{d}I_1}{\mathrm{d}t}, \quad \varepsilon_{12} = -M \frac{\mathrm{d}I_2}{\mathrm{d}t}$$

5. 磁场的能量

自感磁能

$$W_{\mathrm{m}} = \frac{1}{2} L I^2$$

磁场的能量密度

$$w_{\mathrm{m}} = \frac{1}{2\mu} B^2$$

磁场的能量

$$W_{\mathrm{m}} = \int_V \frac{1}{2\mu} B^2 \mathrm{d}V$$

6. 位移电流

$$I_{\mathrm{d}} = \frac{\mathrm{d}\Phi_D}{\mathrm{d}t}$$

位移电流的实质是变化的电场.

7. 麦克斯韦方程组

$$\oint_S \boldsymbol{D} \cdot \mathrm{d}\boldsymbol{S} = \sum_{i=1}^n q_{0i}$$

$$\oint_L \boldsymbol{E} \cdot \mathrm{d}\boldsymbol{l} = -\int_S \frac{\partial \boldsymbol{B}}{\partial t} \cdot \mathrm{d}\boldsymbol{S}$$

$$\oint_S \boldsymbol{B} \cdot \mathrm{d}\boldsymbol{S} = 0$$

$$\oint_L \boldsymbol{H} \cdot \mathrm{d}\boldsymbol{l} = \int_S \left(\boldsymbol{j}_{\mathrm{c}} + \frac{\partial \boldsymbol{D}}{\partial t} \right) \cdot \mathrm{d}\boldsymbol{S}$$

8. 平面电磁波的基本性质

电磁波是传播速度为 $u = 1/\sqrt{\varepsilon\mu}$ 的横波；电矢量 $\boldsymbol{E}$、磁矢量 $\boldsymbol{B}$ 振动相位相同，且 $E\sqrt{\varepsilon} = H\sqrt{\mu}$；电磁波的能流密度矢量为 $\boldsymbol{S} = \boldsymbol{E} \times \boldsymbol{H}$.

习　题

13-1　如习题 13-1 图所示,若用条形磁铁竖直插入铜质矩形框和木质矩形框中,下列说法正确的是（　　）

A. 两种框中都产生感应电场和感应电流,

B. 两种框中都产生感应电场,只有铜框中产生感应电流,

C. 两种框中都不产生感应电场,

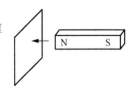

习题 13-1 图

D. 两种框中都产生感应电场,无感应电流.

13-2　一个面积为 S 的平面线圈置于均匀磁场中,线圈平面与磁场方向垂直,线圈电阻为 R. 当线圈转过 90°时,以下各量中,与线圈转动快慢无关的量是(　　)

A. 线圈中的感应电动势,　　　　　　B. 线圈中的感应电流,

C. 通过线圈的感应电量,　　　　　　D. 线圈回路上的感应电场.

13-3　如习题 13-3 图所示,一 U 形导体框置于均匀磁场中,且导体框的平面与磁场垂直,框上放一导体棒 ab,如果在 U 形框不动和无外力的情况下,发现 ab 棒突然向右运动,则感应电流的方向为_____,磁场_____.

13-4　导线在一平面内弯成如习题 13-4 图所示折线,ab 段长度为 2R,bc 段是以 R 为半径的四分之一圆周,若导线绕过 a 点垂直于平面的轴以角速度 ω 顺时针旋转,导线中电动势的方向为_____,哪点电势高?_____.

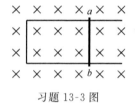
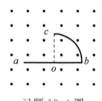

习题 13-3 图　　　　　　　　　　　　习题 13-4 图

13-5　如习题 13-5 图所示,半径为 r 的导体圆环处于磁感应强度为 **B** 的均匀磁场中,初始时刻环面与磁场垂直,如果圆环以匀角速度 ω 绕其任一直径转动,则任一时刻 t 通过圆环的磁通量 $\Phi=$_____,圆环中的感应电动势 $\varepsilon=$_____.

13-6　如习题 13-6 图所示,在一长直导线中通有电流 I,abcd 为一矩形线圈,线圈与直导线在同一平面内,且 ad 边与直导线平行.

(1) 矩形线圈在平面内向右移动时,线圈中感应电动势的方向为_____.

(2) 若电流 $I=I_0\sin\omega t$,线圈与直导线无相对运动,线圈中的感应电动势为_____.

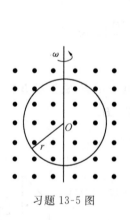
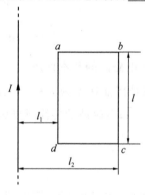

习题 13-5 图　　　　　　　　　　　　习题 13-6 图

13-7　如习题 13-7 图所示,导线 abc 长为 L,处于磁感应强度为 **B** 的均匀磁场中,ab 段长 2L/3,磁场垂直于 ab 与 bc 两段组成的平面,∠abc=90°. 若导线以 a 为定点,以恒定角速度 ω 在纸面内逆时针旋转,分别求出导线 ab,ac 上的感应电动势的大小及方向.

13-8　如习题 13-8 图所示,一半径为 a 的很小的金属圆环,在初始时刻与一半径为 $b(b \gg a)$ 的大金属圆环共面且同心.在大圆环中通以恒定的电流 I,方向如图.如果小圆环以匀角速度 ω 绕其任一方向的直径转动,并设小圆环的电阻为 R,则任一时刻 t 通过小圆环的磁通量 $\Phi=$ _____,小圆环中的感应电流 $i=$ _____.

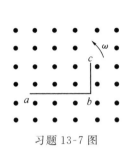

习题 13-7 图

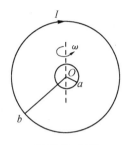

习题 13-8 图

13-9　如习题 13-9 图所示,半径为 R 的长直螺旋线管中,磁场各处均匀,磁感应强度随时间的变化率 $\mathrm{d}B/\mathrm{d}t$ 是小于零的常数,梯形导体回路 $acdba$ 如图放置,求导体回路中的感应电动势.

13-10　在习题 13-9 图中,若没有 cd 段导线,求 $cabd$ 导线上的感应电动势.

13-11　有一无限长直导线通有电流 I,其旁放置一长度为 L 的铜杆,该杆与长直导线共面,并以匀速 v 平行于导线方向运动(习题 13-11 图).求铜杆 AB 两端的电动势的大小及方向.

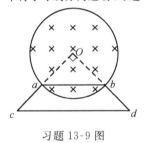

习题 13-9 图

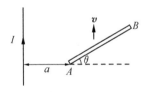

习题 13-11 图

13-12　有两根无限长直导线平行放置,导线间距为 b,均通有电流 I,其旁放置一长度为 L 的铜杆,该杆与长直导线共面且垂直,并以匀速 v 平行于导线方向运动(如习题 13-12 图所示).求铜杆两端的电动势的大小及方向.

13-13　用导线制成边长为 $l=10 \text{ cm}$ 的正方形线圈,其电阻 $R=1\ \Omega$,均匀磁场垂直于线圈平面.欲使电路中有一稳定的感应电流 $i=0.01 \text{ A}$,求磁感应强度 B 的变化率 $\dfrac{\mathrm{d}B}{\mathrm{d}t}$.

13-14　一块铜板放在磁感应强度正在增大的磁场中时,铜板中出现涡流(感应电流),则涡流将(　　)

A. 加速铜板中磁场的增加,　　　　　B. 减缓铜板中磁场的增加,

C. 对磁场不起作用,　　　　　　　　D. 使铜板中磁场反向.

13-15　一个电阻为 R、自感系数为 L 的线圈,将它接在一个电动势为 $\varepsilon(t)$ 的交变电源上(如习题 13-15 图所示).设线圈的自感电动势为 ε_L,则流过线圈的电流为(　　)

A. $\dfrac{\varepsilon(t)}{R}$,　　　　B. $\dfrac{\varepsilon(t)-\varepsilon_L}{R}$,　　　　C. $\dfrac{\varepsilon_L}{R}$,　　　　D. $\dfrac{\varepsilon(t)+\varepsilon_L}{R}$.

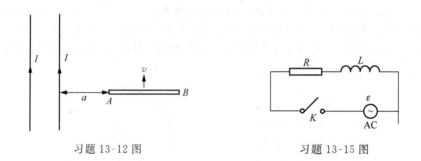

习题 13-12 图   习题 13-15 图

13-16 在自感为 0.05H 的线圈中,当电流由零在(1/18)s 内线性地增加为 0.1A,线路中的感应电动势为(   )

A. 0.06V,   B. 0.08V,   C. 0.09V,   D. 0.12V.

13-17 一自感线圈中,电流强度在 0.02 s 内均匀地由 0.02 A 增加到 0.05 A,此过程中线圈内自感电动势为 0.03 V,求线圈的自感系数.

13-18 矩形 $ABCD$ 的导体线框与一个通有电流 I 的无限长直导线共面,其中 AB 边与长直导线平行,线框的尺寸和位置如习题 13-18 图所示,若直导线中通有交变电流 $I=I_m\cos\omega t$,求矩形导体线框中的磁通量和感应电动势.

*13-19 一个折成直角三角形 ABC 的导线与一个通有电流 I 的无限长直导线共面,其中 AB 边长为 c,且与长直导线平行,导线的尺寸和位置如习题 13-19 图所示,若直导线中通有交变电流 $I=I_m\cos\omega t$,求三角形导线中的磁通量和感应电动势.

*13-20 在平行导轨上放置长为 L、质量为 M 的导体杆 AB,平行导轨上连接一个电阻 R,均匀磁场 $\boldsymbol{B}$ 垂直导轨平面,如习题 13-20 图所示,若杆 AB 向右运动,初始速度是 v_0,任意时刻 t 的速度为 v,求:

(1) t 时刻金属杆受到的安培力;

(2) 杆 AB 运动的速度随时间变化的关系;

(3) 杆 AB 运动的速度随移动距离 s 的变化关系;

(4) 导体杆的运动是减速运动,定性分析运动中的能量转化过程.

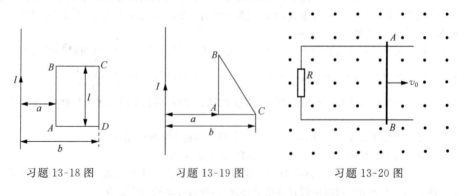

习题 13-18 图   习题 13-19 图   习题 13-20 图

13-21 有两个半径相同的圆形线圈,将它们的平面平行地放置.关于它们互感系数 M 的值,下列说法中错误的是(   )

A. 线圈的匝数越多,M 越大,

B. 两线圈靠得越近,M 越大,

C. 填充的磁介质的磁导率 u 越大,M 越大,

D. 通以的电流值越大,M 越大.

13-22　真空中两个长直螺线管 1 和 2,长度相等,单层密绕匝数相同,直径之比 $d_1/d_2 =$ 1/3. 当它们通以相同电流时,求两螺线管储存的磁能之比.

13-23　麦克斯韦关于电磁场理论的基本假设之一是(　　)

A. 相对于观察者静止的电荷产生静电场,

B. 恒定电流产生稳恒磁场,

C. 变化的磁场产生感生电场,

D. 变化的磁场产生位移电流.

13-24　位移电流的本质是变化的电场,其大小取决于(　　)

A. 电场强度的大小,　　　　　　　B. 电位移矢量的大小,

C. 电通量的大小,　　　　　　　　D. 电场随时间的变化率的大小.

13-25　下面四个方程是反映电磁场基本性质和规律的方程:

A. $\oint_L \boldsymbol{E}_{\text{静}} \cdot \mathrm{d}\boldsymbol{l} = 0$,

B. $\oint_L \boldsymbol{E} \cdot \mathrm{d}\boldsymbol{l} = -\dfrac{d\Phi_m}{dt}$,

C. $\oint_s \boldsymbol{B} \cdot \mathrm{d}\boldsymbol{S} = 0$,

D. $\oint_L \boldsymbol{H} \cdot \mathrm{d}\boldsymbol{l} = \sum_{i=0}^{n} I_i + \dfrac{\mathrm{d}\Phi_e}{\mathrm{d}t}$.

试判断下列结论是包含于或者等效于哪一个方程,将你确定的方程式用代号填在相应结论后的空白处.

(1) 变化的磁场能够激发电场:_____;

(2) 磁感应线是闭合的:_____;

(3) 静电场是保守场:_____;

(4) 变化的电场能够激发磁场:_____.

第 14 章　波 动 光 学

【学习目标】

　　理解获得相干光的方法.掌握光程的概念以及光程差和相位差的关系.能分析、确定杨氏双缝干涉条纹及薄膜、等厚干涉条纹的位置,了解迈克耳孙干涉仪的工作原理.了解惠更斯-菲涅耳原理.理解用菲涅耳半波带法分析单缝夫琅禾费衍射的条纹分布规律.会分析缝宽及波长对单缝衍射条纹分布的影响.理解光栅方程和衍射谱线分布规律.了解自然光、线偏振光和布儒斯特定律.理解马吕斯定律,会用马吕斯定律计算光强.双折射现象、旋光现象等内容根据专业需要选学.

　　光学是研究光的产生和传播,以及光与物质相互作用的学科.光学可以分成三个部分:几何光学、波动光学和量子光学.几何光学是以光的直线传播以及光的反射、折射定律为基础来研究光的传播问题的学科.几何光学得出的结果通常总是波动光学在某些条件下的近似或极限.波动光学是从光的波动性出发研究光在传播过程中所发生的现象和规律.波动光学的基础就是经典电动力学的麦克斯韦电磁场理论,它可以比较方便的研究光的干涉、光的衍射、光的偏振.量子光学是从光的粒子性出发,来研究光与物质相互作用的学科.它的基础主要是量子力学和量子电动力学.本章仅就波动光学的内容进行一般的讨论.

14.1　相　干　光

　　光波是电磁波,对应电场强度 E 和磁场强度 H 的两个振动.由于只有电振动 E 引起底片感光和人眼的视觉,所以,讨论光波时,只需讨论 E,并将 E 叫做光矢量.若两束光的光矢量满足相干条件,则它们是**相干光**,对应的光源叫相干光源.

　　对普通光源而言,观察到的光是由光源中的许多原子发出的,这些原子发出的光是由许许多多相互独立的、非常短的波列组成的.尽管在有些条件下,可以使这些波列的频率相同,但是,当两个独立的光源,或同一光源上的两部分发出的光相叠加时,这些波列的光振动方向不可能都相同,相位差也不能保持恒定,因此一般情况下不可能产生干涉现象.

　　由普通光源获得相干光的方法有两种,一种是**分波阵面法**,即在光源发出的某一波阵面上,取出两部分面元作为相干光源的方法,典型的实验有杨氏双缝、双镜、劳埃镜等;另一种是**分振幅法**,如图 14.1 所示,A,B 是薄膜的上下两个表面,由光源某一点发出的光 I 中的某一波列 a,在膜上表面 A 和下表面 B 处反射,形成反射波列 a_1 和 a_2,它们满足相干条件.同理,I 中的其他波列也是如此分成满足相干条件的两个波列.所以,在膜上下表面 A,B 形成的两束反射光 I_1 和 I_2 是相干光.雨后水面上的彩色油膜、劈尖干涉等都是分振幅法的干涉.

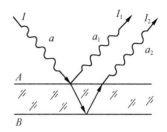

图 14.1 一个波列被分成两个相干波列

思 考 题

14.1-1 如思考题图 14.1-1 所示,一盏钠光灯中间用黑纸遮盖,使 A、B 两部分的光同时射到 P 点,问能否产生干涉?为什么?

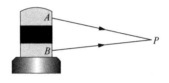

思考题 14.1-1 图

14.2 杨氏双缝实验 劳埃镜

14.2.1 杨氏双缝实验

杨氏最初的实验装置如图 14.2(a)所示.S 是单色光源照射的一个针孔,以它作为点光源,发出球面波,S_1 和 S_2 是遮光屏上的两个小针孔,二孔到 S 的距离相等.这样 S_1 和 S_2 必在点 S 所发出的同一波阵面上.根据惠更斯原理,S_1 和 S_2 将成为新的波源发出球面波,并且一定满足相干条件,在后面的屏 E 上形成干涉条纹.后来发现以狭缝代替针孔可以得到同样的干涉条纹,而且更清晰、更明亮.将孔改为狭缝,其垂直于缝的截面图与图 14.2(a)相同.在图 14.2(a)中,d 为两缝间距,D 是双缝到屏的垂直距离,E 为光的接收屏.S_1 和 S_2 处在由狭缝 S 所发出的柱面波的同一个波面上.S_1 和 S_2 构成两个相干光源,从两缝发出的光波在空间叠加,产生干涉现象,屏上会出现与缝平行的明暗相间的干涉条纹[图 14.2(b)].下面讨论屏上出现明、暗纹的条件.

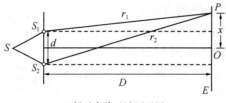

(a) 杨氏实验干涉原理图　　　　　　　　　 (b) 杨氏实验干涉条纹

图 14.2　杨氏实验

从 S_1 和 S_2 发出的相干光波到屏上 P 点的相位差为 $\Delta\varphi$，所以明纹条件为

$$\Delta\varphi = \varphi_2 - \varphi_1 - 2\pi\frac{r_2 - r_1}{\lambda} = \pm 2k\pi, \quad k = 0,1,2,\cdots \quad \text{明纹中心} \quad (14\text{-}1a)$$

暗纹条件为

$$\Delta\varphi = \varphi_2 - \varphi_1 - 2\pi\frac{r_2 - r_1}{\lambda} = \pm(2k+1)\pi, \quad k = 0,1,2,\cdots \quad \text{暗纹中心}$$

$$(14\text{-}1b)$$

式中，$\varphi_2 - \varphi_1 = 0$，由式(14-1a)、(14-1b)可得明纹(极大)、暗纹(极小)主要决定于波程差 $r_2 - r_1$. 结合图 14.2(a)并利用勾股定理，得

$$r_1^2 = D^2 + \left(x - \frac{d}{2}\right)^2 = D^2 + x^2 - xd + \frac{d^2}{4}$$

$$r_2^2 = D^2 + \left(x + \frac{d}{2}\right)^2 = D^2 + x^2 + xd + \frac{d^2}{4}$$

上二式相减，得

$$r_2^2 - r_1^2 = (r_2 + r_1)(r_2 - r_1) = 2dx$$

利用实验中 $D \gg d, D \gg x$ 的条件，得 $(r_2 + r_1) \approx 2D$，则

$$r_2 - r_1 = \frac{d}{D}x \qquad\qquad (14\text{-}2)$$

将公式(14-2)代入式(14-1a)和式(14-1b)，得

$$x = \pm\frac{D}{d}k\lambda, \quad k = 0,1,2,\cdots \quad \text{明纹中心} \qquad (14\text{-}3a)$$

$$x = \pm\frac{D}{d}(2k+1)\frac{\lambda}{2}, \quad k = 0,1,2,\cdots \quad \text{暗纹中心} \qquad (14\text{-}3b)$$

干涉条纹的特点[图 14.2(b)]：

(1) 干涉条纹是与双缝平行的一组以中央明纹($k=0$ 时对应的明纹)为对称中心的明暗相间的直条纹；

(2) 条纹等间距，相邻明纹中心(或相邻暗纹中心)间距 $\Delta x = \dfrac{D}{d}\lambda$；

（3）光强分布曲线如图 14.3 所示.

例 14.1 以单色光垂直照射到相距为 0.20 mm 的双缝上，双缝与屏幕的垂直距离为 1.8 m.

（1）若第 1 级明条纹到同侧的第 4 级明条纹间的距离为 2.0 cm，求单色光的波长；

（2）若入射光的波长为 589.3 nm，求相邻两明条纹间的距离.

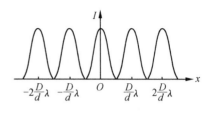

图 14.3　光强分布曲线

解 （1）根据杨氏双缝干涉明条纹的条件

$$x = \pm \frac{D}{d} k\lambda, \quad k = 0,1,2,\cdots$$

得

$$x_4 - x_1 = 4\frac{D}{d}\lambda - \frac{D}{d}\lambda = 3\frac{D}{d}\lambda$$

由此解得

$$\lambda = \frac{(x_4 - x_1)d}{3D} = \frac{2.0 \times 0.20}{3 \times 1.8 \times 10^2} = 7.4 \times 10^{-4} (\text{mm}) = 7.4 \times 10^2 (\text{nm})$$

（2）根据杨氏双缝干涉条纹间距 $\Delta x = \frac{D}{d}\lambda$，将数值代入，得

$$\Delta x = \frac{1.8 \times 10^3 \times 589.3}{0.20} = 5.3 \times 10^6 (\text{nm})$$

14.2.2　劳埃镜

劳埃镜实验装置如图 14.4 所示，图中 S 为狭缝光源，J 为平面镜. 由 S 直接发

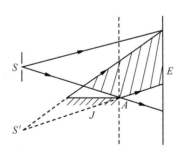

图 14.4　劳埃镜实验装置图

出的光与 J 反射的光满足相干条件，在叠加区域发生干涉，反射光相当于由虚光源 S' 发出的，S' 是 S 对平面镜 J 所成的虚像. 按前面分析，在屏 E 上形成的干涉条纹应该与杨氏双缝实验的明暗条纹相同. 然而事实正相反，当我们将屏幕 E 平移至图 14.4 中的虚线位置时，$SA = S'A$，A 处应为明纹，但实际上 A 处为暗纹. 并且按公式（14-3）计算应出现明、暗纹的地方恰恰出现了暗、明纹. 这说明劳埃镜实验证明了光从光疏介质入射到光密介质界面时，在掠射（入射角 $i \approx 90°$）情况下存在半波损失，即由于反射光被平面镜反射时有半波损失，所以 S,S' 是反相位的相干光源.

思　考　题

14.2-1　劳埃镜实验中的干涉条纹与杨氏实验中的干涉条纹有何不同?

14.2-2　在做杨氏干涉实验时,在狭缝到屏幕的距离一定时,有狭缝宽度相同,但双缝间距分别为 0.2mm、0.5mm、1mm 的三种狭缝,选择哪种双缝,干涉效果更明显?若两个同学选取了同样的双缝,而一个人得到的干涉条纹间距较宽,而另一人得到的干涉条纹间距较窄,这是什么原因?

14.3　光程　光程差

14.3.1　光程及光程差的加强减弱条件

在杨氏实验中,两狭缝与屏幕之间是同一种介质,若在 14.2(a)图中,光线 S_1P 处于折射率为 n_1 的介质中,光线 S_2P 处于折射率为 n_2 的介质中,这时 P 点光的强度不仅与两光束经过的几何路程有关,还与介质的折射率有关.下面来讨论折射率对相位差的影响.

若单色光的频率为 ν,在折射率为 n 的介质中,其波速和波长分别为 u 和 λ_n,在真空中,其波速和波长分别为 c 和 λ,则 $u=c/n,\lambda=c/\nu,\lambda_n=u/\nu$,得 λ_n 与 λ 的关系为

$$\lambda_n = \frac{u}{\nu} = \frac{c}{n\nu} = \frac{\lambda}{n} \tag{14-4}$$

式(14-4)表明,对同一频率的单色光而言,在真空中的波长是介质中(折射率为 n)波长的 n 倍.由于介质的折射率 $n>1$,所以光在真空中的波长最长.

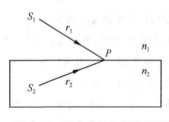

图 14.5　相位差与几何路程和折射率都有关

由于介质对波长的影响,两波相遇时的相位差不仅与波所经过的几何路程有关,还与介质的折射率有关.在图 14.5 中,光源 S_1、S_2 到 P 点的相位差为

$$\Delta\varphi = 2\pi\frac{r_2}{\lambda_2} - 2\pi\frac{r_1}{\lambda_1} = 2\pi\left(\frac{n_2r_2 - n_1r_1}{\lambda}\right) \tag{14-5}$$

为了方便讨论光的干涉加强和减弱的条件,引入光程的概念.

定义光程:光在折射率为 n 的介质中传播的几何路程为 r,则定义 nr 为**光程**.

光程的物理意义:由 $2\pi\dfrac{r}{\lambda_n}=2\pi\dfrac{nr}{\lambda}$ 可见,光在折射率为 n 的介质中传播几何路程 r 所产生的相位变化,相当于光在真空中传播路程 nr 所产生的相位变化.

　　两光束的光程之差称为**光程差**,用 Δ 表示.由公式(14-5)得光程差 Δ 与相位差的关系为

$$\Delta \varphi = 2\pi \frac{\Delta}{\lambda} \tag{14-6}$$

一般可写作 $\Delta = \Delta_1 + \Delta_2$,式中,$\Delta_1$ 是由几何路程引起的光程差,Δ_2 是由于半波损失引起的光程差.

　　因此相干波的极大、极小条件可用光程差表示为

$$\Delta = \pm k\lambda, \quad k = 0,1,2,\cdots \quad 极大 \tag{14-7a}$$

$$\Delta = \pm(2k+1)\frac{\lambda}{2}, \quad k = 0,1,2,\cdots \quad 极小 \tag{14-7b}$$

即当两光束相遇时,若光程差等于波长的整数倍,则在相遇点干涉强度为极大值,对应明条纹的中心位置;若光程差等于半波长的奇数倍,则在相遇点干涉强度为极小值,即光强为零的位置.值得注意的是,公式(14-16)和公式(14-17)的波长是波在真空中的波长.

14.3.2　平行光通过薄透镜不产生附加光程差

　　在图 14.6(a)中,平行光束在同一波阵面 A 上的 A_1、A_2、A_3 各点相位相同,通过薄透镜后汇聚在主焦点 F,即从波面 A 上各点到焦点 F 的光线 A_1F、A_2F、A_3F 是等光程的,在 F 点干涉加强.这是因为 A_1F 光线的几何路程虽较 A_2F 长,但由于 A_1F 包含玻璃内的距离较短,而玻璃的折射率大于空气的折射率,所以从波面 A 上各点到焦点 F 的光线是等光程的.同理,在图 14.6(b)中,从波面 B 上各点到焦点 F' 的光线 B_1F'、B_2F'、B_3F' 是等光程的,由此得出结论,平行光通过透镜时,透镜不产生附加的光程差.

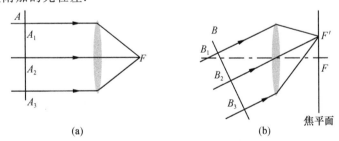

(a)　　　　　　　　　　　　　　　(b)

图 14.6　光通过透镜的光程

　　例 14.2　在杨氏干涉实验中,光波波长 $\lambda = 632.8$ nm,双缝间距为 0.10 mm,狭缝至屏幕的垂直距离 2.00 m,求:

　　(1) 整个装置在空气中,屏幕上相邻暗条纹的间距;

　　(2) 整个装置在水($n = 1.33$)中,屏幕上明条纹的宽度;

(3) 装置在空气中,但其中一条狭缝用一厚度为 $e = 6.60 \times 10^{-3}$ cm 的透明薄片覆盖,结果原来的零级明纹变为第 7 级明纹,薄膜的折射率 n 为多少?

解 (1)条纹间距

$$\Delta x = \frac{D}{d} \lambda$$

将 $d = 0.10$ mm, $D = 2000$ mm, $\lambda = 632.8$ nm 代入上式,得 $\Delta x = \frac{D}{d} \lambda = 1.27 \times 10^7$ nm $=$ 1.27 cm.

(2) 明纹宽度即相邻暗条纹的间距,与(1)中不同的是波长为 $\lambda_n = \lambda / n$,将数值代入,得

$$\Delta x = \frac{D\lambda}{dn} = 9.55 \times 10^6 \text{ nm} = 9.55 \text{ mm}$$

(3) 未放薄片时,两光束到 0 级明纹处的光程差为 0,现在由于薄片处的折射率由 1 变成了 n,而产生 7λ 的光程差,所以

$$(n-1)e = 7\lambda$$

可解得

$$n = \frac{7\lambda}{e} + 1 = 1.67$$

思 考 题

14.3-1 在图 14.2 的杨氏实验装置中,当看到干涉条纹后,将 S 狭缝沿垂直于狭缝的方向上移一个微小位移,使光源 S 到狭缝 S_1 的距离略小于光源 S 到狭缝 S_2 的距离,则干涉条纹将出现什么变化? 如狭缝 S 沿垂直于 S_1、S_2 连线的方向前移一个微小位移,干涉条纹又将出现何种变化?

14.3-2 在杨氏实验中,若狭缝 S_1 在 S_2 的上方,S_1 缝被透明薄片覆盖,则光程差为零处,应出现在未遮挡薄片前的中央明纹的上方还是下方? 条纹宽度是否有变化?

14.4 薄 膜 干 涉

薄膜干涉是生活中常见的一种现象,如肥皂泡上的彩色条纹、水面上的彩色油膜等.用单色光照射厚度均匀的各向同性电介质薄膜时,薄膜上表面的反射光和下表面的反射光在无限远处形成明暗相间的干涉条纹.如果用透镜来观察,条纹出现在透镜的焦平面上.下面分析波长为 λ 的单色光,以入射角 i 照射在厚度为 e,折射率为 n 的薄膜上,该薄膜处于折射率为 n' 的介质中,且 $n' < n$ 的干涉情况.在图 14.7 中,入射光线 1 经薄膜的上下两个表面反射,分为 2、3 两条平行光线,下面

计算 2、3 两相干光线的光程差. 过 C 作光线 2 的垂线, 垂足为 E. 2、3 两条光线的光程差 $\Delta_{反}$ 为

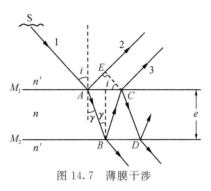

$$\Delta_{反} = n(AB + BC) - n'AE + \frac{\lambda}{2}$$

$$(14\text{-}8)$$

式中, $\lambda/2$ 是由半波损失产生的. 由于在薄膜 的上表面 A 点反射时出现半波损失, 而在下 表面 B 点反射时不出现半波损失, 所以 2、3

图 14.7 薄膜干涉

两束光的光程差应有半波损失项. 现规定两光束中仅有一束(不管是哪一束)出现 半波损失, 在总光程差中计入 $+\lambda/2$. 根据图 14.7 并利用直角三角形的关系, 可得

$$AB = BC = \frac{e}{\cos\gamma}$$

$$AE = 2e\tan\gamma\sin i$$

根据折射定律有 $n'\sin i = n\sin\gamma$, 将此式代入上二式后, 再将所得结果代入 式(14-8), 得

$$\Delta_{反} = 2ne\cos\gamma + \frac{\lambda}{2}$$

$$(14\text{-}9)$$

或用入射角表示为

$$\Delta_{反} = 2e\sqrt{n^2 - n'^2\sin^2 i} + \frac{\lambda}{2}$$

$$(14\text{-}10)$$

可得反射光干涉极大、极小条件为

$$\Delta_{反} = 2e\sqrt{n^2 - n'^2\sin^2 i} + \frac{\lambda}{2} = k\lambda, \quad k = 1,2,\cdots \quad 极大 \quad (14\text{-}11a)$$

$$\Delta_{反} = 2e\sqrt{n^2 - n'^2\sin^2 i} + \frac{\lambda}{2} = (2k+1)\frac{\lambda}{2}, \quad k = 1,2,\cdots \quad 极小$$

$$(14\text{-}11b)$$

由上二式可见, 薄膜厚度一定时, 光程差只与入射角 i 有关, 同一个入射角对应同 一条条纹, 所以, 薄膜干涉称为**等倾干涉**.

当光线垂直薄膜表面入射时, $i=0$, 公式(14-11a)、(14-11b)化为

$$\Delta_{反} = 2en + \frac{\lambda}{2} = k\lambda, \quad k = 1,2,\cdots \quad 极大 \quad (14\text{-}12a)$$

$$\Delta_{反} = 2en + \frac{\lambda}{2} = (2k+1)\frac{\lambda}{2}, \quad k = 1,2,\cdots \quad 极小 \quad (14\text{-}12b)$$

若进一步分析在 B、D 两点透射光的光程差, 很容易得到

$$\Delta_{透} = 2e\sqrt{n^2 - n'^2\sin^2 i} = k\lambda, \quad k = 1,2,\cdots \quad 加强 \quad (14\text{-}13a)$$

$$\Delta_{透} = 2e \sqrt{n^2 - n'^2 \sin^2 i} = (2k+1) \frac{\lambda}{2}, \quad k = 0,1,2,\cdots \quad 减弱$$

$$(14\text{-}13\text{b})$$

由式(14-12)和式(14-13)可见,在反射光极大时,恰对应透射光极小;反射光极小时,恰对应透射光极大. 这是由于干涉导致了能量的重新分布,能量是守恒的,所以透射光的能量最大,反射光的能量就应最小.

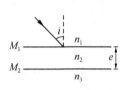

图 14.8 当 $n_1 < n_2 <$
n_3 或 $n_1 > n_2 > n_3$ 时
$\Delta_{反}$ 中不含 $\lambda/2$

需要注意的是,在式(14-8)～式(14-13)中,光程差是否有 $\lambda/2$,取决于薄膜及膜外上下介质的折射率的大小. 如图 14.8 所示,当 $n_1 < n_2 < n_3$ 或 $n_1 > n_2 > n_3$ 时,薄膜的上下表面反射光的总光程差 $\Delta_{反}$ 中无半波损失项,透射光的光程差则有半波损失项.

在实际当中,常常需要增加光学器件的透射率. 这只要在透镜表面镀一层厚度均匀的透明介质膜,使其上、下表面对某种波长的单色光的反射光产生相消干涉,其结果是减少了该光的反射,增加了它的透射. 这种膜称为**增透膜**.

同理,若通过镀膜的方式达到对某种波长的单色光透射相消,反射加强,则所镀的膜为**增反膜**. 许多现代化的大楼的窗户玻璃常常显蓝色,且楼外的人看不清大楼内的情况,而楼内的人却可以看清楼外的情况,这就是由于玻璃外层镀了一层膜,使蓝光增加反射.

例 14.3 如图 14.9 所示,光由空气垂直射入玻璃(折射率 1.52),为增加透射率,在玻璃表面镀一层折射率为 1.38 的 MgF_2 薄膜,薄膜的最小厚度应为多少?

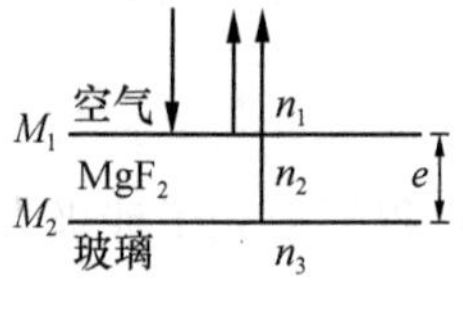

解 增透即对应透射光干涉加强,反射光应干涉减弱,所以

图 14.9 增透膜示意图

$$\Delta_{反} = 2n_2 e = (2k+1) \frac{\lambda}{2}$$

$k=0$ 对应膜的最小厚度,得

$$e = \frac{\lambda}{4n_2}$$

增透只是对某种单一波长的光,通常人眼或感光材料都对波长等于 550 nm 附近的光比较敏感,所以,取 $\lambda = 550$ nm 代入上式,得薄膜的最小厚度为

$$e = \frac{550}{4 \times 1.38} = 99.6(\text{nm})$$

通过此例可见,考虑增透问题时,完全可以利用较熟悉的反射光的光程差公式,但需注意到,反射光强极小时,恰对应透射光强极大.

例 14.4 氦氖激光器中的谐振腔反射镜,要求对波长 $\lambda=632.8\ \mathrm{nm}$ 的单色光的反射率在 99% 以上,为此,反射镜采用在玻璃表面交替镀上高折射率材料 ZnS($n_1=2.35$)和低折射率材料 $\mathrm{MgF_2}$($n_2=1.38$)的多层膜,共 13 层,如图 14.10 所示,求每层薄膜的最小厚度.

解 实际使用时,光是以接近垂直于薄膜入射,要达到增反的目的,反射光应满足干涉加强的条件.对 ZnS 薄膜,其上下介质的折射率都较膜的折射率小,所以满足的方程为

$$\Delta_{反}=2n_1e_1+\frac{\lambda}{2}=k_1\lambda \qquad k_1=1,2,\cdots$$

$k_1=1$ 对应膜的最小厚度,得

$$e_1=\frac{\lambda}{4n_1}=\frac{632.8}{4\times2.35}=67.3(\mathrm{nm})$$

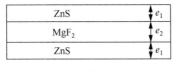

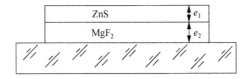

图 14.10 高折射率材料 ZnS 和低折射率材料 $\mathrm{MgF_2}$ 组成的多层增透膜

由于玻璃的折射率和 ZnS 的折射率都大于 $\mathrm{MgF_2}$ 的折射率,所以,对 $\mathrm{MgF_2}$ 薄膜,满足的方程为

$$\Delta_{反}=2n_2e_2+\frac{\lambda}{2}=k_2\lambda \qquad k_2=1,2,\cdots$$

$k_2=1$ 对应膜最小厚度,得

$$e_2=\frac{\lambda}{4n_2}=\frac{632.8}{4\times1.38}=114.6(\mathrm{nm})$$

14.5 劈尖 牛顿环

14.5.1 劈尖

两块平玻璃片,一端相互接触,另一端夹一根头发丝,两玻璃片之间形成一夹角极小的劈形空气膜,如图 14.11 所示.当一束平行光垂直照射空气膜上表面时,

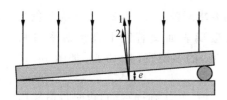

图 14.11　劈尖干涉

由于 θ 很小,可认为这束光也垂直于下表面.在劈尖厚度为 e 处,劈尖上下两个表面反射光的加强、减弱条件为

$$\Delta_{反} = 2ne + \frac{\lambda}{2} = k\lambda, \quad k = 1,2,\cdots \quad 极大$$

(14-14a)

$$\Delta_{反} = 2ne + \frac{\lambda}{2} = (2k+1)\frac{\lambda}{2}, \quad k = 0,1,2,\cdots \quad 极小 \quad (14-14b)$$

由公式(14-14a)、(14-14b)可见,对应每一个 k 值,就对应劈尖中的一个确定厚度,也对应同一条干涉条纹,所以劈尖干涉称为**等厚干涉**.

干涉条纹特点:

(1) 条纹形状(图 14.12)是与棱边平行、等间距、明暗相间的直条纹.

(2) 相邻干涉明纹(或暗纹)中心对应的劈尖厚度差 $\Delta e = \dfrac{\lambda}{2n}$($n$ 为劈尖的折射率).

将 k、$k+1$ 分别代入公式(14-14a),得对应的劈尖厚度 e_k 和 e_{k+1},$\Delta e = e_{k+1} - e_k = \dfrac{\lambda}{2n}$,即相邻明纹对应的劈尖厚度差为 $\lambda/2n$.同理,利用公式(14-14b),可得相邻暗纹对应的劈尖厚度差也为 $\lambda/2n$.

(3) 条纹宽度(相邻明纹或相邻暗纹中心间距)$l = \dfrac{\lambda}{2n\theta}$.

在劈尖干涉中,θ 角很小,所以 $\sin\theta \approx \tan\theta \approx \theta$,结合图 14.13 可得,$l = \dfrac{\Delta e}{\sin\theta} \approx \dfrac{\lambda}{2n\theta}$.

图 14.12　劈尖表面的明暗条纹

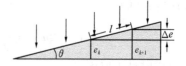

图 14.13　条纹间距与劈尖夹角的关系

劈尖干涉应用广泛,可以测量细丝直径、微小夹角、固体的热膨胀系数等,还可以检验工件的平整度.

例 14.5　利用等厚干涉条纹可以检验精密加工后工件表面的平整度.在工件上放一光学平面玻璃,使其间形成空气劈尖.以波长为 λ 的单色平行光垂直照射玻璃表面时,观察到的干涉条纹如图 14.14 所示.试根据条纹弯曲方向判断工件表面上的不平处是凹还是凸,并求凹处的深度或凸处的高度.

解　为保证同一干涉条纹下的空气膜厚度相等,干涉条纹弯曲部分对应处的工件表面必定是凸起的,且偏离直线部分越远处凸起越高,因此工件表面有一凸起.

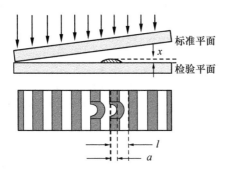

标准平面

检验平面

x

l

a

图 14.14　检验装置及干涉条纹

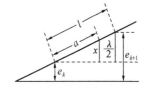

l

a

x

$\dfrac{\lambda}{2}$

e_{k+1}

e_k

图 14.15　相似三角形关系

　　条纹间距为 l,两相邻条纹所对应的空气膜厚度之差为 $e_{k+1}-e_k=\lambda/2$,设工件表面最大上凸高度为 x,由图 14.15 中相似三角形关系可得

$$\frac{x}{a}=\frac{\lambda/2}{l}$$

上凸高度为

$$x=\frac{a}{l}\frac{\lambda}{2}$$

　　例 14.6　在半导体器件生产中,为精确地测定硅片上的 SiO_2 薄膜厚度,将薄膜一侧腐蚀成劈尖形状,如图 14.16 所示.用波长为 589.3 nm 的钠黄光从空气中垂直照射到 SiO_2 薄膜的劈状部分,共看到 6 条暗条纹,且第 6 条暗条纹中心恰位于图中劈尖的最高点 A 处,求此 SiO_2 薄膜的厚度(已知 SiO_2 和 Si 的折射率分别为 $n_1=1.50$ 和 $n_2=3.42$).

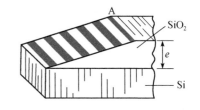

A

SiO_2

e

Si

图 14.16　SiO_2 劈尖上的干涉条纹

　　解　由于在 SiO_2 薄膜上下表面的反射光都存在半波损失,所以总的光程差中无半波损失项.

　　设在厚度为 e 处,SiO_2 薄膜上、下表面反射光的光程差为 $\Delta_{反}$,利用暗纹条件

$$\Delta_{反}=2n_1e=(2k+1)\frac{\lambda}{2},\quad k=0,1,2,\cdots$$

解得

$$e=(2k+1)\frac{\lambda}{4n_1}$$

第 6 条暗纹对应 $k=5$,得膜厚为

$$e = (2 \times 5 + 1) \times \frac{589.3}{4 \times 1.50} \text{ nm} = 1.08(\mu\text{m})$$

此题也可根据相邻暗纹中心对应的劈尖厚度差是 $\lambda/2n$，而整个劈尖共对应 5.5 个暗纹间距，在此劈尖折射率为 n_1，所以膜厚为

$$e = 5.5 \times \frac{589.3}{2 \times 1.50} \text{ nm} = 1.08(\mu\text{m})$$

例 14.7　干涉膨胀仪如图 14.17 所示，已知样品的平均高度为 3.0×10^{-2} m，用 $\lambda = 589.3$ nm 的单色光垂直照射. 当温度由 20℃上升到 33℃时，看到有 25 条条纹移过，问样品的热膨胀系数为多少？

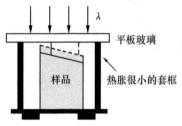

图 14.17　干涉膨胀仪示意图

平板玻璃

样品

热胀很小的套框

解　在样品与平板玻璃之间形成一空气劈尖，当单色光垂直照射时，在劈尖表面形成干涉条纹. 当温度升高时，样品膨胀增高，导致空气劈尖的厚度减小. 由于劈尖干涉是等厚干涉，所以随着温度的增高，空气隙厚度的减小，条纹要向右移动. 若数出干涉条纹移过的数目，即可测出样品高度的增加值.

设温度升高 Δt℃，其样品高度增加（对应空气隙厚度减小 Δe）Δl，则

$$\Delta l = \Delta e = N \frac{\lambda}{2} \tag{1}$$

式中，N 为干涉条纹移过的数目. 根据热膨胀系数 β 的定义

$$\beta = \frac{\Delta l}{l_0 \Delta t} \tag{2}$$

将式(1)代入式(2)，得

$$\beta = \frac{N\lambda/2}{l_0 \Delta t} \tag{3}$$

将已知条件 $N = 25, \lambda = 589.3$ nm, $l_0 = 3.0 \times 10^{-2}$ m, $\Delta t = (33 - 20) = 13$℃ $= 13$ K 代入式(3)，得

$$\beta = \frac{25 \times 589.3 \times 10^{-9}}{2 \times 3.0 \times 10^{-2} \times 13} \text{ K}^{-1} = 1.89 \times 10^{-5} \text{ K}^{-1}$$

*14.5.2　牛顿环

如图 14.18(a)所示，牛顿环仪是由一曲率半径 R 很大的平凸透镜 A 和一块平玻璃板 B 相接触组成，在平凸透镜和平面玻璃板之间形成一厚度由零逐渐增大的空气薄层. 图 14.18(b)是牛顿环实验装置图，自单色点光源 S 发出的光线经透镜 L 后成为平行光，投射到与水平玻璃板成 45°角的半反半透镜 M 上，经 M 反射后的平行光，垂直射向空气薄层，在空气薄层的上、下表面发生反射形成两束相干光.

在显微镜处,可观察到干涉条纹是以接触点 O 为圆心的一系列同心圆环,称为牛顿环,图 14.18(c) 对应的是反射光的牛顿环.

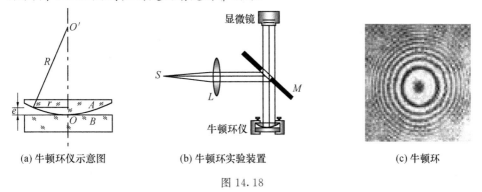

(a) 牛顿环仪示意图   (b) 牛顿环实验装置   (c) 牛顿环

图 14.18

下面求干涉条纹的半径 r 与入射光波长之间的关系. 由于光是垂直入射的,并且空气的折射率($n \approx 1$)小于玻璃的折射率,所以在空气膜上下表面反射光的光程差为

$$\Delta_反 = 2e + \frac{\lambda}{2}$$

由图 14.17(a) 可得

$$r^2 = R^2 - (R - e)^2 = 2eR - e^2$$

实验中 $R \gg e$,故 e^2 可以忽略. 则有

$$r = \sqrt{2eR} = \sqrt{\left(\Delta_反 - \frac{\lambda}{2}\right)R}$$

将式(14-14a)和式(14-14b)代入上式,可以求出牛顿环的明环半径为

$$r = \sqrt{\left(k - \frac{1}{2}\right)R\lambda}, \quad k = 1, 2, \cdots \tag{14-15}$$

牛顿环的暗环半径为

$$r = \sqrt{kR\lambda}, \quad k = 1, 2, \cdots \tag{14-16}$$

由于 $r \propto \sqrt{k}$,所以条纹是不等间距的,内疏外密. 在实验室中,常用牛顿环测定平凸透镜的曲率半径或光波波长.

思 考 题

14.5-1　随着肥皂泡膜的变薄,膜上将出现颜色,当膜进一步变薄并将破裂时,膜上将出现黑色,根据光的干涉理论,如何解释上述现象?

14.5-2　为什么在玻璃和塑料膜表面看不到干涉条纹?

14.5-3　增大劈尖的夹角,会看到干涉条纹的移动吗? 如果干涉条纹移动,是接近棱边,还是远离棱边? 条纹宽度有何变化?

*14.6　迈克耳孙干涉仪

　　迈克耳孙干涉仪是用分振幅法产生双光束干涉的仪器,其光路如图 14.19 所示.光源 S 发出的光射向分光板 G_1(G_1 与反射镜 M_1 和 M_2 都成 45° 角,是半反半透镜),在 G_1 后表面的半透明镀银膜上分成振幅近似相等的反射光束 1 和透射光束 2.反射光束 1 射向 M_1 镜,经 M_1 镜反射产生光束 1′ 后,透过 G_1 射向观察系统.透射光束 2 经补偿板 G_2(与 G_1 材料、厚度相同)射向 M_2 镜,经 M_2 反射后产生光束 2′,光束 2′ 透过补偿板 G_2,再经 G_1 反射也射向观察系统,在观察系统可观察到 1′ 和 2′ 两相干光束产生的干涉图样.

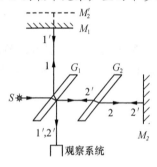

图 14.19　迈克耳孙干涉仪光路图

　　从光路图中可见,补偿板 G_2 的插入,使得光束 11′ 和 22′ 都三次通过 G_1、G_2 板,避免了两束光之间存在较大的光程差,G_2 起到补偿光程的作用,因而叫做补偿板.

　　分光板 G_1 后表面的半反射膜,使 M_2 在 M_1 附近形成虚像 M_2',光束 2′ 如同从 M_2' 反射的,因此所产生的干涉图样就相当于由 M_1,M_2' 组成的空气层的上下表面反射产生的.当 $M_2 \perp M_1$ 时,$M_2' /\!/ M_1$,可观察到等倾干涉条纹.当 M_2 与 M_1 不严格垂直时,M_2' 与 M_1 不完全平行,可观察到与劈尖相同的等厚干涉条纹.

　　在现代科学技术中,迈克耳孙干涉仪应用广泛.常应用于微小长度、微小夹角的精密测量,曾被用来测量镉红谱线的波长,然后用该波长表示国际单位制中的"米".著名的迈克耳孙-莫雷实验,就是利用迈克耳孙自制的干涉仪间接地证明了光速不变,为狭义相对论的理论奠定了实验基础.

　　分振幅法产生的双光束干涉有着许多应用,例如煤矿的井下,若空气中甲烷占的比例达到某值,就会引发火灾或爆炸.如图 14.20 所示,利用双光束干涉原理可以监测煤矿中的甲烷与纯净空气体积的百分比(即甲烷体积分数).在图 14.20 中,S 为狭缝光源,S_1 和 S_2 是与 S 平行的缝光源,左边的透镜用来产生两束相干平行光,后边的透镜将平行光会聚在焦平面 E 上.T_1 和 T_2 是长度为 L 的两个气室.若两室充入同种气体,两束光到 O 处的光程差为零,O 处为明条纹,若 T_1 和 T_2 气室分别充入纯甲烷气体和纯净的空气,则两光束在 O 处的光程差为

$$n_{甲} L - n_{空} L = k\lambda \tag{1}$$

即 O 处对应第 k 级明纹.若气室 T_1 中充入的甲烷体积分数为 $x\%$ 的气体,其折射率用 n 表示,则

$$n = n_{甲} \cdot \frac{x}{100} + n_{空} \cdot \frac{100-x}{100} \tag{2}$$

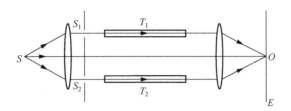

图 14.20 利用双光束干涉原理测甲烷体积分数

整理得

$$n-n_空=(n_甲-n_空)\cdot\frac{x}{100} \tag{3}$$

所以,当相干光通过 T_1(气室中含甲烷)和 T_2(纯净空气)时,在 O 处产生的光程差为

$$\Delta=(n-n_空)L=k\lambda \tag{4}$$

将式(3)代入式(4),得

$$\Delta=(n_甲-n_空)\cdot\frac{x}{100}L=k\lambda \tag{5}$$

在式(5)中,纯甲烷气体的折射率 $n_甲$、纯净空气的折射率 $n_空$、气室长度 L 和波长,都是已知的,只要通过测量得到 k,便可知甲烷体积分数 $x\%$.

14.7 光 的 衍 射

14.7.1 光的衍射现象 衍射分类

衍射是波动的普遍特征.生活中,我们常见水波、声波等机械波的衍射现象,光波的衍射通常并不常见.在实验室中,采用激光或普通光源中的强点光源,并使屏幕到光源的距离足够大,即可观察到光的衍射现象.图 14.21 给出的是正四方孔的衍射照片,图 14.22 给出的是单缝衍射照片.

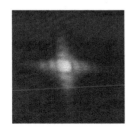

图 14.21 正四方孔的衍射图样

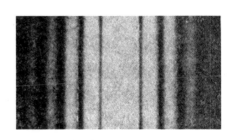

图 14.22 单缝衍射图样

14.7.2 衍射分类

衍射系统由光源、衍射屏和观察屏组成.根据三者相对位置的距离,常把衍射分为两类.一类是**菲涅耳衍射**,即光源、观察屏与衍射屏距离为有限远,如图 14.23(a)所示.另一类是**夫琅禾费衍射**,即光源、观察屏与衍射屏距离为无限远,入射光与衍射光都是平行光的衍射,如图 14.23(b)所示.实验室中可以很方便地实现夫琅禾费衍射,如图 14.24 所示,光源 S 位于透镜 L' 的主焦点上,屏幕 H 位于 L 镜的焦平面上.由于夫琅禾费衍射在实际应用和理论上都十分重要,本章主要讨论夫琅禾费衍射.

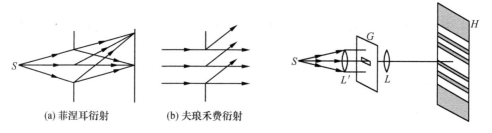

(a) 菲涅耳衍射   (b) 夫琅禾费衍射

图 14.23   衍射分类   图 14.24   单缝夫琅禾费衍射实验装置图

14.7.3 惠更斯-菲涅耳原理

根据 6.4 节中给出的惠更斯原理,可知波阵面上的各点都可以看成是发射子波的波源,这可以解释衍射现象中光的传播方向问题.但无法解释衍射图样中的强度分布问题.为此,菲涅耳提出,从同一波阵面上各点发出的子波,在传播过程中相遇时,能相互叠加而产生干涉现象,相遇空间各点波的强度,是由各子波在该点的相干叠加所决定的,这被称为**惠更斯-菲涅耳原理**.应用该原理的数学表达式对衍射效果进行定量计算是比较复杂的.下面利用菲涅耳提出的半波带法,讨论单缝的夫琅禾费衍射.

14.8   单 缝 衍 射

14.8.1 单缝衍射的明暗纹公式

设单缝的宽度为 a,透镜 L 到屏的距离为透镜焦距 f,光线垂直狭缝表面入射,在缝 AB 上的每一点都可以看成是子波源,各子波源沿各个方向发出的子波在空间相干叠加,在屏上可观察到衍射条纹.

对于一束衍射角(入射光线与衍射光线的夹角)为 φ 的平行光,在屏上出现的明暗条纹决定于 A、B 两点发出的两条边缘光线的光程差.在图 14.25 中,作 $AC\perp$

BC,由于透镜不产生附加的光程差,所以,AC 波面上的各点到 P_1 处是等光程的.
则 A、B 两子波源发出的光线在 P_1 点的光程差 $BC=a\sin\varphi$. 将 BC 用相距为 $\lambda/2$ 的
平行于 AC 的平面等分. 假设 BC 恰为 $\lambda/2$ 的二倍,如图 14.25,AB 的波阵面沿着
与狭缝平行方向,分成为 AA_1、A_1B 宽度相等的两个窄条形的波面,称为半波带.
由于这两个半波带上各对应点发出的子波在 P_1 点的光程差均为 $\lambda/2$,满足干涉极
小条件,在 P_1 点干涉相消,所以当 BC 是半波长的偶数倍时,单缝处的波阵面将被
分成偶数个半波带,而相邻两个半波带的各对应点在 P_1 处干涉相消,即半波带的
作用成对抵消,这时 P_1 点为暗纹,即屏幕上出现暗纹的条件为

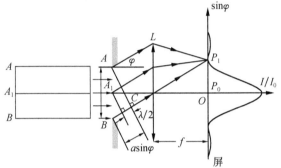

图 14.25　狭缝分成偶数个半波带对应暗纹

$$a\sin\varphi =\pm 2k\frac{\lambda}{2}, \quad k=1,2,\cdots \quad \text{暗纹中心} \tag{14-17}$$

式中,$k\neq0$. 当 $k=0$ 时,如图 14.26 所示,
对应于衍射角 $\varphi=0$ 的衍射光线,由于透镜
不产生附加的光程差,所以经透镜会聚后,
它们到屏幕上 P_0 点的光程差为零. 因此
P_0 处干涉加强,并位于衍射条纹的中心,对
应中央明纹中心. 同时当衍射角满足 $-\lambda<$
$a\sin\varphi<\lambda$ 的条件时,它们在屏上的光振动都
未被完全抵消,各点仍是明亮的,这就形成
了一个以 P_0 点为中心位置的中央明纹区.
若 BC 段是半波长的奇数倍时,如图 14.27

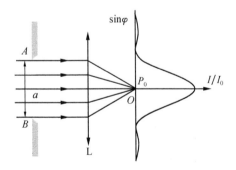

图 14.26　$\varphi=0$ 对应中央明纹

所示,单缝处的波阵面将被分成奇数个半波带,而由于相邻两个半波带的对应点发
出的子波在 P 点的作用是成对抵消的,所以,还有一个半波带发出的子光波照射
在屏上没有被抵消,这时屏上 P 点对应明纹中心,即明纹应满足

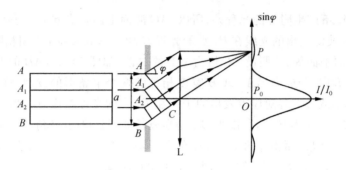

图 14.27　狭缝分成奇数个半波带对应明纹

$$a\sin\varphi = \pm(2k+1)\frac{\lambda}{2}, \quad k = 1,2,\cdots \quad 明纹中心 \qquad (14\text{-}18)$$

14.8.2　单缝衍射的条纹宽度

由图 14.25 可见,中央明纹宽度 $l_0 = 2\overline{P_1 P_0}$,第 1 级暗纹对应的衍射角为 φ_1,$\tan\varphi_1 = \dfrac{\overline{P_1 P_0}}{f}$,再将 $k=1$ 代入公式(14-17),得

$$\sin\varphi_1 = \frac{\lambda}{a}$$

通常衍射角很小,有 $\tan\varphi_1 \approx \sin\varphi_1$,可解得 $\overline{P_1 P_0} = \lambda f/a$,得中央明纹宽度为

$$l_0 = 2\frac{\lambda}{a}f \qquad (14\text{-}19)$$

将 $k+1$、k 分别代入公式(14-17),并利用 $\tan\varphi_k \approx \sin\varphi_k$,可得第 k 级(任意一级)明纹的宽度为

$$l = \frac{\lambda}{a}f \qquad (14\text{-}20)$$

式中,f 是透镜焦距. 由公式(14-20)可知,在实验装置不变时,条纹宽度随波长变化,波长越长,条纹越宽,衍射越显著. 在波长和透镜不变的情况下,狭缝宽度变窄,条纹宽度变宽,衍射更明显.

14.8.3　单缝衍射的光强分布

夫琅禾费单缝衍射光强分布曲线如图 14.28所示,光强分布特征为:
(1)中央明纹最亮、最宽,它的宽度为其他各级明纹宽度的二倍.
(2)次级明纹的光强随级次 k 的增加而逐渐减小.
这是因为 φ 角越大,单缝划分的半波带数越多,未被抵消的半波带面积越窄,以至于光强越小.

（3）若光程差不等于 $\lambda/2$ 的整数倍时，屏上 P 点的亮度介于最明与最暗之间.

例 14.8 单缝被氦氖激光器产生的激光（波长为 632.8 nm）垂直照射，所得夫琅禾费衍射图样的中央明纹宽度为 6.3 mm，已知屏前透镜焦距 $f=100$ cm，求单缝的宽度.

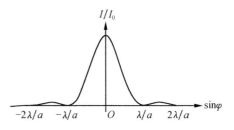

图 14.28　夫琅禾费单缝衍射
光强分布曲线

解 两个第一级暗条纹中心的距离，就是中央亮条纹的宽度.而第一级暗条纹的衍射角 φ_1，就是中央明纹的半角宽度，即角宽度的一半.根据公式（14-19），得中央明纹的宽度为

$$l_0 = 2\frac{\lambda}{a}f \tag{1}$$

由式（1）得

$$a = 2\frac{\lambda}{l_0}f \tag{2}$$

将已知数值 $\lambda=632.8$ nm，$l_0=6.3$ mm，$f=100$ cm 代入式（2），得

$$a = 2\frac{\lambda}{l_0}f = \frac{2\times632.8\times10^{-9}}{6.3\times10^{-3}}\times100\times10^{-2} = 2.0\times10^{-4}\text{ m} = 0.20(\text{mm})$$

例 14.9 在白光形成的单缝衍射条纹中，某波长光的第三级明条纹和黄色光（波长为 589 nm）的第二级明条纹相重合.求该光波的波长.

解 根据单缝衍射明纹条件

$$a\sin\varphi = \pm(2k+1)\frac{\lambda}{2}, \quad k=1,2,3,\cdots$$

则有

$$(2k_1+1)\frac{\lambda_1}{2} = (2k_2+1)\frac{\lambda_2}{2}$$

由题意知 $k_1=3$，$k_2=2$，$\lambda_2=589$ nm，代入上式，得

$$\lambda_1 = \frac{5\times589}{7} = 421(\text{nm})$$

单缝衍射现象的应用主要是利用激光作为光源，可用来测量物体间隔（将间隔作为狭缝），测量物体的位移（物体的位移就是单缝宽度 a 的改变量）.单缝衍射还可以构成许多物理量的转换器.例如对振动进行测量的情况，如图 14.29 所示，S 为光源，A 板固定不动，B 板与振动物体 C 相连，A 板与 B 板间隙为单缝，振动方向与单缝宽度同方向，由于物体 C 的振动，缝宽将周期性地变化，导致接收屏 E 上

的衍射图样也将周期性变化.利用光电技术就可进行自动测量.光电元件接收信号的变化频率,就是物体 C 的振动频率,还可以根据信号变化幅度算出振动的幅度.

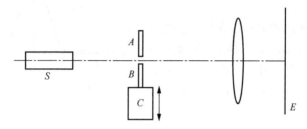

图 14.29 利用单缝衍射对振动进行测量

思 考 题

14.8-1 在夫琅禾费单缝衍射实验中,若想使屏幕上出现的衍射条纹变宽一些,应如何进行调整?使透镜或单缝作上下的微小位移,衍射条纹是否有变化?

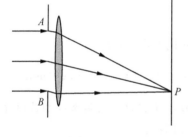

思考题 14.8-2 图

14.8-2 如思考题 14.8-2 图所示,波长为 λ 的单色光垂直照射狭缝 AB.若 $AP-BP=2.5\lambda$,对 P 点来说,狭缝 AB 可分成几个半波带?P 点是明还是暗?如果 P 点是亮点,Q 点是 P 点下方的某亮点,Q、P 两点哪点更亮些?

14.8-3 双缝干涉条纹与单缝衍射条纹都是与狭缝平行的明暗相间的直条纹,它们的差别何在?

14.9 圆孔衍射 光学仪器的分辨本领

光通过圆孔要发生衍射,图 14.30 给出的是夫琅禾费圆孔衍射图样,图中间的亮斑叫**艾里斑**,它的光强度约占整个入射光强度的 80% 以上.艾里斑的边缘,是圆孔衍射的一级暗纹.由理论计算可得艾里斑半径对圆孔中心张角为

$$\theta = 1.22\frac{\lambda}{D} \qquad (14-21)$$

式中,D 为透光孔径.

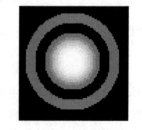

图 14.30 夫琅禾费圆孔衍射

望远镜或显微镜中的物镜,相当于一小圆孔,有衍射效应存在,因此点状物体所成的像,不是一个亮点,而是一个亮的圆斑

(只考虑艾里斑的影响).这就导致两个点光源离得太近时,会使人眼或光学仪器无法分辨.

瑞利指出,当某一物点的衍射图样的中央最大亮处与另一物点的艾里斑的边缘(一级暗纹)重合时,两艾里斑重叠部分的中央光强约为每个艾里斑中央光强的80%,此时两物点的距离就作为光学仪器所能分辨的最小距离,这个判定能否被分辨的准则被称为**瑞利判据**.当两个物点 S_1 和 S_2 对透镜光心的张角 φ 满足瑞利判据时,该夹角叫**最小分辨角**,用 $\delta\varphi$ 表示.由公式(14-21)可知

$$\delta\varphi = 1.22\frac{\lambda}{D} \tag{14-22}$$

图14.31给出两个物点 S_1 和 S_2 对透镜光心的张角为最小分辨角的情况.

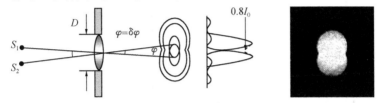

图14.31　两物点恰能分辨时的艾里斑和光强

在光学中,定义光学仪器的**分辨率**等于最小分辨角的倒数.可见,在可见光范围,提高光学仪器的分辨率应增大透光孔径,如哈勃太空望远镜的物镜直径达到2.4 m,具有很高的分辨本领.在透光孔径一定的情况下,减小波长,可以提高光学仪器的分辨率.利用电子的波动性制造出电子显微镜,它的分辨率是普通光学显微镜的数千倍,所以使用电子显微镜可以观察微观领域,如纳米材料的形貌和晶体的晶格结构.

14.10　衍　射　光　栅

14.10.1　光栅

能够等宽等间隔地分割入射波面的光学元件被称为**光栅**.利用透射光形成衍射条纹的叫透射光栅,利用反射光形成衍射条纹的叫反射光栅.下面根据透射光栅讨论衍射情况.

透射光栅是由平行排列的许多等距离、等宽度的狭缝组成.设缝宽为 a,相邻两缝间不透光部分的宽度为 b,$d = a+b$ 被称为**光栅常数**.常见光栅的光栅常数约为 $10^{-5} \sim 10^{-6}$ m 的数量级.实验表明,在光栅常数 d 一定的情况下,狭缝越多,衍射明条纹越亮、越细.

14.10.2　光栅衍射条纹的形成

由于光栅各缝透过的光要发生干涉，每一狭缝都要发生衍射，所以，光栅的衍射条纹是单缝衍射和多光束干涉的综合效果. 下面讨论夫琅禾费光栅衍射时，屏上主极大值(主明纹)应满足的条件. 如图 14.32 所示，当光垂直缝入射时，各条单缝都在同一波前上，它们发出的衍射光都是相干光. 设各缝发出衍射角 φ 方向的光，经透镜会聚在屏上 Q 点，则任意相邻两狭缝出射光束的光程差都为 $d\sin\varphi$. 若 φ 方向的光干涉加强，应满足关系

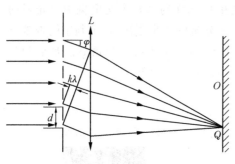

图 14.32　光栅衍射明纹的形成

$$d\sin\varphi = \pm k\lambda, \quad k = 0,1,2,\cdots \tag{14-23}$$

式(14-23)称为光栅方程. $k=0$ 对应的条纹叫中央明纹，正、负号表示其他条纹以中央明纹为对称，$k=1,2,\cdots$ 对应第一级主极大、第二级主极大、……

然而，对于每条狭缝发出的光，当衍射角 φ 既满足式(14-23)，同时又满足单缝衍射暗纹条件

$$a\sin\varphi = \pm 2k' \cdot \frac{\lambda}{2}, \quad k' = 1,2,\cdots \tag{14-24}$$

时，这些相应的主极大将消失，出现衍射暗纹，这种现象叫缺级. 由公式(14-23)和公式(14-24)解得

$$\frac{d}{a} = \frac{k}{k'}, \quad \text{即 } k = \frac{d}{a}k' \tag{14-25}$$

比如，$d:a=3:1$，则由光栅方程算得的 $k=3,6,9,\cdots$ 主明纹不出现. 如图 14.30 所示，其中图 14.33(a)对应单缝衍射光强分布，图 14.33(b)对应缝数为 5 的多缝干涉光强分布，图 14.33(c)中实线是 $d:a=3:1$ 的光栅衍射光强分布曲线. 由图 14.33 可见，当单缝衍射光强与多缝干涉光强二者其中一个为零时，总光强为零.

细心的读者会注意到在多缝干涉曲线的主极大间出现一些光强为零的点和次极大，下面我们对图 14.33(b)的多缝干涉光强分布的详细情况做一定说明.

如果光栅上各条狭缝在衍射角 φ 方向上的衍射光相互干涉后完全相消，那么就会出现光栅衍射的暗纹. 假设 N 个狭缝的光振幅矢量分别为 $\boldsymbol{E}_1, \boldsymbol{E}_2, \boldsymbol{E}_3, \cdots, \boldsymbol{E}_N$，而这 N 个矢量叠加后完全相消，意味着它们恰好组成如图 14.34 所示的闭合图形，现知两个相邻狭缝的光振幅矢量间的

注：小字部分引用《大学物理学(第五版)》(马文蔚主编).

相位差为

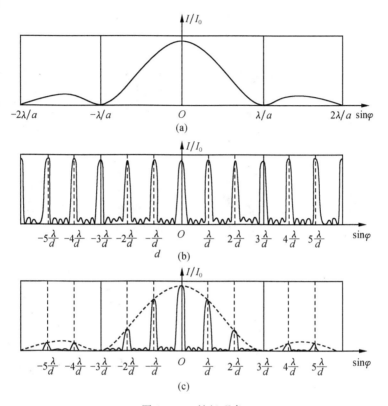

图 14.33 缺级现象

$$\Delta\varphi = \frac{2\pi}{\lambda}d\sin\varphi \qquad (14\text{-}26)$$

而 N 个矢量构成闭合图形时,有

$$N\Delta\varphi = \pm 2k'\pi, \quad k' = 1,2,3,\cdots \quad (但不包括 N, 2N,\cdots)$$
$$(14\text{-}27)$$

于是,得到光栅衍射条纹暗纹的条件为

$$d\sin\varphi = \pm \frac{k'}{N}\lambda,$$

$$k' = 1,2,3,\cdots,(N-1),(N+1),(N+2),\cdots \quad (14\text{-}28)$$

这里 k' 不含 $N, 2N,\cdots$ 诸值,是因为这已属于式(14-23)光栅方程
所规定的衍射明纹的情形了.

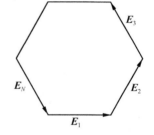

图 14.34 N 个光振幅
矢量叠加

根据以上分析不难推知,在式(14-23)给出的相邻的两明纹之间有 $N-1$ 个暗纹,明纹的宽
度由它邻近的两个暗纹中心位置决定,显然 N 越大,明纹宽度越窄.而在两个暗纹之间又必定
有一明纹,故而在式(14-23)规定的两相邻明纹之间,还有 $N-2$ 个明纹存在.理论计算表明,这
$N-2$ 个明纹的光强远小于式(14-23)给出的明纹光强[图 14.33(b)].因此,通常把式(14-23)
给出的明纹称为主明纹,而把这 $N-2$ 个强度很弱的明纹称为次明纹.图 14.33(b)、图 14.33(c)

对应于 $N=5$ 的情形. 事实上, 若 N 很大, 光栅衍射的暗纹和次明纹已连成一片, 在两个相邻的衍射主明纹之间形成了微亮的暗背景, 如图 14.35(f) 所示, 由于 N 很大呈现的只是又亮又细的各级主明纹, 称为这个波长光的光谱线.

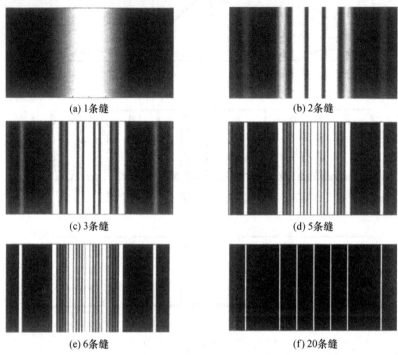

(a) 1 条缝   (b) 2 条缝

(c) 3 条缝   (d) 5 条缝

(e) 6 条缝   (f) 20 条缝

图 14.35   多缝衍射条纹

14.10.3   衍射光谱

由光栅方程可知, d 和 k 一定时, 波长越长, 对应主极大的衍射角 φ 越大. 当用白光照射光栅时, 各单色光由于波长不同, 除中央主极大明纹外, 其他条纹将形成由紫到红的彩色条纹, 每级光谱中靠近中央主极大明纹的一侧为紫色, 远离中央主极大明纹的一侧为红色, 这些彩色的光带叫做**衍射光谱**. 当衍射级次高时, 光谱彼此重叠, 如图 14.36 所示.

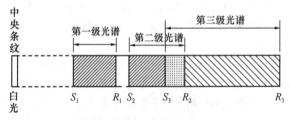

图 14.36   衍射光谱

例 14.10 用白光垂直照射在每厘米有 6000 条刻线的平面光栅上,求第三级光谱出现的波长范围.

解 白光是由紫光($\lambda_1 = 400$ nm)和红光($\lambda_2 = 760$ nm)以及它们之间的各色光组成,已知光栅常数 $d = \dfrac{1}{6000}$ cm,设第三级紫光和红光的衍射角分别为 φ_1 和 φ_2,由光栅公式可得

$$\sin\varphi_1 = 3\frac{\lambda_1}{d} = 3 \times 400 \times 10^{-9} \times 6000 \times 10^2 = 0.72$$

解得

$$\varphi_1 = 46.05°$$

$$\sin\varphi_2 = 3\frac{\lambda_2}{d} = 3 \times 760 \times 10^{-9} \times 6000 \times 10^2 = 1.37$$

这说明不存在第三级的红光明纹,即第三级光谱只能出现一部分光谱.这一部分光谱的张角是 $\Delta\varphi = 90.00° - 46.05° = 43.95°$.设第三级光谱所能出现的最大波长为 λ'(其对应的衍射角 $\varphi = 90°$),所以

$$\lambda' = \frac{d\sin\varphi'}{k} = \frac{d\sin 90°}{3} = \frac{1}{6000 \times 3}\ \text{cm} = 556(\text{nm})$$

即第三级光谱对应的波长范围是小于 556 nm 的可见光.

例 14.11 波长为 500 nm 及 520 nm 的光照射于光栅常数为 0.002 cm 的衍射光栅上.在光栅后面用焦距为 2 m 的透镜 L 把光线会聚在屏幕 E 上.求这两种光的第一级光谱线间的距离.

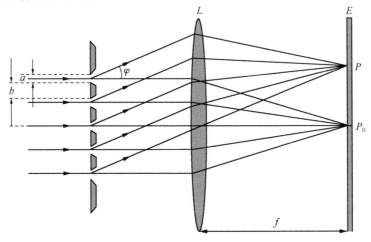

图 14.37 例 14.11 用图

解 如图 14.37 所示,根据光栅方程

$$d\sin\varphi = k\lambda$$

得

$$\sin\varphi = \frac{k\lambda}{d}$$

第一级光谱对应 $k=1$，因此相应的衍射角 φ_1 满足下式：

$$\sin\varphi_1 = \frac{\lambda}{d}$$

设 x 为谱线与中央明纹间的距离（如图 14.35 所示的 $\overline{p_0 p}$），则

$$x_1 = f\tan\varphi_1$$

本题中，由于 φ_1 很小，所以

$$\sin\varphi_1 = \tan\varphi_1$$

波长为 500 nm 及 520 nm 的第一级光谱线间的距离为

$$x_1 - x_1' = f\tan\varphi_1 - f\tan\varphi_1' = f\left(\frac{\lambda}{d} - \frac{\lambda'}{d}\right)$$

代入数值，得

$$x_1 - x_1' = 200 \times \left(\frac{520 \times 10^{-7}}{0.002} - \frac{500 \times 10^{-7}}{0.002}\right) = 0.2(\text{cm})$$

可见，光栅是重要的分光元件，能将入射的复色光分光，进行光谱分析.

在小角度衍射时，对同一波长 λ，相邻的光栅衍射明纹（不考虑缺级）间距为 $f\dfrac{\lambda}{d}$，读者可自行证明.

思 考 题

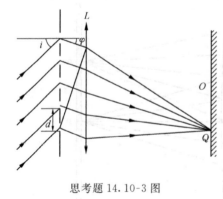

思考题 14.10-3 图

14.10-1　单缝衍射的暗纹公式与光栅主极大公式——光栅方程形式上相似，二者是否矛盾？为什么？

14.10-2　光栅衍射光谱所能观察到的级次与哪些因素有关？

14.10-3　光栅方程是在入射光线与光栅表面垂直的情况下导出的，若入射光线与光栅面法线间成夹角 i（如思考题 14.10-3 图所示），光栅方程是否还适用？若不适用，主极大应满足何种关系？

*14.11　X 射线的衍射

受高速电子撞击的金属，可以发射 X 射线. X 射线是德国实验物理学家伦琴于 1895 年发现的，并因此获得首届诺贝尔物理学奖.

实验表明，X 射线在电场中或在磁场中不发生偏转，说明 X 射线是不带电的

粒子流. 劳厄于 1912 年提出 X 射线是一种电磁波, 可以产生干涉和衍射现象, 并用晶体作为天然的透射光栅, 观察到了 X 射线的衍射现象, 从而判定出 X 射线是波长很短的电磁波. 劳厄于 1914 年因此而获得诺贝尔物理学奖.

1913 年布拉格父子以晶体为反射光栅, 提出了一种解释 X 射线衍射的方法. 如图 14.38 所示, 小圆圈表示晶体点阵中的原子 (或离子), 晶体内各相邻点阵平面之间的距离为 d. 当 X 射线以掠射角 φ (图 14.38) 入射到各点阵平面上的各原子上时, 由于各原子向各方向发出子波, 在服从反射定律的方向有最强的衍射强度, 所以在该方向上的总衍射强度取决于各平面反射波的相干叠加结果. 由图 14.35 可见, 当上下相邻两层晶体点阵平面反射光的光程差满足

$$2d\sin\varphi = k\lambda, \quad k = 0,1,2,\cdots \tag{14-29}$$

时, 各平行层上反射的 X 射线干涉才能相互加强. 式 (14-29) 叫**布拉格公式**.

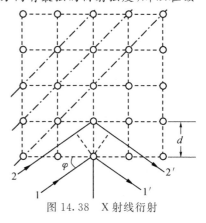

图 14.38 X 射线衍射

实验中根据布拉格公式, 在已知晶体的晶面间距 d 和掠射角 φ 时, 可以确定入射 X 射线的波长 λ; 在已知 X 射线波长 λ 和掠射角 φ 时, 可以确定晶体的晶面间距 d, 这为研究原子结构和晶体结构提供了重要依据. 现在, X 射线衍射结构分析在结晶学、化学、材料科学、生物学和医学等学科上都有着广泛应用.

14.12 光的偏振

14.12.1 自然光 线偏振光 部分偏振光

凡是波动都有干涉、衍射现象, 而偏振现象是横波独有的. 在前面电磁波的讨论中已知光波是横波. 普通光源发出的光包含着各个方向的光矢量 (**E** 矢量), 而且各方向光矢量的振幅都相等, 这样的光源发出的光叫做**自然光**. 具体表示时, 常把自然光的各个方向光矢量的振动向两个相互垂直的方向分解. 由于这两个方向的光振动是相互独立的, 所以, 它们的相位之间无固定的相位差, 不能把它们叠加成一个具有某一方向的合矢量. 两个相互垂直的方向的光强各占自然光总光强的一半. 自然光的表示方法如图 14.39 所示, 图中用点和短线分别表示垂直于纸面和在纸面内的光振动, v 表示光的传播方向.

图 14.39 自然光

光矢量只沿某一固定方向振动的光称为线偏振光. 线偏振光是一种完全偏振光. 其表示方法如图 14.40 所示. 光矢量方向和光的传播方向构成的平面叫**振动面**, 在图 14.40(b) 中振动面即为纸面.

(a) 振动方向垂直于纸面的偏振光　　　　(b) 振动方向平行于纸面的偏振光

图 14.40　偏振光

若在某一方向振动较强,而与它垂直的方向上振动较弱,这种光称为**部分偏振光**,其表示方法如图 14.41 所示.

(a) 垂直纸面方向振动较强的部分偏振光　　　(b) 在纸面内振动较强的部分偏振光

图 14.41　部分偏振光

14.12.2　偏振片　马吕斯定律

二向色性物质对光波的振动有选择性的吸收,能吸收某一方向的光振动,而与这个方向垂直的光振动吸收甚微.将玻璃片涂敷上这种二向色性材料,就制成了偏振片.当自然光照射在偏振片上时,只有一特定方向的光振动通过,这个方向叫做偏振片的偏振化方向.常以"↕"符号标记在偏振片上.

使自然光变为偏振光的偏振片叫起偏器.偏振片还可以用来检验入射光是否是偏振光,这时的偏振片叫检偏器.在光路中插入检偏器,检偏器以光线为轴旋转一周,若入射光为自然光,出射光强始终为入射光强的一半.若入射光为偏振光,检偏器旋转 360°,出射光强会出现两次为零,两次最大的情况.所以,迎着光线方向观察通过检偏器的光强,即可知照射到检偏器上的光是否为偏振光.

偏振光通过偏振片,入射光强与出射光强之间的定量关系,是马吕斯从实验中总结出来的,称为**马吕斯定律**.其数学形式为

$$I = I_0 \cos^2 \alpha \tag{14-30}$$

式中,I_0 是照射到偏振片上的偏振光的强度,I 是从偏振片透射的光强,α 是入射的偏振光的光振动方向与偏振片的偏振化方向之间的夹角.下面通过分析光波的振幅,很容易得到马吕斯定律.如图 14.42 所示,起偏器的偏振化方向为 OP_1,检偏器的偏振化方向为 OP_2,由起偏器射出的偏振光的振幅为 E_0,在检偏器的偏振化方向上的分量为 $E_0 \cos\alpha$,垂直检偏器偏振化方向的振动分量被偏振片所吸收,透射的仅为检偏器偏振化方向的振动.由于光的强度与振幅的平方成正比,所以有

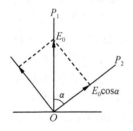

图 14.42　马吕斯定律

$$\frac{I}{I_0} = \frac{E_0^2 \cos^2 \alpha}{E_0^2}, \quad 即 \ I = I_0 \cos^2 \alpha$$

例 14.12　两偏振片分别作为起偏器和检偏器,当它们的偏振化方向成 30°时,观测一个光源发出的自然光;成 45°时,再观测同一位置的另一光源发出的自

然光,两次观测到的光强度相等,求两光源强度之比.

解 设两光源出射光强分别为 I_1 和 I_2,按马吕斯定律,两光源发出的光透过检偏器后的光强度分别为

$$I_1' = \frac{I_1}{2}\cos^2 30°, \quad I_2' = \frac{I_2}{2}\cos^2 45°$$

由题知 $I_1' = I_2'$,则由上两式可得

$$I_1 \cos^2 30° = I_2 \cos^2 45°$$

得两光源强度之比为

$$\frac{I_1}{I_2} = \frac{\cos^2 45°}{\cos^2 30°} = \frac{2/4}{3/4} = \frac{2}{3}$$

14.13 反射光与折射光的偏振

自然光在两种各向同性介质分界面上反射、折射时,反射光和折射光都是部分偏振光,反射光中垂直入射面的振动多于平行入射面的振动,折射光中平行入射面的振动多于垂直入射面的振动,如图 14.43(a)所示.

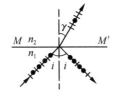
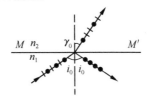

(a) 自然光入射产生部分偏振光　　　**(b) 自然光以 i_0 入射,反射光为完全偏振光**

图 14.43　反射光与折射光的偏振

当入射角满足关系式

$$\tan i_0 = \frac{n_2}{n_1} \tag{14-31}$$

时,反射光为光振动垂直于入射面的完全偏振光,该式称为**布儒斯特定律**,角 i_0 称为**起偏振角**或**布儒斯特角**,此时折射光仍是部分偏振光,如图 14.43(b)所示.

当光线以布儒斯特角 i_0 入射时,根据折射定律和布儒斯特定律很容易证明,反射光和折射光的传播方向相互垂直,即 $i_0 + \gamma_0 = \pi/2$,其中,γ_0 是对应入射角 i_0 时的折射角.

由于自然光以布儒斯特角入射时,反射的完全偏振光的强度仅占入射光强的 7.5%,所以实际中不用此方法获得偏振光,而是利用自然光以布儒斯特角入射,通过玻璃片堆将绝大部分的垂直光振动反射掉,获得透射的光振动平行于入射面的完全偏振光(近似).

*14.14　双折射现象

一束入射光在各向异性介质的界面折射时,产生两束折射光的现象称为**双折射现象**.其中一束折射光始终在入射面内,且遵守折射定律,称为寻常光线,简称 **o 光**.另一束折射光一般不在入射面内,也不遵守折射定律,沿不同方向有不同的折射率,称为非常光线,简称 **e 光**.o 光和 e 光都是完全偏振光,o 光沿各个方向传播速度相同,而 e 光在晶体中的光速则随传播方向而改变.

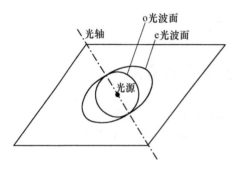

图 14.44　方解石晶体的 o 光、
e 光仅在光轴方向传播速度相同

如图 14.44 所示,在晶体中存在着一个特殊的方向,当光线在晶体内沿着这个方向传播时,o 光和 e 光的传播速度相同,不发生双折射,这个特殊的方向称为晶体的**光轴**.在垂直于光轴上,e 光与 o 光的传播速度相差最大,在该方向 e 光的折射率称为晶体的主折射率 n_e.有一个光轴的晶体,称为单轴晶体(如石英、方解石等);具有两个光轴的晶体,称为双轴晶体(如云母、硫黄等).表 14.1 列出了几种单轴晶体的折射率.

表 14.1　几种单轴晶体的折射率

晶　体	n_o	n_e	晶　体	n_o	n_e
方解石	1.6584	1.4864	冰	1.309	1.313
石英	1.5443	1.5534	白云石	1.6811	1.500
电石气	1.669	1.638	硝酸钠	1.585	1.337

用人工的方法,也可以使某些物质呈现双折射现象.比如,在电场作用下,可以使某些各向同性的透明介质变为各向异性的,从而使光产生双折射,这种现象称为电光效应.它是由克尔(1824～1907)在 1875 年发现的,所以也叫克尔效应.利用克尔效应制造的"电控光开关",已广泛应用于电影、电视和激光通信等许多领域.另外,1816 年布儒斯特发现玻璃和塑料等非晶体材料,在机械应力作用下,可以变成光学各向异性的介质,这种现象叫光弹性效应或应变双折射.这是由于在有应力的透明介质中,o 光和 e 光的折射率之差与应力分布有关.在厚度均匀的介质中,应力不同的地方,由于 o 光和 e 光的折射率之差而引起两光间相位差的不同,就会呈现出反应应力差别的干涉条纹.例如,把塑料膜拉紧后夹在两块偏振片之间,通过白光观察可以看到彩色图样.拉力改变,彩色图样也发生变化,显示出双折射性质随应力变化.利用这个方法来研究介质应力的分布,目前已发展成为一个专门的学

科——光测弹性学,它解决了工程设计中极其复杂的应力分析问题.光测弹性仪就是利用这个原理来检查应力分布的仪器.

*14.15 旋 光 现 象

如图 14.45 所示,在晶体中沿光轴方向传播的光不发生双折射,但它的振动面以光的传播方向为轴线旋转了一个角度.对于不同厚度的石英薄片,这个旋转角度的大小随着晶片的厚度而增加.这说明偏振光在石英内传播时,振动面是在不断旋转的.

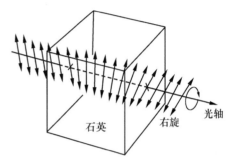

偏振光通过物质后振动面发生旋转的现象叫做**旋光现象**,产生旋光现象的物质叫做旋光性物质.后来在许多其他晶体以及某些液体中也发现了这种现象,如松

图 14.45 旋光现象

节油等纯液体、糖的水溶液和酒石酸溶液等,包括许多非晶体在内的几千种物质都具有旋光性.

实验表明,对于有旋光性的溶液,振动面的旋转角度 $\Delta\varphi$ 正比于光所通过溶液的厚度 l 和旋光性溶质的浓度 ρ,即

$$\Delta\varphi = \alpha l \rho \tag{14-32}$$

式中,α 为物质的旋光率,它与物质的性质、入射光的波长以及温度有关.若已知 α 和 l 值,就可以通过实验测出光振动面的旋转角度 $\Delta\varphi$,再用式(14-32)可计算旋光性溶质的浓度,量糖计就是根据这个原理制成的.这种方法也广泛应用于化学和制药工业中.

本 章 提 要

1. 光的干涉

(1) 光程:几何路程与介质折射率的乘积.

光程差:两列光波在不同路径中传播的光程之差

$$\Delta = n_2 r_2 - n_1 r_1$$

(2) 光程差与相位差的关系

$$\Delta\varphi = 2\pi \frac{\Delta}{\lambda}$$

(3) 以光程差表示的干涉极大、极小条件

$$\Delta = \pm k\lambda, \quad k = 0, 1, 2, \cdots \quad 极大(明纹中心)$$

$$\Delta = \pm(2k+1)\frac{\lambda}{2}, \quad k = 0,1,2,\cdots \quad \text{极小(暗纹中心)}$$

(4) 半波损失:光由光疏介质到光密介质,在反射点,反射波与入射波相位差 π,相当于反射波光程多(或少)半个波长.

(5) 获得相干光的方法:分波阵面法;分振幅法.

(6) 杨氏双缝干涉(分波阵面法).

明暗纹公式

$$x = \pm\frac{D}{d}k\lambda, \quad k = 0,1,2,\cdots \quad \text{明纹中心}$$

$$x = \pm\frac{D}{d}(2k+1)\frac{\lambda}{2}, \quad k = 0,1,2,\cdots \quad \text{暗纹中心}$$

条纹间距

$$\Delta x = \frac{D}{d}\lambda$$

(7) 薄膜(折射率 n_2)干涉. 单色光垂直入射的光程差.

当各介质层的折射率逐层变大或逐层变小时

$$\Delta_\text{反} = 2n_2e = k\lambda, \quad k = 1,2,\cdots \quad \text{反射加强;透射减弱}$$

$$\Delta_\text{反} = 2n_2e = (2k+1)\frac{\lambda}{2}, \quad k = 0,1,2,\cdots \quad \text{反射减弱;透射加强}$$

当薄膜的折射率比薄膜外介质的折射率大或小时

$$\Delta_\text{反} = 2n_2e + \frac{\lambda}{2} = k\lambda, \quad k = 1,2,\cdots \quad \text{反射加强;透射减弱}$$

$$\Delta_\text{反} = 2n_2e + \frac{\lambda}{2} = (2k+1)\frac{\lambda}{2}, \quad k = 1,2,\cdots \quad \text{反射减弱;透射加强}$$

(8) 劈尖(折射率 n)干涉(等厚干涉). 单色光垂直入射的光程差同薄膜情况分析,但此处 e 可以取零.

相邻明纹(或相邻暗纹)对应的劈尖厚度差

$$\Delta e = e_{k+1} - e_k = \frac{\lambda}{2n}$$

相邻明纹(或相邻暗纹)的间距

$$l = \frac{\lambda}{2n\theta}$$

(9) 牛顿环(等厚干涉).

明环半径

$$r = \sqrt{\left(k - \frac{1}{2}\right)R\lambda}, \quad k = 1,2,\cdots$$

暗环半径

$$r = \sqrt{kR\lambda}, \quad k = 0,1,2,\cdots$$

2. 光的衍射

（1）惠更斯-菲涅耳原理：同一波阵面上各点发出的子波，在传播过程中相遇时，能相互叠加而产生干涉现象，空间各点波的强度，由各子波在该点的相干叠加所决定.

（2）单缝夫琅禾费衍射

$$a\sin\varphi = \pm 2k\frac{\lambda}{2}, \quad k = 1,2,\cdots \quad \text{暗纹中心}$$

$$a\sin\varphi = \pm(2k+1)\frac{\lambda}{2}, \quad k = 1,2,\cdots \quad \text{明纹中心}$$

$$a\sin\varphi = 0, \quad \text{中央明纹中心}$$

中央明纹宽度

$$l_0 = 2\frac{\lambda}{a}f$$

其他明纹宽度

$$l = \frac{\lambda}{a}f$$

（3）光学仪器的最小分辨角

$$\delta\varphi = 1.22\frac{\lambda}{D}$$

（4）光栅衍射：衍射条纹是单缝衍射和多光束干涉的综合效果.

光栅常数

$$d = a + b$$

光栅方程

$$d\sin\varphi = \pm k\lambda, \quad k = 0,1,2,\cdots$$

当衍射角 φ 满足单缝暗纹条件时出现缺级.

（5）X 射线的衍射.

布拉格公式

$$2d\sin\varphi = k\lambda, \quad k = 0,1,2,\cdots$$

式中，d 为晶面间距，φ 为掠射角.

3. 光的偏振

（1）自然光通过偏振片光强减少一半.

（2）偏振光通过偏振片光强服从马吕斯定律

$$I = I_0\cos^2\alpha$$

（3）布儒斯特定律：当入射角满足关系式

$$\tan i_0 = \frac{n_2}{n_1}$$

时，反射光为光振动垂直于入射面的完全偏振光.

（4）双折射可以产生 o 光、e 光两种偏振光.

习　题

14-1　两束相干光强度均为 I，在干涉极大处光的强度为（　　）

A. I，　　　　　　B. $2I$，　　　　　　C. $4I$，　　　　　　D. $\sqrt{2}I$.

14-2　在杨氏双缝干涉实验中，如果入射光的波长不变，将双缝间的距离变为原来的一半，狭缝到屏幕的垂直距离变为原距离的 2/3 倍，下列陈述正确的是（　　）

A. 相邻明（暗）纹间距是原间距的 3/4 倍，

B. 相邻明（暗）纹间距是原间距的 4/3 倍，

C. 相邻明（暗）纹间距是原间距的 2/3 倍，

D. 相邻明（暗）纹间距是原间距的 3/2 倍.

14-3　在杨氏双缝干涉中，若作如下一些变动时，屏幕上的干涉条纹将如何变化？

（1）将单色光换成白光；

（2）将红光变为紫光；

（3）将屏幕向双缝靠近；

（4）略增大双缝间距.

14-4　如习题 14-4 图所示，屏上 O 点到双缝的距离相等. 在双缝干涉实验中，若把一厚度为 e、折射率为 n 的薄云母片覆盖在 S_1 缝上，中央明条纹将出现在 O 点_____；覆盖云母片后，两束相干光至 O 处的光程差为_____.

14-5　光源 S_1 和 S_2 在真空中发出的光都是波长为 λ 的单色光，现将它们分别放于折射率为 n_1 和 n_2 的介质中，如习题 14-5 图所示. 界面上一点 P 到两光源的距离分别为 r_1 和 r_2. 求：

（1）两束光在介质中的波长各为多大？

（2）两束光到达点 P 的相位变化各为多大？

（3）假如 S_1 和 S_2 为相干光源，并且初相位相同，求点 P 干涉加强和干涉减弱的条件.

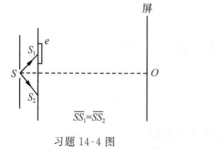

习题 14-4 图

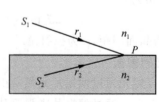

习题 14-5 图

14-6　波长为 λ 的单色光在折射率为 n 的介质中由 a 点传到 b 点相位改变了 π,则光从 a 点到 b 点的几何路程为(　　)

A. $\dfrac{\lambda}{2n}$,　　　　　B. $\dfrac{\lambda n}{2}$,　　　　　C. $\dfrac{\lambda}{2}$,　　　　　D. $n\lambda$.

14-7　在相同的时间内,一束波长为 λ 的单色光在空气和在介质中(　　　)

A. 传播的路程不相等,走过的光程相等,

B. 传播的路程不相等,走过的光程不相等,

C. 传播的路程相等,走过的光程相等,

D. 传播的路程相等,走过的光程不相等.

14-8　在双缝干涉实验中,两缝分别被折射率为 n_1 和 n_2 的透明薄膜遮盖,二者的厚度均为 e.波长为 λ 的平行单色光垂直照射到双缝上,在屏中央处,两束相干光的相位差 $\Delta\varphi=$ _____.

14-9　在双缝干涉实验中,波长 $\lambda=550$ nm 的单色平行光垂直入射到缝间距 $d=2\times10^{-4}$ m 的双缝上,屏到双缝的距离 $D=2$ m.求:

(1) 中央明纹两侧的两条第 10 级明纹中心的间距;

(2) 用一厚度为 $e=8.53\times10^3$ nm 的薄片覆盖一缝后,这时屏上的第 9 级明纹恰好移到屏幕中央原零级明纹的位置,问薄片的折射率为多少(1 nm $=10^{-9}$ m)?

14-10　在杨氏双缝干涉实验中,用厚度为 e、折射率分别为 n_1 和 n_2($n_1<n_2$)的两片透明介质分别盖住实验中的上、下两缝,若入射光的波长为 λ,此时屏上原来的中央明纹处被第三级明纹所占据,则该介质薄片的厚度为(　　)

A. 3λ,　　　　　B. $\dfrac{3\lambda}{n_2-n_1}$,　　　　　C. 2λ,　　　　　D. $\dfrac{2\lambda}{n_2-n_1}$.

14-11　在杨氏双缝干涉实验中,屏幕 E 上的 P 点处是明条纹.若将缝 S_2 盖住,并在 S_1S_2 连线的垂直平面处放一反射镜 M,如习题 14-11 图,则此时(　　)

A. P 点处仍为明条纹,

B. P 点处为暗条纹,

C. 不能确定 P 点处是明条纹还是暗条纹,

D. 无干涉条纹.

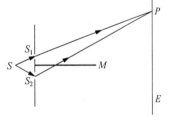

习题 14-11 图

14-12　如习题 14-12 图所示,波长为 λ 的平行单色光垂直入射在折射率为 n_2 的薄膜上,经上下两个表面反射的两束光发生干涉.若薄膜厚度为 e,而且 $n_2>n_1$,$n_2>n_3$,则两束反射光在相遇点的相位差为(　　)

A. $4\pi n_2 e/\lambda$,　　　B. $2\pi n_2 e/\lambda$,　　　C. $(4\pi n_2/\lambda)+\pi$,　　　D. $(2\pi n_2 e/\lambda)-\pi$.

14-13　习题 14-12 图中,其透射光的加强条件为 _____.

14-14　在空气中垂直入射到折射率为 1.40 的薄膜上的白光,若使其中的红光(波长为 760 nm)成分被薄膜的两个表面反射而发生干涉相消,问此薄膜厚度的最小值应为多大?

14-15　在习题 14-15 图中,玻璃表面镀一层氧化钽(Ta_2O_5)薄膜,为测其膜厚,将薄膜一侧腐蚀成劈尖形状.用氦氖激光器产生的激光(波长为 632.8 nm)从空气中垂直照射到 Ta_2O_5 薄

膜的劈状部分,共看到 5 条暗条纹,且第 5 条暗纹中心恰位于图中劈尖的最高点 A 处,求此 Ta_2O_5 薄膜的厚度 e(已知 Ta_2O_5 对 632.8 nm 激光的折射率为 2.21,玻璃的折射率小于 2.21).

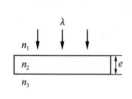

习题 14-12 图

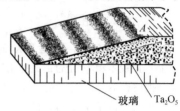

习题 14-15 图

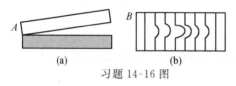

习题 14-16 图

14-16　如习题 14-16 图(a)所示,一光学平板玻璃 A 与待测工件 B 之间形成空气劈尖,用波长 $\lambda = 500$ nm 的单色光垂直照射.看到的反射光的干涉条纹如习题 14-16 图(b)所示.有些条纹弯曲部分的顶点恰好与其右边条纹的直线部分的连线相切.则工件的上表面缺陷是(　　)

　　A. 不平处为凸起纹,最大高度为 500 nm,

　　B. 不平处为凸起纹,最大高度为 250 nm,

　　C. 不平处为凹槽,最大深度为 500 nm,

　　D. 不平处为凹槽,最大深度为 250 nm.

14-17　两块矩形的平板玻璃叠放于桌面上,将一直细丝从一边塞入它们之间,使两玻璃板之间形成一个劈形气隙.用钠光(波长为 589 nm)垂直照射,将观察到干涉条纹.实验中,测得劈尖厚度为零处到细丝直径处间距为 5 cm,直径处刚好为第 60 条亮纹中心,求细丝的直径.

*14-18　牛顿环实验中,反射光的干涉情况是(　　)

　　A. 中心暗斑,条纹为内密外疏的同心圆环,

　　B. 中心暗斑,条纹为内疏外密的同心圆环,

　　C. 中心亮斑,条纹为内密外疏的同心圆环,

　　D. 中心亮斑,条纹为内疏外密的同心圆环.

14-19　在习题 14-19 图所示的瑞利干涉仪中,T_1、T_2 是两个长度都是 l 的气室,波长为 λ 的单色光的缝光源 S 放在透镜 L_1 的前焦面上,在双缝 S_1 和 S_2 处形成两个同相位的相干光源,用目镜 E 观察透镜 L_2 焦平面 C 上的干涉条纹.当两气室均为真空时,观察到一组干涉条纹.在向气室 T_2 中充入一定量的某种气体的过程中,观察到干涉条纹移动了 M 条.试求出该气体的折射率 n(用已知量 M,λ 和 l 表示出来).

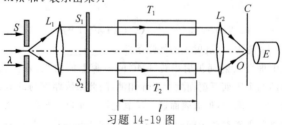

习题 14-19 图

14-20 在单缝夫琅禾费衍射装置中,设中央明纹的衍射角范围很小.若使单缝宽度 a 变为原来的 3/2,同时使入射的单色光的波长 λ 变为原来的 3/4,则屏幕上单缝衍射条纹中央明纹的宽度 Δx 将变为原来的( )

A. 3/4 倍,   B. 2/3 倍,   C. 2 倍,   D. 1/2 倍.

14-21 在单缝夫琅禾费衍射实验中,将单缝宽度 a 稍稍变窄,同时使狭缝与屏幕之间的透镜沿垂直于狭缝的方向作微小上移,则屏幕 E 上的中央衍射条纹将( )

A. 变宽,同时上移,   B. 变宽,同时下移,

C. 变宽,不移动,   D. 变窄,同时上移.

14-22 一单缝夫琅禾费衍射实验,当把单缝向屏幕方向稍微移动一点时,衍射图样将( )

A. 向上平移,   B. 向下平移,   C. 不动,   D. 消失.

14-23 为测量一单色光的波长,下列方法中相对最准确的是( )实验.

A. 双缝干涉,   B. 牛顿环干涉,   C. 单缝衍射,   D. 光栅衍射.

14-24 (1) 在单缝夫琅禾费衍射实验中,垂直入射的光有两种波长,$\lambda_1 = 400$ nm,$\lambda_2 = 760$ nm.已知单缝宽度 $a = 2.0 \times 10^{-2}$ cm,透镜焦距 $f = 100$ cm.求两种光第 1 级衍射明纹中心之间的距离;

(2) 若用光栅常数 $d = 2.0 \times 10^{-3}$ cm 的光栅替换单缝,其他条件和上一问相同,求两种光第 1 级主极大之间的距离.

14-25 平行的白光垂直地照射在一光栅常数为 3.0×10^{-3} cm 的衍射光栅上.在光栅后面放置一焦距为 1.2 m 的透镜把衍射光会聚在接收屏上,求第 1 级谱线的宽度.

14-26 一束波长为 600 nm 的平行光垂直照射到透射平面衍射光栅上,在与光栅法线成 45°角的方向上观察到该光的第 2 级谱线.问该光栅每毫米有多少刻痕?

*14-27 设显微镜物镜的直径为 0.90 cm,对于可见光中波长为 550 nm 的光,试求此显微镜的最小分辨角和分辨率.

14-28 两偏振片的偏振化方向成 60°角,透射光强度为 I_1.若入射光不变而使两偏振片的偏振化方向之间的夹角变为 45°角,求透射光的强度.

14-29 两个偏振片叠在一起,在它们的偏振化方向成 $\alpha_1 = 30°$ 时,观测一束单色自然光.又在 $\alpha_2 = 45°$ 时,观测另一束单色自然光.若两次所测得的透射光强度之比为 $I_1/I_2 = 2$,求两次入射自然光的强度之比.

14-30 水的折射率为 1.33,玻璃的折射率为 1.50.当光由水中射向玻璃而被界面反射时,起偏角为_____,当光由玻璃中射向水而被界面反射时,起偏角为_____.

14-31 一束平行的自然光,以 60°角入射到平玻璃表面上.若反射光束是完全偏振光,则透射光束的折射角是_____;玻璃的折射率为_____.

【科学家简介】

斯蒂芬·霍金(1942~),是 21 世纪享有国际盛誉的伟人之一,出生于伽利略逝世周年纪念日,剑桥大学应用数学及理论物理学系教授,当代最重要的广义相对论和宇宙论家,被誉为继爱因斯坦之后世界上最著名的科学思想家和最杰出的理

论物理学家.

霍金先后毕业于牛津大学和剑桥大学,并获剑桥大学哲学博士学位.在大学学习后期,开始患"肌肉萎缩性脊髓侧索硬化症",半身不遂,他被禁锢在一张轮椅上达 20 年之久,尽管他那么无助地坐在轮椅上,却克服了残废之患而成为国际物理界的超新星.他不能写,甚至口齿不清,但他超越了相对论、量子力学、大爆炸等理论而解开了宇宙之谜.他克服身患残疾的种种困难,于 1965 年进入剑桥大学冈维尔和凯厄斯学院任研究员.这个时期,他在研究宇宙起源问题上,创立了宇宙之始是"无限密度的一点"的著名理论.1969 年任冈维尔和凯厄斯学院科学杰出成就研究员.1972 年后在剑桥大学天文研究所、应用数学和理论物理学部进行研究工作,1977 年任教授,1979 年任卢卡斯讲座数学教授.其间,1974 年当选为皇家学会最年轻的会员.他于 1978 年和 1988 年先后获得物理学界两项大奖,即阿尔伯特·爱因斯坦奖和沃尔夫奖.霍金的成名始于对黑洞的研究成果,他研究黑洞普通物理学定理不再适用的时空领域和宇宙起源大爆炸原理,提出黑洞能发射辐射(现在叫霍金辐射)的预言现在已是一个公认的假说,他证明了黑洞有温度,黑洞能发出热辐射,以及气化导致质量减少,在统一 20 世纪物理学的两大基础理论——相对论和量子论方面他走出了重要一步.他的不朽名著《时间简史:从大爆炸到黑洞》,从研究黑洞出发,探索了宇宙的起源和归宿,它改变了人类对宇宙的观念.该书一出版即在全世界引起巨大反响.《霍金讲演录——黑洞、婴儿宇宙及其他》,是他由 1976～1992 年所写文章和演讲稿共 13 篇结集而成.讨论了虚时间、有黑洞引起的婴儿宇宙的诞生以及科学家寻求完全统一理论的努力,并对自由意志、生活价值和死亡做出了独到的见解.他撰写的《时空本性》体现了广义相对论与量子理论的统一.

第15章 光的吸收、色散和散射

【学习目标】

了解什么是一般吸收和选择吸收,理解朗伯定律的数学表达式,了解吸收光谱的作用.能区分光的色散和散射,了解正常色散的变化规律.能区分廷德尔散射和瑞利散射,了解瑞利定律.

光的吸收、色散和散射是光在介质中传播时所发生的普遍现象.学习这些现象的相关知识,既可以了解光与物质的相互作用,对光的本性有进一步的认识,也可以得到许多有关物质结构的重要知识.

15.1 光 的 吸 收

光通过介质时,其强度随介质的厚度增加而减少的现象,称为介质对**光的吸收**.从能量的角度考虑,光的吸收就是光在通过介质时,光能转换成了其他形式的能量.实验表明,光的吸收是物质具有的普遍性质,所以光的吸收理论有着广泛的应用,如大气中对光产生吸收的主要为水蒸气、二氧化碳和臭氧,研究它们的含量变化,可为气象预报提供必要的依据.此外,红外遥感、红外导航和红外跟踪等技术都要用到光的吸收理论.

15.1.1 一般吸收和选择吸收

光的吸收可分为一般吸收和选择吸收两种.

在一定波长范围内,若某种介质对于通过它的各种波长的光波能量都做等量吸收,并且吸收的能量很少,则称这种吸收为**一般吸收**.

若介质吸收某种波长的光能特别显著,则称其为**选择吸收**.

如果不把光局限于可见光范围内,可以说一切物质都具有一般吸收和选择吸收两种特性.即除了真空外,没有一种介质对任何波长的电磁波是透明的.所有的物质都是对某些波长范围内的光是透明的,而对另一些波长范围内的光不透明.这就表明,介质对不同波长的光表现出不同程度的吸收.比如,石英对可见光几乎是完全透明的,说明石英对可见光吸收很少,是一般吸收.而对波长范围在 $3.5\sim5.0\,\mu m$ 的红外光几乎是不透明的,即石英对该波段的红外光有强烈的吸收,这时对应选择吸收.

选择吸收是物体呈现颜色的主要原因.一些透明物体的颜色,是由于某些波长的光透入其内一定距离后被吸收掉而引起的.例如,海水对红光是选择吸收,这样红光被很快吸收掉,而海水对蓝绿光是一般吸收,所以蓝绿光可以透过相当的深度,所以海水呈现蓝绿色.而纯水对可见光范围内的各种波长都是一般吸收,光束通过纯水后,只改变其强度而不改变其波长(颜色),所以纯水是无色透明的.对于不透明的物体则不同,不透明物体反射什么颜色的光到眼里,我们就感觉不透明物体是什么颜色.如果一个物体对白光中所有波长的光都强烈吸收,它呈现黑色;反之,如果在白光照射下,一个物体对白光中所有波长的光都不吸收,它就反射各种波长的光而呈现白色.例如,在白光下见到的白纸红字,在红光照射下,看到的都是红色;在蓝光照射下,看到的是蓝纸黑字.实际中,绝大多数物体呈现的颜色通常是混合色,纯色是很少看到的.

15.1.2　光的吸收定律

实验表明,各种介质对电磁波都有吸收,只是吸收的多少不同.光的强度随光在介质中通过的距离而减少,其规律被称为**朗伯定律**.朗伯定律的数学表达式为

$$I = I_0 e^{-k_a x} \tag{15-1}$$

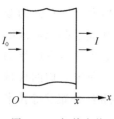

图 15.1　朗伯定律

式中,x 是平行光在均匀介质中通过的距离,I_0 是 $x=0$ 处的光强,I 是光在介质中通过 x 距离后的光强(图 15.1),k_a 是吸收系数,它是波长的函数,k_a 前面的负号反映出 x 增加时,I 减弱.在一般吸收的波段内,k_a 值很小,近似为一常数;在选择吸收的波段内,k_a 值甚大,并且随波长的变化有显著的不同.

当薄层厚度等于 k_a^{-1} 时,由朗伯定律知,光的强度减少到入射光强 I_0 的 $1/e(e=2.72)$ 倍.各种物质的 k_a 值可在一个很大的范围内变化,对于可见光波段,大气压强下的空气,k_a 约等于 10^{-5} cm^{-1};一般玻璃的 k_a 约等于 10^{-2} cm^{-1},金属的 k_a 约为 $10^4 \sim 10^5$ cm^{-1}.实验证明,朗伯定律在光的强度变化非常大的范围(约 10^{20} 倍)内都是正确的,但对于激光不适用.

实验还表明,对于稀溶液,溶液的吸收系数与溶液浓度有关.比尔定律指出,溶液的吸收系数 k_a 正比于溶液的浓度 c,即 $k_a = Ac$,式中 A 是一个与浓度无关的常数,它表征吸收物质的分子特性.因而对于稀溶液,式(15-1)可写成如下形式:

$$I = I_0 e^{-Acx} \tag{15-2}$$

式(15-2)为**比尔定律**的数学表达式,该定律仅在物质分子的吸收本领不受其四周邻近分子的影响时才正确.在浓度很大时,分子间的相互影响不能忽略,此时比尔

定律不成立.因而,虽然朗伯定律始终成立,但比尔定律有时不一定成立.

在比尔定律可成立的情况下,根据式(15-2),可以通过测量光在溶液中强度的变化,来计算溶液的浓度,这就是吸收光谱分析的原理.

15.1.3 吸收光谱

产生连续光谱的光源所发出的光,通过有选择吸收的介质后,用分光光度计可以观测出某些波段或某些波长的光被吸收,这就形成了吸收光谱.分光光度计装置示意图如图 15.2 所示,图中狭缝 S_1、S_2 位于透镜 L_1、L_2 的焦平面上,由 S_1 射入的白光经棱镜的折射形成连续光谱,转动棱镜可使各种单色光依次由狭缝 S_2 射出,单色光再经过吸收物质,最后由检测系统接收.经光电信号的转化和放大,可测出吸收物质对各种波长的吸收程度.以入射光的波长为横坐标,物质对光的吸收程度为纵坐标做图,即可得到该吸收物质的吸收光谱曲线.

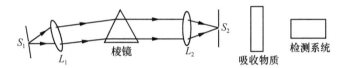

图 15.2　分光光度计装置示意图

各种物质都对应各自的吸收光谱,这是由物质本身的特性所决定的.由于每种原子都有自己的特征谱线,所以根据原子光谱可以鉴别物质和确定它的化学组成,这种方法叫做光谱分析.吸收光谱的研究在化学方面应用广泛.例如,极少量混合物或化合物中原子含量的变化,会在光谱中反应出吸收系数的很大变化.所以在化学的定量分析中,广泛地应用原子吸收光谱.

不同分子有显著不同的红外吸收光谱,即使是分子量相同、基本物理化学性质也都相同的同质异构体,吸收光谱也明显不同,因此广泛用于有机物研究及生产上.例如,从固体和液体分子的红外吸收光谱中,能了解分子的振动频率,有助于分析分子结构和分子力等问题.

吸收光谱的研究对红外遥感、红外导航和红外跟踪等技术的发展也起到很大作用,还可为气象预报提供必要的依据.

15.2　光 的 色 散

中国古代对光的色散现象的认识最早起源于对自然色散现象——虹的认识.虹,是太阳光沿着一定角度射入空气中的水滴所引起的比较复杂的由折射和反射造成的一种色散现象.

早在 17 世纪,牛顿就有目的地进行了色散的实验研究,利用三棱镜将太阳光分解为彩色光带.这表明光在各种介质中的传播速度是不同的,因而,光在两种介质的界面处要发生折射.实验表明,不同波长的光在同一介质中的波速也是不同的,或者说折射率是波长的函数,即 $n=n(\lambda)$.因而各色光在介质的分界面处将折向不同的方向,这就是**色散现象**.白光入射棱镜时,可折射出彩色光带,即为色散现象.

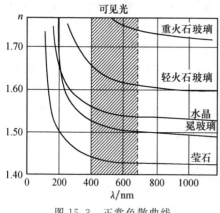

图 15.3　正常色散曲线

为表征介质的折射率随波长变化的程度,定义色散率 ν,ν 在数值上等于介质波长差为 1 单位时的两光的折射率之差,即

$$\nu = \frac{\mathrm{d}n}{\mathrm{d}\lambda} \tag{15-3}$$

色散分为正常色散和反常色散,色散率 $\nu<0$ 称为**正常色散**.正常色散有三个特点:波长越长,折射率越小;波长越长,色散率越小;波长很长时折射率趋于常数.图 15.3 是几种材料的正常色散曲线.

正常色散的实验规律是法国数学家柯西通过对玻璃和透明液体所做的大量实验总结出的经验公式,即折射率 n 的变化规律为

$$n = A + \frac{B}{\lambda^2} + \frac{C}{\lambda^4} \tag{15-4}$$

式中,λ 为真空中的波长,A、B、C 是由介质决定的常数,可由实验测定.式(15-4)称为柯西公式.

在波长 λ 变化不大时,柯西公式可以简化为

$$n = A + \frac{B}{\lambda^2} \tag{15-5}$$

由公式(15-5)可求得介质的色散率

$$\nu = \frac{\mathrm{d}n}{\mathrm{d}\lambda} = -\frac{2B}{\lambda^3} \tag{15-6}$$

由于正常色散 $\nu<0$,所以式(15-6)中的 B 是正的常数.

色散率 $\nu>0$ 的现象称为**反常色散**.理论和实验都表明,每一种介质都具有正常色散和反常色散的性质,只是表现在不同的波长范围内.图 15.4 给出的是石英

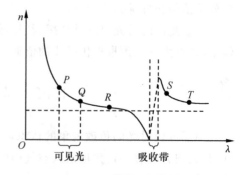

图 15.4　石英的色散曲线

的色散曲线,图中 PQ 段、ST 段属于正常色散,QR 段接近于正常色散,但在 RS 段却出现情况复杂的反常色散.后来人们发现任何物质在红外或紫外光谱中只要有选择吸收存在,在这些区域中总是表现出反常色散(普遍的孔特定律).这就是说,"反常"色散实际上也是很普遍的.

15.3　光　的　散　射

光线通过光学性质相同的均匀介质时是直射的,在侧面几乎看不到光线.而光线通过光学性质不相同的介质(如空气中含有尘埃)时,可以从侧面清晰地看到光线的轨迹,这种现象称为**光的散射**.

散射会使原来传播方向上的光强减弱.设入射光强为 I_0,在介质中通过距离 x 后的光强为 I,则它们的关系为

$$I = I_0 e^{-k_s x} \tag{15-7}$$

式中,k_s 为散射系数.

一般情况下,光的吸收和散射是同时存在的,所以入射光强 I_0 与在介质中通过距离 x 后的光强为 I 之间的关系为

$$I = I_0 e^{-kx} \tag{15-8}$$

式中,$k = k_a + k_s$ 为衰减系数.

光的散射与介质中不均匀性(折射率不均匀)的尺度有关,按散射粒子的大小可将散射分为两大类.一类是散射粒子的大小和入射光波波长具有相同数量级的散射,称为廷德尔散射,这种散射的散射粒子在介质中非均匀排列,其折射率与周围介质的折射率不同.例如,胶体、乳浊液、含有烟雾和灰尘的大气等对光的散射属于此类;另一类是散射粒子的线度比入射光波波长小得多的散射,如十分纯净的液体或气体也能产生散射,这是由于分子热运动导致其介质密度的涨落而引起的,因此这种散射称为分子散射.由于分子散射的理论是瑞利提出来的,所以也叫瑞利散射.

瑞利指出,散射光中各种波长的能量不是均匀分布的,短波长的能量占有明显优势,散射光的强度 I 与波长 λ 的四次方成反比,即

$$I \propto \frac{1}{\lambda^4} \tag{15-9}$$

这个关系称为**瑞利定律**.

用以上的散射理论可以解释天空为什么是蔚蓝色的,早晨和傍晚为什么天空又是红色的,以及云为什么是白色的等自然现象.白昼天空是亮的,是大气对太阳光散射的结果.如果没有大气,即使是白昼,人们仰观天空,将看到耀眼的太阳悬挂

在漆黑的背景中. 这是宇航员在太空中观察到的事实. 由于大气的散射, 将阳光从各个方向射向观察者, 才看到了光亮的天穹. 按照瑞利定律, 白光中的短波部分比长波部分的散射强烈得多. 散射光中因短波成分多, 因而天空呈现蔚蓝色. 大气的散射一部分来自悬浮的尘埃, 大部分是气体密度涨落引起的瑞利散射. 当雨后大气中的尘埃少时, 瑞利散射更明显, 所以雨后天晴时, 天空格外蓝. 但污染较严重的城市的天空就不那么蓝, 原因就是悬浮的烟雾和尘埃产生的廷德尔散射相对加强了, 这类散射与光的波长关系不大, 而服从 $I \propto 1/\lambda^4$ 的瑞利散射相对减弱了. 同样道理, 旭日初升或日落西山时, 直接从太阳射来的光所穿过的大气层厚度比正午时直接由太阳射来的光所穿过的大气层厚度要厚得多, 如图 15.5 所示. 太阳光在大气层中传播的距离越长, 被散射掉的短波长的蓝光就越多, 长波长的红光的比例也显著增多. 最后到达地面的太阳光, 它的红色成分也相对增加. 因此, 才会出现满天红霞和血红夕阳. 实际上, 发光的太阳表面的颜色始终没有变化.

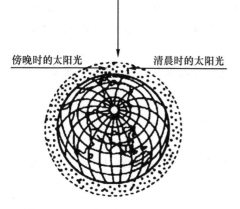

正午时的太阳光

傍晚时的太阳光   清晨时的太阳光

图 15.5   不同时间阳光穿过大气层的
厚度不同

思 考 题

15.3-1   吸烟者口中吐出的烟呈白色, 而点燃的香烟冒出的烟是淡蓝色的, 这是什么原因? 它们哪个属于瑞利散射?

15.3-2   白云为什么是白的? 它服从瑞利定律吗?

15.3-3   为了能看清楚光束, 人们常常用香烟冒出的烟喷到光路中, 就可以看清楚光束, 这是为什么?

15.3-4   在白光下见到的红花绿叶, 若仅用钠黄光照射它时, 却呈现黑色, 试说明为什么?

本 章 提 要

1. 光的吸收

（1）定义：光通过介质时, 其强度随介质的厚度增加而减少的现象, 称为介质对光的吸收.

（2）光的吸收规律为

$$I = I_0 e^{-k_a x}$$

式中，k_a 等于常数；对于稀溶液，$k_a = Ac$ 与溶液密度 c 成正比.

（3）吸收光谱：对于产生连续光谱的光源发出的光，通过有选择吸收的物质之后，某些波长的光被吸收，就形成了吸收光谱.

2. 光的色散

（1）定义：物质折射率随波长不同而发生变化，因而各色光在折射时将折向不同的方向的现象叫光的色散.

（2）色散的分类：

正常色散　$\dfrac{dn}{d\lambda} < 0$；反常色散　$\dfrac{dn}{d\lambda} > 0$

在波长 λ 变化不大时，正常色散率 ν 的变化规律服从

$$\nu = \frac{dn}{d\lambda} = -\frac{2B}{\lambda^3}$$

3. 光的散射

（1）定义：若光通过光学性质不均匀的物质时，可从侧面看到光，这种现象叫光的散射.

（2）散射分类：

廷德尔散射——散射粒子的折射率与周围介质的折射率不同，散射粒子在介质中非均匀排列，其大小和入射光波波长具有相同数量级的散射.

瑞利散射——散射粒子线度比入射光波波长小得多，是由于分子热运动导致介质密度的涨落而引起的散射.

（3）瑞利定律

$$I \propto \frac{1}{\lambda^4}$$

习　　题

15-1　有一吸收系数为 $500\ \text{m}^{-1}$ 的灰色太阳眼镜，如果透过的光强比入射光强减弱了 $1/4$，这眼镜的玻璃厚度应该是多少？

15-2　某材料的吸收系数为 $2.0 \times 10^3\ \text{m}^{-1}$，它厚度为多少时能透过 50% 的光？

15-3　一块光学玻璃对水银灯蓝、绿谱线 $\lambda_1 = 435.8\ \text{nm}$ 和 $\lambda_2 = 546.1\ \text{nm}$ 的折射率分别为 $n_1 = 1.6525$ 和 $n_2 = 1.6245$，试应用柯西公式计算这种玻璃对钠黄线 $\lambda_3 = 589.3\ \text{nm}$ 的折射率 n_3 及色散率 $dn_3/d\lambda$.

15-4　若入射光中波长为 $400\ \text{nm}$ 的紫光和波长为 $760\ \text{nm}$ 的红光的光强相等，求散射光中两者的光强之比.

第 16 章　量子物理基础

【学习目标】

理解黑体辐射及普朗克量子假设；理解光电效应、爱因斯坦光子理论和光的波粒二象性；理解氢原子光谱的实验规律及玻尔的氢原子理论；了解德布罗意的物质波假设及其正确性的实验证实；了解实物粒子的波粒二象性；理解描述物质波动性的物理量(波长、频率)和粒子性的物理量(动量、能量)间的关系；了解波函数及其统计解释；了解一维坐标动量不确定关系。了解一维定态薛定谔方程；了解描述原子中电子运动状态的三个量子数。

20 世纪初被开尔文称为物理学天空中的"另一朵乌云"，就是黑体辐射实验结果不能用当时的理论解释。为了从理论上解释黑体辐射的规律，1900 年普朗克冲破能量连续变化的传统束缚，提出了能量子概念，宣告了量子物理的诞生。随着对量子概念的深入了解，1924 年德布罗意从光的波粒二象性推断微观粒子的波动性，在这个基础上，薛定谔在 1925 年发展了一个新的理论，称为波动力学，同年海森伯又独自提出了矩阵力学。这两种理论在数学形式上差别很大，而结论却相同，其实质是一种理论的两种表达方式。现在的量子理论是融合了薛定谔和海森伯以及其他好多人的贡献，成为微观体系的基本理论。

本章初步介绍量子力学的概念和方法及一些简单的例子。

16.1　黑体辐射　普朗克量子假设

16.1.1　黑体　黑体辐射

任何一个物体，在任何温度下都要发射电磁波。这种由于物体中的分子和原子受热激发而发射电磁波的现象称为热辐射。另外，任何物体在任何温度下接受外界发射来的电磁波，就会被吸收和反射。就是说物体在任何时候都在吸收和发射电磁波。

实验表明，不同物体在某一频率范围内发射和吸收电磁波的能力是不同的。但是对同一物体，若它在某一频率范围内发射电磁波的能力越强，它吸收该频率范围内电磁波的能力也越强。

    黑体是能够将照射在它表面的电磁波全部吸收的物体.经典物理学证明,黑体辐射电磁波的性质与组成黑体的材料无关.因此,研究黑体的辐射规律是很有意义的.然而自然界并不存在绝对的黑体.一个十分接近理想的黑体可以由如图16.1所示的装置构成.这是无透射带一个小孔的空腔.当一束电磁波从外部由小孔射入空腔后,光经过空腔内壁材料的多次反射与吸收,几乎全部被吸收,而从小孔逸出入射电磁波的可能性非常少,实际上完全可以忽略不计.

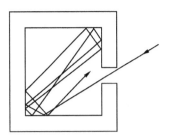

图 16.1 黑体空腔模型

    对于这种带小孔的空腔处于某一确定温度时,也应该有电磁辐射从小孔发射出来,这种辐射可以看成黑体辐射.实验表明黑体辐射中包含有不同的波长成分,而且不同波长的电磁波也有不同的强度,其强度还与温度有关.下面两个量是常用的有关黑体辐射的物理量.

    1. 单色辐出度 $M_\lambda(T)$

    从热力学温度为 T 的黑体的单位面积上、单位时间内,在波长 λ 附近单位波长范围内所辐射的电磁波能量,称为**单色辐射出射度**,简称**单色辐出度**.显然,单色辐出度是黑体的热力学温度 T 和波长 λ 的函数用 $M_\lambda(T)$ 表示.在图 16.2 中可以看到黑体的温度不同,$M_\lambda(T)$ 的分布不同.

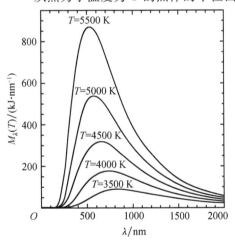

图 16.2 黑体辐射规律

    2. 辐出度 $M(T)$

    在单位时间内,从热力学温度为 T 的黑体的单位面积上,所辐射出来的各种波长电磁波的能量总和,称为**辐射出射度**,简称**辐出度**.它只是黑体温度 T 的函数,用 $M(T)$ 表示.由定义可知 $M(T)$ 可由 $M_\lambda(T)$ 对所有波长积分求得,即

$$M(T) = \int_0^\infty M_\lambda(T)\,\mathrm{d}\lambda \qquad (16\text{-}1)$$

16.1.2 斯特藩-玻尔兹曼定律 维恩位移定律

    1. 斯特藩-玻尔兹曼定律

    1879 年奥地利物理学家斯特藩从实验中发现,黑体的单色辐出度 $M_\lambda(T)$ 与

波长 λ 的关系曲线如图 16.2 所示. 由此, 斯特藩得出曲线下的面积, 也就是黑体的
辐出度与黑体的热力学温度 T 的四次方成正比, 即

$$M(T) = \int_0^\infty M_\lambda(T)\mathrm{d}\lambda = \sigma T^4 \qquad (16\text{-}2)$$

式中, $\sigma = 5.67 \times 10^{-8}$ W·m^{-2}·K^{-4}, 称为斯特藩-玻尔兹曼常量.

2. 维恩位移定律

从图 16.2 可以看出每一曲线的峰值波长 λ_m 随黑体的温度 T 改变, 维恩在
1893 年找到 λ_m 与 T 之间关系为

$$T\lambda_m = b \qquad (16\text{-}3)$$

式中, b 为常数, 其值为 $b = 2.8978 \times 10^{-3}$ m·K, 式(16-3)表明, 当黑体的热力学
温度升高时, 在 $M_\lambda(T)$-λ 的曲线上, 与单色辐出度 $M_\lambda(T)$ 的峰值相对应的波长
λ_m, 向短波方向移动, 所以称为维恩位移定律.

维恩位移定律有许多实际的应用, 通过测得遥远的星球的谱线可以确定该
星球的热力学温度; 比较物体表面颜色的不同, 来确定物体表面的温度分布. 这
种以图像表示出来的热力学温度分布被称为热像图, 利用热像图的遥感技术可
以监测森林防火; 可以监测人体某些部位的病变; 也可以在夜间寻找热血动物的
行踪.

16.1.3　黑体辐射的瑞利-金斯公式　经典物理的困难

探求单色辐出度 $M_\lambda(T)$ 的数学表达式, 对热辐射的理论研究和实际应用都是
很有意义的. 因此, 19 世纪末, 许多物理学家企图由经典电磁理论和经典统计物理
出发, 从理论上找出与实验相一致的 $M_\lambda(T)$ 的数学表达式, 并对黑体辐射的波长
分布做出理论解释, 但都未能如愿, 相反倒得出与实验不相符的结果. 其中最有代
表性的是瑞利和金斯按照经典理论得出的 $M_\lambda(T)$ 的数学表达式为

$$M_\lambda(T) = \frac{2\pi c}{\lambda^4} kT \qquad (16\text{-}4)$$

式中, k 是玻尔兹曼常量, c 为光速.

由图 16.3 可以看出, 在长波(低频)
部分, 由经典理论得出的瑞利-金斯公式
与实验符合得很好, 但是在短波(高频)
部分, 却出现巨大的分歧. 对于温度给定
的黑体, 由瑞利-金斯公式给出的单色辐
出度 $M_\lambda(T)$ 将随波长变短(即频率的增

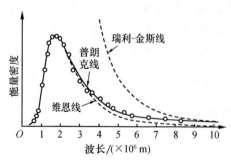

图 16.3　瑞利-金斯的紫外灾难

高)而趋于无限大,这与实验完全不符,这就是通常所说的"紫外灾难",也就是被称为物理学天空的"两朵乌云"之一.实验指出,对于温度给定的黑体,在短波范围内,随着波长的变短,单色辐出度 $M_\lambda(T)$ 将趋于零.所以经典的物理理论受到实验的挑战.

16.1.4 普朗克假设 普朗克黑体辐射公式

1900 年,德国物理学家普朗克为了得到与实验曲线相一致的公式,提出一个与经典物理概念不同的假设:空腔壁中的电子的振动可视为一维谐振子,它吸收和发射电磁波能量时,只能取一些分立的能量,其值为

$$\varepsilon = nh\nu, \quad n = 1, 2, 3, \cdots \tag{16-5}$$

式中,$h = 6.62620755(40) \times 10^{-34}$ J·s 称为普朗克常量.

普朗克按照他的量子假设得到

$$M_\lambda(T) = \frac{2\pi hc^2}{\lambda^5} \frac{1}{e^{\frac{hc}{\lambda kT}} - 1} \tag{16-6}$$

用这个结论与实验相比较得到的结果是理论和实验符合得非常好,就连普朗克本人也非常困惑,但是这个假设对后来的量子理论的发展起到很重要的作用,所以,为了表彰普朗克对建立量子论的贡献,他被授予 1918 年的诺贝尔物理学奖.几年后,爱因斯坦为了解释光电效应提出的光量子假设使得人们对微观世界的认识更进一步.

思 考 题

16.1-1 为什么从远处看山洞口总是黑的?

16.2 光电效应 光的波粒二象性

光电效应是物理学中一个重要而神奇的现象,在光的照射下,某些物质内部的电子会被光子激发出来而形成电流.光电效应由德国物理学家赫兹于 1887 年发现,而正确的解释为爱因斯坦所提出.科学家们对光电效应的深入研究对发展量子理论起了根本性的作用.

16.2.1 光电效应实验的规律

在图 16.4 中看到,光照射到某些物质上,引起物质的电性质发生变化.这类光致电变的现象被人们统称为

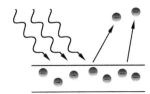

图 16.4 光电效应

光电效应.

　　金属表面在光辐照作用下发射电子,发射出来的电子叫做光电子.

　　光电效应实验的结果如下:

　　(1) 阴极(发射光电子的金属材料)发射的光电子数和照射的光强度成正比.

　　(2) 光电子逸出物体时的初速度和照射光的频率有关而和发光强度无关.这就是说,光电子的初动能只和照射光的频率有关而和发光强度无关.

　　(3) 仅当照射物体的光频率大于某个确定值时,物体才能发出光电子,这个频率叫做红限频率(或叫做截止频率),相应的波长 λ_0 叫做红限波长.不同物质的红限频率 ν_0 和相应的红限波长 λ_0 是不同的.

　　(4) 从实验知道,产生光电流的过程非常快,一般不超过 10^{-9} s;停止用光照射,光电流也就立即停止,这表明,光电效应是瞬时的.

　　光电效应的瞬时性与光的波动性相矛盾,按波动性理论,如果入射光较弱,照射的时间要长一些,金属中的电子才能积累住足够的能量,飞出金属表面.可事实是,只要光的频率高于金属的红限频率,光的亮度无论强弱,光子的产生都几乎是瞬时的,不超过 10^{-9} s.正确的解释是光必定是由与波长有关的严格规定的能量单位(即光子或光量子)所组成.这种解释为爱因斯坦所提出.

16.2.2　光子　爱因斯坦方程

　　爱因斯坦首先提出光子的概念,也就是爱因斯坦认为一束光是一束光子流,每个光子的能量为 $h\nu$. 当光子照射到物体上时,它的能量可以被物体中的某个电子全部吸收.电子吸收光子的能量 $h\nu$ 后,能量增加,不需要积累能量的过程(光电效应是瞬时的).如果电子吸收的能量 $h\nu$ 足够大,能够克服脱离物体表面时的逸出功 W,那么电子就可以离开物体表面逃逸出来,成为光电子,这就是**光电效应**.

　　由此写出爱因斯坦方程

$$h\nu = \frac{1}{2}mv^2 + W \tag{16-7}$$

式中,h 是普朗克常量,ν 是入射光子的频率,$h\nu$ 是光子能量,$W = h\nu_0$ 是逸出功(移出一个电子所需的能量),ν_0 是光电效应发生的红限频率,m 是被发射电子的静止质量,v 是被发射电子的速度,$\frac{1}{2}mv^2$ 是逸出物体的光电子的初动能.金属内部有大量的自由电子,这是金属的特征,对于一定的金属,产生光电效应的最小光频率(红限频率)为 ν_0,由 $h\nu_0 = W$ 确定.相应的红限波长为 $\lambda_0 = \dfrac{c}{\nu_0} = \dfrac{hc}{W}$.发光强度增加使照射到物体上的光子的数量增加,因而发射的光电子数和照射光的强度成正比.这样由爱因斯坦的光量子的假设就可以合理的解释上述四条实验规律.

16.2.3　光电效应在近代技术中的应用

1. 光控继电器

图 16.5 就是利用光电管制成的光控继电器,可以用于自动控制,如自动计数、自动报警、自动跟踪等,图 16.5 是光控继电器的示意图,它的工作原理是:当光照在光电管上时,光电管电路中产生光电流,经过放大器放大,使电磁铁 M 磁化,而把衔铁 N 吸住,当光电管上没有光照时,光电管电路中没有电流,电磁铁 M 就把衔铁放开,将衔铁和控制机构相连接,就可进行自动控制.利用光电效应还可测量一些转动物体的转速.

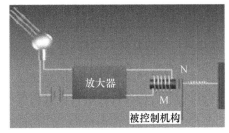

图 16.5　光控继电器

2. 光电倍增管

利用光电效应还可以制造多种光电器件,如光电倍增管、电视摄像管、光电管、电光度计等,下面介绍一下光电倍增管.光电倍增管可以测量非常微弱的光.图 16.6 是光电倍增管的大致结构,它的管内除有一个阴极 K 和一个阳极 A 外,还有若干个倍增电极 K_1, K_2, K_3, K_4, K_5 等.使用时不但要在阴极和阳极之间加上电压,各倍增电极也要加上电压,使阴极电势最低,各个倍增电极的电势依次升高,阳极电势最高,这样,相邻两个电极之间都有加速电场,当阴极受到光的照射时,就发射光电子,并在加速电场的作用下,以较大的动能撞击到第一个倍增电极上,光电子能从这个倍增电极上激发出较多的电子,这些电子在电场的作用下,又撞击到第二个倍增电极上,从而激发出更多的电子,这样,激发出的电子

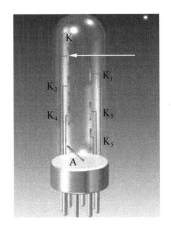

图 16.6　光电倍增管

数不断增加,最后阳极收集到的电子数将比最初从阴极发射的电子数增加了很多倍(一般为 $10^5 \sim 10^8$ 倍).因而,这种管子只要受到很微弱的光照,就能产生很大电流,它在工程、天文、军事等方面都有重要的作用.

3. 农业病虫害防治

农业虫害的治理需要依据有害昆虫的特性提出与环境适宜、生态兼容的技术体系和关键技术. 有害昆虫表现了对敏感光源具有个体差异性和群体一贯性的趋光性行为特征, 并通过视觉神经信号响应和生理光子能量需求的方式呈现出生物光电效应的作用本质. 利用昆虫的这种趋向行为诱导增益特性, 一些光电诱导杀虫灯技术以及害虫诱导集捕技术广泛地应用于农业虫害的防治, 具有良好的应用前景.

16.2.4   光的波粒二象性

光在真空中的传播速度为光速 c, 也就是光子的速度是 c, 所以需要用相对论来处理光子的质量、能量和动量问题.

根据狭义相对论的动量和能量关系式

$$E^2 = p^2 c^2 + E_0^2 \tag{16-8}$$

光子的静能量 E_0 为零, 所以动量和能量关系式为

$$E = pc$$

其动量也可以写成

$$p = \frac{E}{c} = \frac{h\nu}{c} = \frac{h}{\lambda} \tag{16-9}$$

对于频率为 ν、波长为 λ 的光子其动量和能量分别为

$$E = h\nu, \quad p = \frac{h}{\lambda} \tag{16-10}$$

由式(16-9)和式(16-10)可以看出, 描述光子粒子性的量(E 和 p)与描述光的波动性的量(ν 和 λ)联系在一起了.

光电效应实验表明, 光由粒子组成, 体现出光具有粒子性. 而在波动光学中知道, 光又有干涉、衍射和偏振等性质, 体现出光具有波动性, 所以说, 光既有波动性, 又有粒子性, 即具有波粒二象性.

思 考 题

16.2-1   什么是光的波粒二象性?

16.3 康普顿效应

16.3.1 康普顿效应的实验规律

光照射在自由带电粒子上,散射光发生波长改变的现象,在 1920 年前人们即已发现,用 X 射线照射物质,可以观察到散射的 X 射线波长发生了改变.根据经典电磁理论,散射光波长是不会改变的.

图 16.7 是康普顿实验装置的示意图.铅准直缝让散射角 θ 的光子通过.光波长用晶体衍射方法测定.实验测得散射光波长与散射角 θ 的关系如图 16.8 所示.此时得两峰值,其一在入射 X 射线波长处.新的峰对应的波长即康普顿理论所预言的散射 X 射线波长.

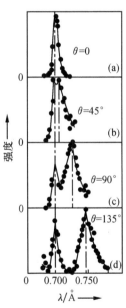

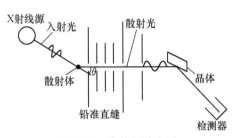

图 16.7　康普顿效应图　　　　图 16.8　散射光波长与散射角关系

16.3.2 康普顿效应的解释

1923 年,康普顿用光子与静止电子的弹性碰撞解释了散射光波长的改变,得出了波长移动的公式.他还测量了 X 射线在石墨中散射后波长的改变,测量值与理论推测一致,于是称这个效应为**康普顿效应**.这与光电效应一起成为量子论的重要实验依据.

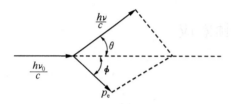

图 16.9　光子碰撞前后动量与
电子动量的关系

碰撞前光子的动量为 $\dfrac{h\nu_0}{c}$. 光子与静止电子碰撞后, 一定要把一部分动量给予电子, 于是光子动量成为 $\dfrac{h\nu}{c}$, 而电子发生了反冲. 图 16.9 表示出光子碰撞前后动量与电子动量的矢量关系. 图中电子动量为 $p_e = m_0 v$. 这里 m_0 是电子质量. 根据动量守恒定律可得

$$\frac{m_0^2 v^2}{1 - \dfrac{v^2}{c^2}} = \left(\frac{h\nu_0}{c}\right)^2 + \left(\frac{h\nu}{c}\right)^2 - 2\frac{h^2 \nu_0 \nu}{c^2}\cos\theta \tag{16-11}$$

由能量守恒定律, 则可得

$$h\nu_0 + m_0 c^2 = h\nu + \frac{m_0 c^2}{\sqrt{1 - \dfrac{v^2}{c^2}}} \tag{16-12}$$

解式(16-11)、式(16-12), 可得

$$\lambda - \lambda_0 = \frac{h}{m_0 c}(1 - \cos\theta) = \lambda_c(1 - \cos\theta) \tag{16-13}$$

式中, λ_0 与 λ 分别为散射前后光波长, 而 λ_c 叫康普顿波长, 它决定了波长移动的数量级. 式(16-12)表明, 散射光波长与散射角 θ 有关, 且总是大于入射光波长. 式(16-13)称康普顿公式.

以电子质量代入, 可得电子的康普顿波长为 $\lambda_c = 2.42631 \times 10^{-3}$ nm, 所以波长改变是一极小的量. 上面的公式也可应用于其他带电粒子与光子的碰撞, 此时 m_0 代表粒子质量, 如质子的康普顿波长为 1.32141×10^{-6} nm.

康普顿的最初实验是观察 X 射线经过石墨的散射. 因为 X 射线的波长是 0.1 nm 量级的, 散射后波长的改变才是有意义的. X 光子能量大, 而石墨中价电子受到的束缚弱, 可以近似认为是静止的自由电子.

在散射 X 射线中波长不变的成分可以用内层电子散射来解释. 内层电子紧紧束缚于原子核上, 在应用康普顿公式时, m_0 应该理解为核质量. 这时候的康普顿波长要比自由电子的康普顿波长小得多, X 射线波长不变.

康普顿实验充分证明了爱因斯坦的光子说, 所以康普顿效应成为光的量子理论的重要实验依据. 又由于公式的推导中, 引用了能量守恒和动量守恒定律, 首次证明微观粒子的运动也遵循这两条基本定律.

进一步的分析表明, 在物质中电子总是在运动的. 运动电子与光子弹性碰撞的结果可以使光子动量变小,也可以使光子动量增加.散射光波长相应地可以增大,也可以减小.前面的康普顿公式就不适用了,这时散射光波长的改变应该考虑到多普勒效应.这是广义的康普顿效应.在这个基础上,人们得到了一些有意义的应用,如当人们观察 X 射线通过物质后的散射强度分布时,可以发现多普勒效应所造成的强度分布.这就能了解电子在原子与物质中的速度分布.

用 γ 射线照射到铝靶上,连续改变散射角就可以实现 γ 射线波长的连续变化.用这个方法可得到波长可连续改变的 γ 射线.这在研究 γ 射线与核的相互作用中是很有用的.用红宝石激光射入电子加速器中,与高能电子对撞,反向散射的是波长极短的 γ 射线,而且此 γ 射线与入射激光有相同的偏振.这是获得 γ 射线的一种方法.

16.4　氢　原　子

16.4.1　氢原子光谱的规律性

原子光谱是原子结构性质的反映,研究原子光谱的规律性是认识原子结构的重要手段.在所有的原子中,氢原子是最简单的,其光谱也是最简单的.

在可见光范围内容易观察到氢原子光谱的 4 条谱线,这 4 条谱线分别用 H_α,H_β,H_γ 和 H_δ 表示,如图 16.10 所示.1885 年巴耳末(Balmer,1825~1898)发现可以用简单的整数关系表示这 4 条谱线的波长

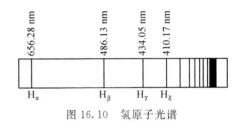

图 16.10　氢原子光谱

$$\lambda = B\,\frac{n^2}{n^2 - 2^2}, \quad n = 3,4,5,\cdots \tag{16-14}$$

式中,B 是常量,其数值等于 364.57 nm.后来实验上还观察到相当于 n 为其他正整数的谱线,这些谱线连同上面的 4 条谱线,统称为氢原子光谱的巴耳末系.光谱学上通常用波数 $\tilde{\nu}$ 表示光谱线,它被定义为波长的倒数,即

$$\tilde{\nu} = \frac{1}{\lambda} \tag{16-15}$$

引入波数后,式(16-14)可以改写为

$$\tilde{\nu} = R\left(\frac{1}{2^2} - \frac{1}{n^2}\right), \quad n = 3,4,5,\cdots \tag{16-16}$$

式中,$R = \dfrac{4}{B} = 1.0973731534(13) \times 10^7 \ \mathrm{m}^{-1}$,称为里德伯(Rydberg,1854~1919)常量.

在氢原子光谱中,除了可见光范围的巴耳末线系以外,在紫外区、红外区和远红外区分别有赖曼(Lyman)系、帕邢(Paschen)系、布拉开(Brackett)系和普丰德(Pfund)系. 这些线系中的谱线的波数也都可以用与式(16-16)相似的形式表示:

$$\text{赖曼系}\quad \tilde{\nu} = R\left(\frac{1}{1^2} - \frac{1}{n^2}\right), \quad n = 2,3,4,\cdots \tag{16-17}$$

$$\text{帕邢系}\quad \tilde{\nu} = R\left(\frac{1}{3^2} - \frac{1}{n^2}\right), \quad n = 4,5,6,\cdots \tag{16-18}$$

$$\text{布拉开系}\quad \tilde{\nu} = R\left(\frac{1}{4^2} - \frac{1}{n^2}\right), \quad n = 5,6,7,\cdots \tag{16-19}$$

$$\text{普丰德系}\quad \tilde{\nu} = R\left(\frac{1}{5^2} - \frac{1}{n^2}\right), \quad n = 6,7,8,\cdots \tag{16-20}$$

可见,氢原子光谱的 5 个线系所包含的几十条谱线遵从相似的规律. 可以将上述 5 个公式综合为一个公式

$$\tilde{\nu} = R\left(\frac{1}{m^2} - \frac{1}{n^2}\right), \quad n = m+1, m+2, m+3, \cdots \tag{16-21}$$

也可以写为

$$\tilde{\nu} = T(m) - T(n) \tag{16-22}$$

式中

$$T(m) = \frac{R}{m^2}, \quad T(n) = \frac{R}{n^2} \tag{16-23}$$

$T(m)$ 和 $T(n)$ 称为光谱项. 在式(16-21)~式(16-23)中 m 和 n 取一系列有顺序的正整数,m 从 1 开始;一旦 m 值决定后,n 将从 $m+1$ 开始. 对于确定的线系,m 为某一固定值. 对于确定线系中的一系列谱线,n 分别取 $m+1, m+2, m+3$ 等. 例如,对于巴耳末线系,$m=2$,对于其中的 H_α 谱线和 H_β 谱线,n 分别取 3 和 4.

把对应于任意两个不同整数的光谱项合并起来组成它们的差,便得到氢原子光谱中一条谱线的波数,这个规律称为组合原理. 实验表明,组合原理不仅适用于氢原子光谱,也适用于其他元素的原子光谱,只是光谱项的表示形式比式(16-23)要复杂些.

组合原理所表示的原子光谱的规律性,是原子结构性质的反映,但经典物理学理论无法予以解释.

16.4.2　卢瑟福的原子有核模型

1897 年,汤姆孙发现原子内有带负电的电子,也有带正电的部分,两者电荷量相等. 但两者如何分布? 怎么有机结合? 为此人们提出了一些模型.

汤姆孙模型：

1903 年汤姆孙提出，原子中的正电荷和原子质量均匀地分布在半径约为 10^{-10} m 的球体内，电子浸于此球体中，即"葡萄干蛋糕模型"．但是，此原子模型被卢瑟福及其弟子的 α 粒子散射实验否定．

卢瑟福原子有核模型：

(1) 原子的中心是原子核，几乎占有原子的全部质量，集中了原子中全部的正电荷．

(2) 电子绕原子核旋转．

(3) 原子核的体积比原子的体积小得多．

原子半径的数量级为 10^{-10} m，原子核半径 $10^{-15} \sim 10^{-14}$ m．

有核模型与经典理论的矛盾：

按经典理论，电子绕核旋转，做加速运动，电子将不断向四周辐射电磁波，它的能量不断减小，从而将逐渐靠近原子核，最后落入原子核中．这就导致轨道及转动频率不断变化，辐射电磁波频率也是连续的，原子光谱应是连续的光谱．实验表明原子相当稳定，实验测得原子光谱是不连续的谱线．经典理论与实验不符．

16.4.3　氢原子的玻尔理论

1. 氢原子的玻尔理论的三条假设

玻尔根据当时的实验结果和理论基础提出关于氢原子理论的三条假设

(1) 电子在原子中，可以在一些特定的圆轨道上运动而不辐射电磁波，这时原子处于稳定状态（简称定态），并具有一定的能量．

(2) 电子以速度 v 在半径为 r 的圆周上绕核运动时，只有电子的角动量 L 等于 $\dfrac{h}{2\pi}$ 的整数倍的那些轨道才是稳定的，即

$$L = mvr = \frac{nh}{2\pi}, \quad n = 1, 2, 3, \cdots \tag{16-24}$$

式中，n 为主量子数，式(16-24)叫量子化条件．

(3) 当原子从高能量的定态 E_i 跃迁到低能量的定态 E_f 时，要发射频率为 ν 的光子，且满足频率条件

$$h\nu = E_i - E_f$$

2. 根据三条假设推导氢原子能级公式

由三条假设就可以用经典力学和电磁学理论推导出能量量子化公式和量子化半径公式．

（1）量子化半径

$$r_n = n^2 \frac{\varepsilon_0 h^2}{\pi m e^2} = n^2 r_1, \quad n = 1, 2, 3, \cdots \tag{16-25}$$

r_n 为原子中第 n 个稳定轨道的半径，其中 $r_1 = 0.529 \times 10^{-10}$ m 为氢原子第一轨道半径.

（2）氢原子能级公式

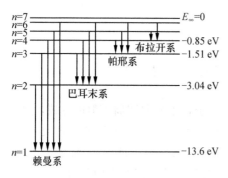

图 16.11   氢原子能级

$$E_n = -\frac{m e^4}{8 \varepsilon_0^2 h^2} \frac{1}{n^2} = \frac{E_1}{n^2} \tag{16-26}$$

$$E_1 = -\frac{m e^4}{8 \varepsilon_0^2 h^2} \approx -13.6 \text{ eV} \tag{16-27}$$

图 16.11 就是氢原子的能级图.

下面介绍式（16-25）和式（16-26）的推导过程.

设原子核带正电荷 e，电子质量为 m，以速率 v 绕核做半径为 r 的圆周运动，由库仑定律及牛顿第二定律，并忽略万有引力，得

$$\frac{e^2}{4\pi\varepsilon_0 r^2} = m \frac{v^2}{r} \tag{16-28}$$

根据玻尔轨道角动量量子化假设

$$L = m v r = \frac{nh}{2\pi}, \quad n = 1, 2, 3, \cdots$$

得

$$r_n = n^2 \frac{\varepsilon_0 h^2}{\pi m e^2} = n^2 r_1, \quad n = 1, 2, 3, \cdots \tag{16-29}$$

上述结果表明，原子中电子的轨道半径数值不是任意的，而是与 n^2 成正比，这种轨道不连续的现象，称为轨道半径的量子化.

电子在第 n 个轨道上运动时，原子总能量 E_n 为电子动能与电势能的代数和，即

$$E_n = \frac{1}{2} m v^2 - \frac{e^2}{4\pi\varepsilon_0 r_n} \tag{16-30}$$

由式（16-28）～式（16-30）解得

$$E_n = -\frac{e^2}{8\pi\varepsilon_0^2 r_n} = -\frac{me^4}{8\varepsilon_0^2 h^2}\frac{1}{n^2}, \quad n = 1,2,3,\cdots \tag{16-31}$$

3. 解释氢原子光谱规律

根据玻尔的假设,当原子中电子从较高能级 E_n 跃迁到较低能级 E_k 时($n >$ k),发射出单色光,其频率为

$$\nu = \frac{E_n - E_m}{h} = \frac{me^4}{8\varepsilon_0^2 h^3}\left(\frac{1}{m^2} - \frac{1}{n^2}\right) \tag{16-32}$$

也可用波数表示为

$$\tilde{\nu} = \frac{1}{\lambda} = \frac{\nu}{c} = \frac{me^4}{8\varepsilon_0^2 h^3 c}\left(\frac{1}{m^2} - \frac{1}{n^2}\right) \tag{16-33}$$

式(16-33)与 $\tilde{\nu} = \frac{1}{\lambda} = R_H\left(\frac{1}{m^2} - \frac{1}{n^2}\right)$ 相比,可得里德伯常量为 $R_H = \frac{me^4}{8\varepsilon_0^2 h^3 c} =$ $1.097373 \times 10^7 \text{ m}^{-1}$. 可见由玻尔理论得出的谱线系与实验事实吻合.

16.4.4　氢原子玻尔理论的困难和意义

玻尔理论很好地解释了氢原子、类氢原子线谱,得到了 R_H,且能级概念也被弗兰克-赫兹实验证实,但仍存在缺陷:

(1) 不能说明原子是如何结合成分子、构成液、固体的;

(2) 逻辑上有错误,以经典理论为基础,又生硬地加上与经典理论不相容的量子化假设,很不协调——半经典半量子理论.

玻尔原子理论的意义在于:

(1) 揭示了微观体系具有量子化特征(规律),是原子物理发展史上一个重要的里程碑,对量子力学的建立起了巨大推进作用.

(2) 提出"定态"、"能级"、"量子跃迁"等概念,在量子力学中仍很重要,具有极其深远的影响.

16.5　德布罗意波　实物粒子的二象性

16.5.1　德布罗意假设

德布罗意是 1929 年诺贝尔物理学奖获得者,波动力学的创始人,量子力学的奠基人之一.

在德布罗意提出物质波假设之前,人们对自然界的认识,只局限于两种基本的物质类型:实物和场.前者由原子、电子等粒子构成,光则属于后者.但是,许多实验

结果之间出现了难以解释的矛盾.物理学家们相信,这些表面上的矛盾,势必有其深刻的根源.1923 年,德布罗意最早想到了这个问题,并且大胆地设想,人们对于光子建立起来的两个关系式

$$E = h\nu, \quad p = mv = \frac{h}{\lambda} \tag{16-34}$$

会不会也适用于实物粒子.如果成立的话,实物粒子也同样具有波动性.为了证实这一设想,1923 年,德布罗意又提出了做电子衍射实验的设想.1924 年,又提出用电子在晶体上做衍射实验的想法.1927 年,戴维孙和革末用实验证实了电子具有波动性,不久,汤姆孙也完成了电子在晶体上的衍射实验.此后,人们相继证实了原子、分子、中子等都具有波动性.德布罗意的设想最终都得到了完全的证实.这些实物所具有的波动称为德布罗意波,即物质波.

德布罗意关于微观粒子**波粒二象性假设**的要点是:

(1)实物粒子既具有粒子性,又具有波动性,是粒子性和波动性的统一.

(2)质量为 m 的自由粒子以速率 v 运动时,它的粒子性表现在具有能量 E 和动量 p;它的波动性表现在具有频率 ν 和波长 λ.

16.5.2　德布罗意波的实验证明

德布罗意关于物质波的假设在微观粒子的衍射实验中得到了验证.其中最有代表性的是电子衍射实验和电子双缝干涉实验.

这些实验有力地证明了德布罗意物质波假说的正确性.实物粒子的衍射效应在近代科技中有广泛的应用.例如,中子衍射技术,已成为研究固体微观结构的最有效的手段之一.

1. 戴维孙-革末实验

电子散射实验的典型代表是 1927 年戴维孙-革末实验.如图 16.12 所示,戴维孙和革末的实验是用电子束垂直投射到镍单晶,电子束被散射.其强度分布可用德布罗意关系和衍射理论给以解释,从而验证了物质波的存在.

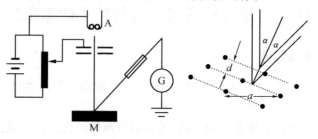

图 16.12　戴维孙-革末实验

戴维孙-革末实验结果表明：①散射电子束在某些方向上特别强,这种现象类似于 X 射线被单晶衍射的情形,从而显示了电子束的波动特性；②在某一角度 θ 下改变加速电压 U 以实现对电子波长的改变.实验测出的曲线反映出确实存在着电子的布拉格衍射,从而定量地证实了德布罗意所预言的实物粒子的波动性果真存在.

2. 电子的多晶衍射

1927 年,汤姆孙将电子束射向多晶箔片,如图 16.13(a)所示,在屏上得到了圆环形的衍射图,如图 16.13(b)所示.电子的这种衍射图样与 X 射线衍射结果非常相似.

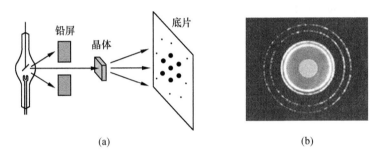

(a) 　　　　　　　　　　　　　　　(b)

图 16.13　电子的多晶衍射

1961 年约恩孙运用铜箔片形成的细微双缝进行电子干涉实验,此后,又有人做了电子的单缝、三缝和四缝衍射实验,结果如图 16.14 所示.

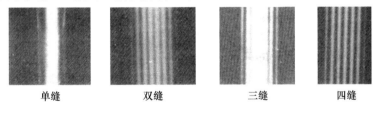

单缝　　　　　　　双缝　　　　　　　三缝　　　　　　　四缝

图 16.14　电子的衍射实验结果

这个结果与光波的双缝干涉实验结果极为相似,再次证明了德布罗意所假设的实物粒子的波动性确实存在!戴维孙和汤姆孙因验证电子的波动性分享 1937 年的物理学诺贝尔奖金.

16.5.3　德布罗意波的统计解释

描述微观粒子物质波的波函数,只具有统计的意义,在某一时刻,在空间某处波函数模的平方正比于粒子在该地点出现的概率.

思　考　题

16.5-1　实物粒子的德布罗意波与电磁波、机械波有什么区别？

16.6　量子力学简介

16.6.1　不确定关系

经典力学中，物体位置、动量可以同时确定.但微观粒子，具有显著的波动性，不能同时确定坐标和动量.

1. 电子单缝衍射

在图 16.15(a)中，一束被加速的电子经过宽度为 a 的单缝射向屏幕，结果见图 16.15(b).入射电子在 x 方向无动量，其坐标的不确定范围为：$\Delta x = a$，电子通过单缝后，坐标不能确定，动量具有 x 方向分量 p_x，使大部分电子落在两个一级暗纹之间，动量在 x 方向不确定范围为 Δp_x.由暗纹公式（波动光学中单缝衍射公式）

$$a\sin\varphi = k\lambda$$

当 $k=1$ 时，$a\sin\varphi=\lambda$，则

$$\sin\varphi = \frac{\lambda}{a} = \frac{\lambda}{\Delta x}$$

动量不确定度为 $\Delta p_x = p\sin\varphi$，$\sin\varphi = \dfrac{\Delta p_x}{p}$ 所以有

$$\frac{\lambda}{\Delta x} = \frac{\Delta p_x}{p}$$

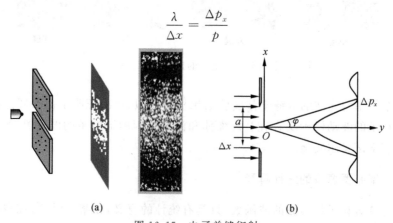

(a)   (b)

图 16.15　电子单缝衍射

$$\Delta x \Delta p_x = \lambda p = \lambda \frac{h}{\lambda} = h$$

即

$$\Delta x \Delta p_x = h$$

2. 海森伯不确定关系

1927 年海森伯提出,对于微观粒子不能同时用确定的位置和确定的动量来描述.

不确定关系是物质的波粒二象性引起的.由于微观粒子的波动性,位置与动量不能同时有精确值.

如果考虑衍射图样的次级条纹,则有

$$\Delta x \Delta p_x \geqslant h \tag{16-35}$$

同理有

$$\Delta y \Delta p_y \geqslant h, \quad \Delta z \Delta p_z \geqslant h, \quad \Delta E \Delta t \geqslant h \tag{16-36}$$

不确定关系表明,对于微观粒子不能同时用确定的位置和确定的动量来描述;能量和时间也不能同时确定.

例 16.1 若电子与质量 $m = 0.01\,\mathrm{kg}$ 的子弹,都以 $200\,\mathrm{m \cdot s^{-1}}$ 的速度沿 x 方向运动,速率测量相对误差在 0.01% 内.求在测量二者速率的同时,测量位置所能达到的最小不确定范围.

解 (1)求电子位置的不确定范围.

电子动量不确定度为

$$\begin{aligned}
\Delta p_x &= p \times 0.0001 = m_e v \times 0.0001 \\
&= 9.11 \times 10^{-31} \times 200 \times 0.0001 \\
&= 1.82 \times 10^{-32} \,(\mathrm{kg \cdot m \cdot s^{-1}})
\end{aligned}$$

由 $\Delta x \Delta p_x \geqslant h$ 得电子位置的不确定范围为

$$\Delta x \geqslant \frac{h}{\Delta p_x} = 3.64 \times 10^{-2}\,\mathrm{m}$$

(2)求子弹位置的不确定范围.

子弹动量不确定范围为

$$\begin{aligned}
\Delta p_x &= p \times 0.0001 = mv \times 0.0001 \\
&= 0.01 \times 200 \times 0.0001 \\
&= 2.00 \times 10^{-4} \,(\mathrm{kg \cdot m \cdot s^{-1}})
\end{aligned}$$

由 $\Delta x \Delta p_x \geqslant h$ 得子弹位置的不确定范围为

$$\Delta x \geqslant \frac{h}{\Delta p_x} = 3.31 \times 10^{-30} \text{ m}$$

显然,原子直径约 10^{-10} m,电子 $\Delta x = 10^{-3}$ m,是原子大小的几亿倍,无法忽略.子弹的大小为 10^{-2} m,$\Delta x = 10^{-30}$ m,与子弹的大小比较可以忽略,所以经典物理对宏观物体仍然有效.

16.6.2　波函数　概率密度

1. 波函数

对微观粒子,由于不确定关系施加的限制不可以忽略,它的速度和坐标不能同时确定,因此微观粒子的运动状态,不能用坐标、速度、加速度等物理量来描述.

由于微观粒子具有波粒二象性,这就要求在描述微观粒子的运动时,要有创新的概念和思想来统一波和粒子这样两个在经典物理中截然不同的物理图像. 波函数就是作为量子力学基本假设之一引入的一个新的概念.

量子力学认为,微观粒子的运动状态可用一个复函数 $\Psi(x,y,z,t)$ 来描述,函数 $\Psi(x,y,z,t)$ 称为**波函数**.

自由粒子的情况下,即平面简谐波的波动方程为

$$y = A\cos 2\pi \left(\nu t - \frac{x}{\lambda} \right) \tag{16-37}$$

其指数形式为

$$y = A e^{-i2\pi \left(\nu t - \frac{x}{\lambda} \right)} \tag{16-38}$$

式中,ν 是波的频率,λ 是波长,且波沿 x 正方向传播.

设具有一定动量的自由粒子,沿 x 轴正向传播,有波动性,则

$$\nu = \frac{E}{h}, \quad \lambda = \frac{h}{p}$$

若做代换 $y(x,t) \rightarrow \Psi(x,t)$,$A \rightarrow \Psi_0$,则

$$\Psi(x,t) = \Psi_0 e^{-\frac{i}{\hbar}(Et - px)} \tag{16-39}$$

式中,$\Psi(x,t)$ 称为自由粒子的波函数,Ψ_0 称为波函数的振幅,$\hbar = h/2\pi$.

三维运动时,自由粒子的波函数为

$$\Psi(\boldsymbol{r},t) = \Psi_0 e^{-\frac{i}{\hbar}(Et - \boldsymbol{p} \cdot \boldsymbol{r})} \tag{16-40}$$

2. 波函数的物理意义

波函数的统计解释:波函数模的平方 $|\Psi(x,t)|^2$ 与粒子在 t 时刻 $\boldsymbol{r}$ 处出现的

概率密度 $w(r,t)$ 成正比.

$$w(r,t) = |\Psi(r,t)|^2 \tag{16-41}$$

物质波(德布罗意波)又称为概率波,概率密度(几率密度)w 即为某点处单位体积元内粒子出现的概率. 由于 $dW = |\Psi|^2 dV, dV = dx dy dz$,则

$$w = \frac{dW}{dV} = |\Psi|^2 \tag{16-42}$$

3. 波函数的性质(标准条件)

由概率密度函数的物理性质推知,波函数应满足的**标准化条件**是:

波函数的单值性——某时某处概率唯一;波函数的有限性——$|\Psi|^2$ 可积;波函数的连续性——w 的分布是连续的.

在全空间找到某粒子的概率为 1,也就是波函数就有**归一化条件**

$$\iiint_V |\Psi|^2 dV = 1 \tag{16-43}$$

16.6.3 薛定谔方程

1. 自由粒子的薛定谔方程

如前所述,我们知道自由粒子在 x 方向运动的波函数为

$$\Psi = \Psi_0 e^{-\frac{i}{\hbar}(Et - xp_x)}$$

式中,E 是自由粒子的能量,p 是粒子的动量;i 是虚数符号,$\hbar = \frac{h}{2\pi}, h = 6.626 \times 10^{-34}$,$\Psi_0$ 是波函数的振幅.

若自由粒子在三维空间运动,其波函数为

$$\Psi = \Psi_0 e^{-\frac{i}{\hbar}(Et - P \cdot r)} = \Psi_0 e^{-\frac{i}{\hbar}(Et - xp_x - yp_y - zp_z)} \tag{16-44}$$

式(16-44)对 x, y, z 求二阶偏导,得

$$\left(\frac{\partial^2}{\partial x^2} + \frac{\partial^2}{\partial y^2} + \frac{\partial^2}{\partial z^2} \right) \Psi = \nabla^2 \Psi = -\frac{p^2}{\hbar^2} \Psi \tag{16-45}$$

其中,$\nabla^2 = \left(\dfrac{\partial^2}{\partial x^2} + \dfrac{\partial^2}{\partial y^2} + \dfrac{\partial^2}{\partial z^2} \right)$ 称为拉普拉斯算子.

式(16-44)对 t 求一级偏导,得

$$i\hbar \frac{\partial \Psi}{\partial t} = E\Psi = \frac{p^2}{2m} \Psi \tag{16-46}$$

将式(16-45)代入式(16-46)得

$$-\frac{\hbar^2}{2m}\nabla^2\Psi=\mathrm{i}\,\hbar\frac{\partial\Psi}{\partial t} \qquad (16\text{-}47)$$

上式就是我们推得的自由粒子含时间的薛定谔方程.

由式(16-46)与式(16-47)得

$$E=-\frac{\hbar^2}{2m}\nabla^2$$

我们定义等式右边部分为能量算符.

2. 非自由粒子的薛定谔方程

在三维势场中,势能函数为 $U(x,y,z)$,则粒子的总能量 E 由动能和势能之和

$$E=-\frac{\hbar^2}{2m}\nabla^2+U(\text{非自由粒子的能量算符})$$

得到

$$\left(-\frac{\hbar^2}{2m}\nabla^2+U\right)\Psi=\mathrm{i}\,\hbar\frac{\partial\Psi}{\partial t} \qquad (16\text{-}48)$$

上式为一般形式的含时薛定谔方程.

3. 定态薛定谔方程

所谓定态就是状态不随时间变化,也就是 $U(x,y,z)$ 不是 t 的函数.

设

$$\Psi(x,y,z,t)=\Phi(x,y,z)\cdot f(t)$$

将上式代入式(16-48)得到

$$\left(-\frac{\hbar^2}{2m}\nabla^2+U\right)\Phi(x,y,z)f(t)=\mathrm{i}\,\hbar\frac{\partial\Phi(x,y,z)f(t)}{\partial t}$$

变形得

$$\frac{1}{\Phi}\left(-\frac{\hbar^2}{2m}\nabla^2+U\right)\Phi(x,y,z)=\frac{1}{f}\mathrm{i}\,\hbar\frac{\mathrm{d}f(t)}{\mathrm{d}t}$$

上式两边无关,左边是空间函数,右边是时间函数,所以两边都只能等于一个常数 E.

这样就得到两个方程

$$\left(-\frac{\hbar^2}{2m}\nabla^2+U\right)\Phi(x,y,z)=E\Phi$$

$$\frac{\mathrm{d}f(t)}{f}=-\frac{\mathrm{i}E}{\hbar}\mathrm{d}t$$

如此就得到 $f=\mathrm{e}^{-\frac{\mathrm{i}E}{\hbar}t}$

定态波函数可表示为

$$\Psi(x,y,z,t)=\Phi(x,y,z)\cdot e^{-\frac{iEt}{\hbar}}$$

剩下的另一个方程就是定态势场中运动粒子的薛定谔方程(不含时间 t)

$$-\frac{\hbar^2}{2m}\nabla^2\Phi+U\Phi=E\Phi \tag{16-49}$$

一般而言,上面的 $E=i\hbar\frac{\partial}{\partial t}+U$ 中的 $i\hbar\frac{\partial}{\partial t}+U$ 被称为能量的算符,称式(15-48)是能量算符的本征方程. 式(15-49)是定态的能量算符的本征方程. 在解本征方程的过程中由于波函数的标准条件的限制,我们会得到本征方程的解,也就是本征函数和本征值. 如果我们知道了 U 的表达形式,就可以写出其的薛定谔方程,解方程就得到本征函数和本征值,函数的物理意义我们已知,而 E 的本征值就是能量在测量中可能被测到的值. 要解复杂的薛定谔方程,就需要先学习数学物理方法和特殊函数论两门课程. 我们现在只能解简单的薛定谔方程.

16.6.4　一维无限深势阱问题

下面求一维方势阱中粒子的能量、波函数及概率密度. 一维方势阱的势能为

$$U=\begin{cases}0, & 0<x<a \\ \infty, & x\leqslant 0, x\geqslant a\end{cases} \tag{16-50}$$

由式(16-50)决定的定态薛定谔方程为

$$\frac{d^2\Psi}{dx^2}+\frac{2mE}{\hbar^2}\Psi=0, \quad 0<x<a \tag{16-51}$$

式中,m 是粒子的质量,令 $k=\frac{\sqrt{2mE}}{\hbar}$ 则方程变为

$$\frac{d^2\Psi}{dx^2}+k^2\Psi=0 \tag{16-52}$$

方程(16-52)(薛定谔方程)的解为

$$\Psi(x)=A\sin(kx+\alpha) \tag{16-53}$$

式中,A,k,α 都是常量(A,α 为积分常量),其中,A,α 分别用归一化条件和边界条件确定.

根据 $\Psi(0)=0$,可以确定

$$\alpha=0 \quad 或 \quad n\pi, \quad n=1,2,3,\cdots$$

于是上式改写为

$$\Psi(x)=A\sin kx$$

根据 $\Psi(a)=0$,可以确定

$$ka = n\pi, \quad n = 1,2,3,\cdots$$

得能级公式为

$$E_n = \frac{\hbar^2 k^2}{2m} = \frac{n^2 \hbar^2 \pi^2}{2ma^2}, \quad n = 1,2,3,\cdots$$

根据归一化条件,确定 $A = \sqrt{\dfrac{2}{a}}$.

由上式知一维无限深方势阱的能谱是分立谱,这个分立的能谱就是量子化了的能级,一维无限深方势阱中粒子的能量是量子化的.

当 $n=1$ 时,粒子处于最低能量状态,称为基态,其基态能量(零点能)为

$$E_1 = \frac{\pi^2 \hbar^2}{2ma^2}$$

激发态能量为

$$E_n = \frac{n^2 \hbar^2 \pi^2}{2ma^2}, \quad n = 1,2,3,\cdots$$

由上面的结果得到波函数为

$$\Psi(x) = \begin{cases} 0, & x \leqslant 0, x \geqslant a \\ \sqrt{\dfrac{2}{a}}\sin\dfrac{n\pi}{a}x, & 0 \leqslant x \leqslant a \end{cases} \quad n = 1,2,3,\cdots$$

概率密度为

$$|\Psi(x)|^2 = \frac{2}{a}\sin^2\left(\frac{n\pi}{a}\right)$$

由能量表达式

$$E_n = \frac{n^2 \hbar^2 \pi^2}{2ma^2}, \quad n = 1,2,3,\cdots$$

势阱中相邻能级之差

$$\Delta E = E_{n+1} - E_n = (2n+1)\frac{\pi^2 h^2}{2ma}$$

能级相对间隔

$$\frac{\Delta E_n}{E_n} \approx \frac{2n\dfrac{h^2}{8ma^2}}{n^2\dfrac{h^2}{8ma^2}} = \frac{2}{n}$$

当 $n \to \infty$, $\dfrac{\Delta E_n}{E_n} \to 0$,能量视为连续变化.

解得结果在图 16.16 中:(a)表示能级;(b)表示波函数;(c)表示概率密度.

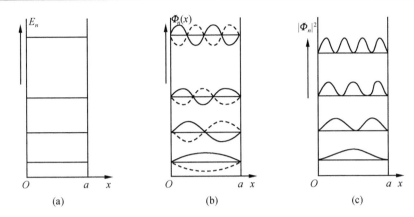

图 16.16 方势阱的波函数和概率密度

讨论：

（1）对无限深势阱来说，粒子只能在 $U=0$ 的区域内运动，称为束缚态，所得到的定态方程的解，只能取一些驻波的形式.

（2）粒子在势阱内各处出现的概率密度随量子数改变.

（3）相邻两能级间的距离为

$$\Delta E = (2n+1)\frac{\pi^2 h^2}{2ma}$$

16.6.5 一维方势垒 隧道效应

另外一个有趣例子是一维方势垒和隧道效应，同样求一维方势垒中粒子的波函数及概率密度. 一维方势垒的势能为

$$U(x) = \begin{cases} 0, & x<0, x>a \\ U_0, & 0 \leqslant x \leqslant a \end{cases} \tag{16-54}$$

在经典力学中，若粒子的动能为正，且 $E<U_0$，如图 16.17 所示，它只能在 I 区中运动. 但在量子力学中

$$-\frac{\hbar^2}{2m}\frac{\mathrm{d}^2\Psi_1(x)}{\mathrm{d}x^2} = E\Psi_1(x), \quad x \leqslant 0 \tag{16-55}$$

$$-\frac{\hbar^2}{2m}\frac{\mathrm{d}^2\Psi_2(x)}{\mathrm{d}x^2} + U_0\Psi_2(x) = E\Psi_2(x), \quad 0 \leqslant x \leqslant a \tag{16-56}$$

$$-\frac{\hbar^2}{2m}\frac{\mathrm{d}^2\Psi_3(x)}{\mathrm{d}x^2} = E\Psi_3(x), \quad x \geqslant a \tag{16-57}$$

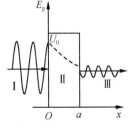

图 16.17 一维方势垒
解的结果

$$k^2 = \frac{2mE}{\hbar^2}, \quad k_1^2 = \frac{2m(U_0 - E)}{\hbar^2}$$

三个区间的薛定谔方程化为

$$\frac{\mathrm{d}^2 \Psi_1(x)}{\mathrm{d}x^2} + k^2 \Psi_1(x) = 0, \quad x \leqslant 0 \tag{16-58}$$

$$\frac{\mathrm{d}^2 \Psi_2(x)}{\mathrm{d}x^2} - k_1^2 \Psi_2(x) = 0, \quad 0 \leqslant x \leqslant a \tag{16-59}$$

$$\frac{\mathrm{d}^2 \Psi_3(x)}{\mathrm{d}x^2} + k^2 \Psi_3(x) = 0, \quad x \geqslant a \tag{16-60}$$

若考虑粒子是从Ⅰ区入射,在Ⅰ区中有入射波和反射波;粒子从Ⅰ区经过Ⅱ区穿过势垒到Ⅲ区,在Ⅲ区只有透射波.粒子在 $x=0$ 处出现的概率要大于在 $x=a$ 处出现的概率.

其解为

$$\Psi_1(x) = A\mathrm{e}^{ikx} + R\mathrm{e}^{-ikx}, \quad x \leqslant 0$$
$$\Psi_2(x) = T\mathrm{e}^{-k_1 x}, \quad 0 \leqslant x \leqslant a \tag{16-61}$$
$$\Psi_3(x) = C\mathrm{e}^{ikx}, \quad x \geqslant a$$

根据边界条件

$$\Psi_1(0) = \Psi_2(0), \quad \frac{\mathrm{d}\Psi_1(x)}{\mathrm{d}x}\bigg|_{x=0} = \frac{\mathrm{d}\Psi_2(x)}{\mathrm{d}x}\bigg|_{x=0}$$

$$\Psi_2(a) = \Psi_3(a), \quad \frac{\mathrm{d}\Psi_2(x)}{\mathrm{d}x}\bigg|_{x=a} = \frac{\mathrm{d}\Psi_3(x)}{\mathrm{d}x}\bigg|_{x=a}$$

解得的结果如图 16.17 所示.

定义粒子穿过势垒的**贯穿系数**

$$P = \frac{|\Psi_3(a)|^2}{|\Psi_1(0)|^2} \tag{16-62}$$

$$P = \frac{|\Psi_2(a)|^2}{|\Psi_2(0)|^2} = \frac{T\exp(-2k_1 a)}{T\exp(-2k_1 0)} = \exp(-2k_1 a) = \exp\left(-\frac{2a}{\hbar}\sqrt{2m(U_0 - E)}\right) \tag{16-63}$$

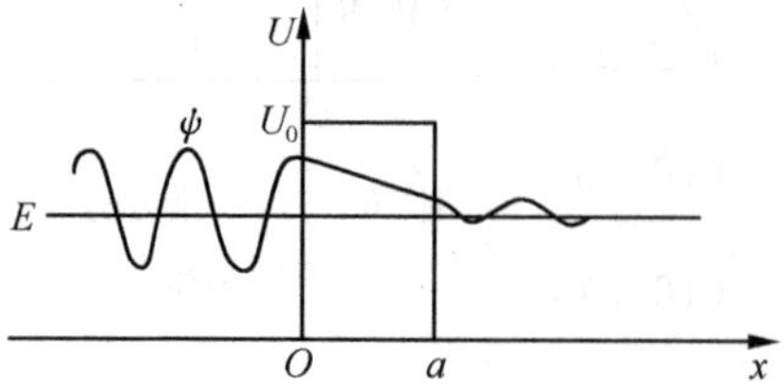

图 16.18　隧道效应

图 16.18 表示的是粒子穿过势垒的情形.

当 $U_0 - E = 5$ eV 时,势垒的宽度约 50 nm 以上时,贯穿系数会小到 10^{-6}. 隧道效应在实际上已经没有意义了.量子概念过渡到经典了.

16.6.6 氢原子问题

1. 氢原子的薛定谔方程

氢原子定态的薛定谔方程是

$$-\frac{h^2}{8\pi^2 m}\left(\frac{\partial^2}{\partial x^2}+\frac{\partial^2}{\partial y^2}+\frac{\partial^2}{\partial z^2}\right)\Psi(x,y,z)+U\Psi(x,y,z)=E\Psi(x,y,z)$$

$$(16\text{-}64)$$

氢原子中电子绕核运动时的势函数为

$$U(r)=-\frac{e^2}{4\pi\varepsilon_0 r} \qquad (16\text{-}65)$$

式中,m 是电子的质量,x,y,z 是电子的坐标,U 是势能,E 是总能量,h 是普朗克常量,而 $\Psi(x,y,z)$ 就是波函数.

2. 氢原子的波函数

$\Psi(x,y,z)$ 的具体形式,可由解上述薛定谔方程得出.量子力学中就是用它来描述电子的运动状态.

如图 16.19 所示,先将波函数由直角坐标变换为球坐标,即 $\Psi(x,y,z)\rightarrow\Psi(r,\theta,\varphi)$,方程(16-64)变为

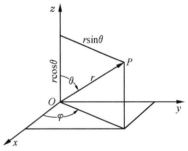

图 16.19　直角坐标与极坐标的关系

$$\frac{1}{r^2}\frac{\partial}{\partial r}\left(r^2\frac{\partial\Psi}{\partial r}\right)+\frac{1}{r^2\sin\theta}\frac{\partial}{\partial\theta}\left(\sin\theta\frac{\partial\Psi}{\partial\theta}\right)+\frac{1}{r^2\sin^2\theta}\frac{\partial^2\Psi}{\partial\varphi^2}+\frac{8\pi^2 m}{h^2}\left(E+\frac{e^2}{4\pi\varepsilon_0 r}\right)\Psi=0$$

$$(16\text{-}66)$$

再对其进行分离变量,即设

$$\Psi(r,\theta,\varphi)=R(r)Y(\theta,\phi)=R(r)\Theta(\theta)\Phi(\varphi) \qquad (16\text{-}67)$$

经过一系列的换算和整理,可以将原来一个方程变成三个方程

$$\begin{cases}\dfrac{\mathrm{d}^2\Phi}{\mathrm{d}\varphi^2}+m_l\Phi=0\\[2mm]\dfrac{m_l^2}{\sin^2\theta}-\dfrac{1}{\Theta\sin\theta}\dfrac{\mathrm{d}}{\mathrm{d}\theta}\left(\sin\theta\dfrac{\mathrm{d}\Theta}{\mathrm{d}\theta}\right)=l(l+1)\\[2mm]\dfrac{1}{R}\dfrac{\mathrm{d}}{\mathrm{d}r}\left(r^2\dfrac{\mathrm{d}R}{\mathrm{d}r}\right)+\dfrac{8\pi^2 mr^2}{h^2}\left(E+\dfrac{e^2}{4\pi\varepsilon_0 r}\right)=l(l+1)\end{cases} \qquad (16\text{-}68)$$

通过解这三个方程,即可得到氢原子波函数的具体形式.其一般表达式为[①]

$$
\Psi_{nlm_l}(r,\theta,\varphi) = \sqrt{\left(\frac{2z}{na_0}\right)^3 \frac{(n-l-1)!}{2n[(n+l)!]^2}} \, e^{-\frac{\rho}{n}} \left(\frac{2}{n}\rho\right)^l \cdot
$$
$$
\sum_{\beta=0}^{n-l-1} (-1)^{\beta+1} \frac{[(n+l)!]^2}{(n-l-1-\beta)!(2l+1+\beta)!\beta!} \cdot
$$
$$
\left(\frac{2}{n}\rho\right)^\beta \sqrt{\frac{(2l+1)(l-|m_l|)!}{2(l+|m_l|)!}} \, (\sin^2\theta)^{\frac{|m_l|}{2}} \frac{d^{|m_l|}}{dx^{|m_l|}} \cdot
$$
$$
\sum_{\beta=0}^{\left[\frac{l}{2}\right]} (-1)^\beta \frac{(2l-2\beta)!}{2^l \beta!(l-\beta)!(l-2\beta)!} (\cos\theta)^{l-2\beta} \frac{1}{\sqrt{2\pi}} e^{im_l\varphi}
$$

$$(16\text{-}69)$$

式中,n,l,m_l 都是常数,可取不同的整数,也就是 n 只可取

$$n = 1,2,3,\cdots$$

且对某个 n,l 只能取

$$l = 0,1,2,\cdots,n-1$$

而对某个 l,m_l 的取值只能是

$$m_l = 0,\pm 1,\pm 2,\pm 3,\cdots,\pm l$$

当 $E<0$(束缚态)的情况下,为了使 $R(r)$ 满足标准条件,求得能量 E 必须为

$$E_n = -\frac{me^4}{8\varepsilon_0^2 h^2} \frac{1}{n^2}, \quad n = 1,2,3,\cdots \tag{16-70}$$

由于 n 只能取正整数,所以说这时能量是量子化的,式中的 n 被称为主量子数.n 一经确定 E_n 的值也就完全确定,就得到氢原子不同的激发态能量.这里给出的 E_n 和玻尔轨道模型得到的结果一致.当 $n=1$ 时,得到氢原子的基态能量是 $E_1 = -13.6\ \text{eV}$($n=2,3,4,\cdots$)在得到波函数的同时,还得到了能量,n 的意义在后面再叙述.

可以证明,只有当电子的动量矩为下式所给出时,方程(16-68)才有解

$$L = \sqrt{l(l+1)}\,\frac{h}{2\pi}, \quad l = 0,1,2,3,\cdots,n-1 \tag{16-71}$$

式(16-71)说明电子的动量矩也只能是由 l 决定的一系列分立值,即动量矩也是量子化的.式中的 l 被称为副量子数或角量子数.氢原子内的电子状态必须同时用 n 和 l 两个量子数来表示.一般用 s,p,d,f,$\cdots$ 字母分别表示 $l=0,1,2,3,\cdots$ 状

---

①　解此偏微分方程的过程可以参阅曾谨言编著的《量子力学》和梁昆淼编著的《数学物理方法》.

态.例如,1s,2s,2p,3s,3p,3d,…电子(字母前面的是 n 值).

　　氢原子中电子绕核运动相当于一个圆电流,具有相应的磁矩,如果氢原子处在外磁场中,它要和外磁场相互作用.电子运动轨道的平面就不能任意取向,只能取某些特定的方向.若取外磁场作参考方向,则电子动量矩 L 在外磁场方向上的投影 L_z 的大小为

$$L_z = m_l \frac{h}{2\pi}, \quad m_l = 0, \pm 1, \pm 2, \pm 3, \cdots, \pm l \tag{16-72}$$

式中, m_l 称为磁量子数,这就是空间量子化.

　　前面已经提及,电子的运动状态要用波函数 $\Psi_{nlm_l}(r,\theta,\varphi)$ 描述.波函数 $\Psi_{nlm_l}(r,\theta,\varphi)$ 本身没有明确的物理意义,但是波函数绝对值的平方 $|\Psi_{nlm_l}(r,\theta,\varphi)|^2$ 却有明确的物理意义.按量子力学概念, $|\Psi_{nlm_l}(r,\theta,\varphi)|^2$ 应当表示空间某点单位体积内出现的平均密度,即概率密度.

　　如果要知道电子在核外运动的状态,只要把核外空间各点的坐标代入波函数 $\Psi_{nlm_l}(r,\theta,\varphi)$ 中,就可求得各点的 Ψ 值, $|\Psi_{nlm_l}(r,\theta,\varphi)|^2$ 值即为电子在该点处出现的概率密度.处于不同运动状态的电子,它们的 Ψ 各不相同,其 $|\Psi_{nlm_l}(r,\theta,\varphi)|^2$ 也不同,表示 $|\Psi_{nlm_l}(r,\theta,\varphi)|^2$ 的图像当然也各不相同.

　　考虑一个离核距离为 r、厚度为 dr 的薄层球壳夹层内电子出现的概率随 r 变化的情况.已知概率密度为 $|\Psi_{nlm_l}(r,\theta,\varphi)|^2$,则

$$概率 = 概率密度 \times 体积 = |\Psi_{nlm_l}(r,\theta,\varphi)|^2 \times 4\pi r^2 dr$$

　　令 $D(r) = |\Psi|^2 4\pi r^2 = R^2(r) 4\pi r^2$, $D(r)$ 称为径向分布函数.若单位厚度 $dr=1$,则 $D(r)$ 表示电子在半径为 r 的球面上单位厚度的球壳夹层内出现的概率. $D(r)$ 值越大,表示电子在此单位厚度的球壳夹层内出现的概率越大.

　　以 $D(r)$ 为纵坐标, r 为横坐标做图,即得到电子云径向分布图.图 16.20 是氢原子的各种电子云径向分布图.

　　由图 16.20 可知,氢原子 1s 电子云径向分布的最大球壳出现在 0.529×10^{-10} m 处,这正好是氢原子的第一个玻尔轨道的半径,即玻尔半径 r_1.

　　由径向分布图还可看出,1s 有一个峰,2s 有两个峰,3s 有三个峰,而且 2s 的主峰比 1s 靠外,3s 的主峰比 2s 靠外.主峰靠外,说明电子离核越远,轨道能量越高.靠外的轨道又有小峰渗透到内层轨道,使轨道间产生互相渗透,出现能量交错.

　　即使是最简单的原子——氢原子,当解它的薛定谔方程的时候,会感觉到非常的庞杂,计算量非常大,好在现在有了计算机,有解方程的应用软件,可以解多电子原子,甚至分子乃至大分子直到细胞或一个机体.当然还有很长的路要走,要有更快的计算机,更易懂的计算软件,是要由大量的科学家来共同完成的一项大的工程.到那时候,人们能很容易地、直观地读懂量子力学的结果,用物理来解释生命,那就是量子力学的时代.

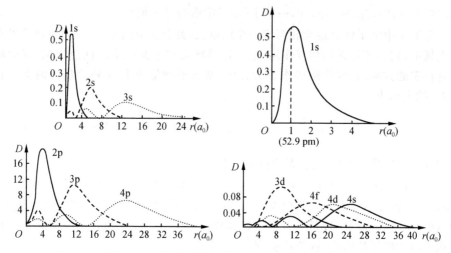

图 16.20　氢原子的各种电子云径向分布函数图

思　考　题

16.6-1　何谓不确定关系？为什么说不确定关系与实验技术或仪器的改进无关？

16.6-2　薛定谔方程是通过严格的推理过程导出的吗？

16.6-3　说明定态薛定谔方程的物理意义.

16.6-4　什么叫隧道效应？在什么条件下隧道效应就不显著了？

本　章　提　要

1. 斯特藩-玻尔兹曼定律

$$M(T) = \int_0^\infty M_\lambda(T)d\lambda = \sigma T^4$$

维恩位移定律

$$T\lambda_{\mathrm{m}} = b$$

普朗克黑体辐射公式

$$M_\lambda(T) = \frac{2\pi hc^2}{\lambda^5} \frac{1}{\mathrm{e}^{\frac{hc}{\lambda kT}} - 1}$$

2. 爱因斯坦方程

$$h\nu = \frac{1}{2}mv^2 + W$$

爱因斯坦认为一束光是一束光子流.

3. 康普顿公式

$$\lambda - \lambda_0 = \frac{h}{m_0 c}(1 - \cos\varphi) = \lambda_c(1 - \cos\theta)$$

4. 氢原子的玻尔理论的三条假设和由此得到的量子化半径

$$r_n = n^2 \frac{\varepsilon_0 h^2}{\pi m e^2} = n^2 r_1, \quad n = 1, 2, 3, \cdots$$

和氢原子能级公式

$$E_n = -\frac{m e^4}{8 \varepsilon_0^2 h^2} \frac{1}{n^2} = \frac{E_1}{n^2}, \quad n = 1, 2, 3, \cdots$$

5. 德布罗意物质波假设

$$E = h\nu, \quad P = mv = \frac{h}{\lambda}$$

6. 不确定关系

$$\Delta x \Delta p_x \geqslant h; \quad \Delta y \Delta p_y \geqslant h; \quad \Delta z \Delta p_z \geqslant h; \quad \Delta E \Delta t \geqslant h$$

7. 薛定谔方程

$$-\frac{\hbar^2}{2m} \nabla^2 \Psi + U\Psi = i\hbar \frac{\partial \Psi}{\partial t} \quad \text{（含时间）}$$

$$-\frac{\hbar^2}{2m} \nabla^2 \Phi + U\Phi = E\Phi \quad \text{（定态）}$$

习　　题

16-1　设描述微观粒子运动的波函数为 $\Psi(r, t)$，试说明：

(1) $\Psi^* \cdot \Psi$ 的物理意义；

(2) $\Psi(r, t)$ 须满足的条件；

(3) $\Psi(r, t)$ 的归一化条件.

16-2　已知一维运动粒子的波函数为 $\Psi(x) = \begin{cases} Axe^{-\lambda x}, & x \geqslant 0, \lambda > 0 \\ 0, & x < 0 \end{cases}$

(1) 将此波函数归一化；

(2) 求粒子运动的概率分布函数.

16-3　一质量为 40 g 的子弹以 1.0×10^3 m·s^{-1} 的速率飞行，求：

(1) 其德布罗意波的波长；

(2) 若测量子弹位置的不确定量为 0.10 mm，求其速率的不确定量.

16-4　试从坐标与动量的不确定关系 $\Delta x \cdot \Delta p \geqslant h$ 推导出时间与能量的不确定关系 $\Delta t \cdot \Delta E \geqslant h$.

16-5　设有一个光子，其波长为 300 nm，如果测定波长的准确度为 10^{-6}，试求此光子位置的不确定范围.

16-6　如果枪口的直径为 5 mm，子弹的质量为 0.01 kg，用不确定关系估算子弹射出枪口时的横向速率.

16-7　试估计一下人体辐射最强的波长，此辐射在电磁波谱的哪一区域？

第 17 章　现代物理技术

【学习目标】

了解有关新材料、新能源及现代物理技术的应用.

17.1　激光原理及激光技术的应用

17.1.1　激光器原理

如果一个系统中处于高能态的粒子数多于低能态的粒子数,就出现了粒子数的反转状态,那么只要有一个光子引发,就会迫使一个处于高能态的原子受激辐射出一个与之相同的光子,这两个光子又会引发其他原子受激辐射,这样就实现了光的放大.如果加上适当的谐振腔的反馈作用便形成光振荡,从而发射出激光,这就是激光器的工作原理.除自由电子激光器外,各种激光器的基本工作原理均相同,装置的组成包括激励(或泵浦)、具有亚稳态能级的工作介质和谐振腔三部分.激励是工作介质吸收外来能量后激发到激发态,为实现并维持粒子数反转创造条件.激励方式有光学激励、电激励、化学激励和核能激励等.工作介质具有亚稳能级是使受激辐射占主导地位,从而实现光放大.谐振腔可使腔内的光子有一致的频率、相位和运行方向,从而使激光具有良好的方向性和相干性.

1. 激光工作物质

激光工作物质是指用来实现粒子数反转并产生光的受激辐射放大作用的物质体系,有时也称为激光增益介质,它们可以是固体(晶体、玻璃)、气体(原子气体、离子气体、分子气体)、半导体和液体等介质.对激光工作物质的主要要求是尽可能在其工作粒子的特定能级间实现较大程度的粒子数反转,并使这种反转在整个激光发射作用过程中尽可能有效地保持下去,为此,要求工作物质具有合适的能级结构和跃迁特性.

2. 激励(泵浦)系统

激励(泵浦)系统是指为使激光工作物质实现并维持粒子数反转而提供能量来

源的机构或装置.根据工作物质和激光器运转条件的不同,可以采取不同的激励方式和激励装置,常见的有四种:①光学激励(光泵).它是利用外界光源发出的光来辐照工作物质以实现粒子数反转的,整个激励装置,通常是由气体放电光源(如氙灯、氪灯)和聚光器组成.②气体放电激励.它是利用在气体工作物质内发生的气体放电过程来实现粒子数反转的,整个激励装置通常由放电电极和放电电源组成.③化学激励.它是利用在工作物质内部发生的化学反应过程来实现粒子数反转的,通常要求有适当的化学反应物和相应的引发措施.④核能激励.它是利用小型核裂变反应所产生的裂变碎片、高能粒子或放射线来激励工作物质并实现粒子数反转的.

3. 光学共振腔

光学共振腔通常是由具有一定几何形状和光学反射特性的两块反射镜按特定的方式组合而成.作用为:①提供光学反馈能力,使受激辐射光子在腔内多次往返以形成相干的持续振荡;②对腔内往返振荡光束的方向和频率进行限制,以保证输出激光具有一定的定向性和单色性.

17.1.2 激光器的种类

1. 气体激光器

在气体激光器中,最常见的是氦氖激光器.世界上第一台氦氖激光器是继第一台红宝石激光器之后不久,于1960年在美国贝尔实验室里由伊朗物理学家贾万制成的.由于氦氖激光器发出的光束方向性和单色性好,可以连续工作,所以这种激光器是当今使用最多的激光器,主要用在全息照相、精密测量、准直定位上.

2. 液体、化学激光器

液体激光器也称染料激光器,因为这类激光器的激活物质是某些有机染料溶解在乙醇、甲醇或水等液体中形成的溶液.为了激发它们发射出激光,一般采用高速闪光灯作激光源,或者由其他激光器发出很短的光脉冲.液体激光器发出的激光对于光谱分析、激光化学和其他科学研究,具有重要的意义.化学激光器是用化学反应来产生激光的,如氟原子和氢原子发生化学反应时,能生成处于激发状态的氟化氢分子.这样,当两种气体迅速混合后,便能产生激光,因此不需要别的能量,就能直接从化学反应中获得很强大的光能.

3. 固体激光器

前面所提到的红宝石激光器就是固体激光器的一种.早期的红宝石激光器是采用普通光源作为激发源.现在生产的红宝石激光器已经开发出许多新产品,种类也增多了.

4.“隐身”和“变色”激光器

另外还有两种较为特殊的激光器.一种是二氧化碳激光器,可称“隐身人”.因为它发出的激光波长为 $10.6\ \mu m$,“身”处红外区,肉眼不能觉察,另一种比较特殊、新颖的激光器,可以形象地称它为“变色龙”.它不是龙,但确实能变色,只要转动一个激光器上的旋钮,就可以获得红、橙、黄、绿、青、蓝、紫各种颜色的激光.

17.1.3　激光的巨大应用

1. 激光光谱学

光谱分析是研究物质结构的重要手段.激光引入光谱分析后,至少从 5 个方面扩展和增强了光谱分析能力:①分析的灵敏度大幅度提高;②光谱分辨率达到超精细程度;③可进行超快[$10\sim100$ fs(飞秒即 10^{-15} s)量级]光谱分析;④把相干性和非线性引入光谱分析;⑤光谱分析用的光源波长可调.自从激光引入之后,先进的光谱分析已经激光化了.

2. 激光在医学上的应用

激光医学包括激光诊断和检测以及激光医疗两大类.激光诊断与检测利用了激光具有非常高的光子简并度特点.这种高简并度使同一量子态具有非常高的光子数,可以记录生物组织的三维信息,研究微观结构的运动和瞬态变化,从而精确测定微观结构,显示正常组织与非正常组织差别,检查是否有病变.目前常用的有激光荧光屏诊断法、激光多普勒测速检测法、激光散射拉曼光谱检测法、激光 CT 等.而激光医疗主要利用激光能量在时间、空间、波长上高度集中的特性.例如,飞秒激光能以极低的能量获得极高的光强,且因超快,故其激光能量丝毫不扩散到焦点以外,这使得聚焦飞秒激光光束成为常规长脉冲激光无法比拟的锐利而精密的手术刀.激光医疗几乎遍及眼科、皮肤科、妇科、肛肠科以及消化道泌尿科和心血管、骨科、牙科等专科.医学界和政府主管部门对应用激光设备审查控制很严.在此前提下,目前还是批准了许多激光设备用于临床,有的已经作为常规治疗手段.大多数激光治疗的疗程短,患者无痛苦或痛苦少,操作方便,费用省,受到广大患者和医生的欢迎.

3. 激光在军事上的应用

由于激光具有方向性好,能量高度集中等物理特性,所以它自 20 世纪 60 年代问世以来备受军界青睐,被广泛应用于测距、通信、制导等方面.而激光武器更是一种世人关注的新型武器. 它利用激光速的辐射能量摧毁对方目标或使对方部队丧失战斗能力.

激光武器的杀伤机理是:激光武器发出高能激光束照射目标后部分能量被目标吸收转化为热能,引起烧蚀效应. 与此同时,由于目标表面材料急剧汽化,蒸汽高速向外膨胀,在极短的时间内给目标以强大的反冲作用,在目标中形成激波,从而又引起目标材料的断裂或损害,此即激波效应. 而且,由于目标表面材料气化,还会形成等离子体云,因而造成辐射效应,这比激光直接照射引起的破坏可能更厉害. 激光武器产生的独特的烧蚀、激波和辐射等物理效应已被用于光电对抗、防空、反坦克、轰炸机自卫等方面.

激光技术已渗透到各种武器平台,成为高技术局部战争的重要支柱和显著特征. 激光制导和激光测距极大地提高了炮弹、炸弹和战术导弹的首发命中率和命中精度;激光引信提高了弹头的破坏力和抗干扰性;光纤通信和激光大气通信是军事指挥控制通信网的重要组成部分;武器平台内部的光纤数据总线既有强的抗干扰能力,又无电磁泄露. 激光武器被认为是反导弹、反卫星的最佳选择之一.

4. 激光在生物技术上的应用

激光在生物上的应用主要有基因工程. 例如,激光外源导入基因法使基因转化,利用激光辐照使染色体突变等,在这方面我国取得不少成果. 例如,1988 年中国科技大学报道用激光在蚕卵上打孔,植入染色质引起蚕变异. 中国科学院遗传所报道,用激光微束显微切割植物染色体的研究,也取得了成功. 激光细胞工程,如激光导致细胞融合、激光导致线粒体瓦解等. 由于激光导致细胞融合选择性高,它可望成为快速生产医用单克隆抗体的适宜方法. 激光催陈技术,如激光可以陈化酒,通过激光从微生物中提取胰岛素、氢基酸、核糖核酸等,从而可以大大简化从生物体或细菌中提取有用物质步骤;激光植物育种技术、激光繁育技术等选育优良品种,提高孵化效率,促进农业畜牧业的发展.

5. 激光在工业上的应用

在工业方面,激光广泛利用于材料加工、退火、材料的更换、装置制作、测量、表面成色、焊接和集成电路裂缝的检查、三维表面测量、光学验证功率以及激光辐照的易变性等.

6. 激光在其他方面的应用

激光在自控和远程控制中有广泛的应用. 现在人们利用计算机来控制大规模的工业生产,利用卫星传递信息,它们给人们带来的好处是不言而喻的,它们是依靠电子学进步来完成的.

而激光在控制的某些方面优于电子学,如光控制的精确度很高,保密性很强.
激光也是信息的理想载体,光波以其极高的频率作为信息载体是最理想的频段.激
光作为光波段的相干辐射就理所当然的成为信息的理想载体.光纤通信自 1970 年
第一次实验至今已经覆盖了全球,成为因特互联网的支撑技术之一.CD、VCD 和
DVD 等光盘早已进入千家万户.激光照排、激光分色、激光打印等技术带来了出版
印刷业的革命和办公自动化.以激光为识别光源的条码已广泛用于商品、邮件、图
书、档案的管理,显著提高了工作效率.

17.2 光 纤 技 术

17.2.1   光纤的结构与分类

1. 光纤结构

光纤裸纤一般分为三层:中心层为高折射率玻璃芯(芯径一般为 50 μm 或
62.5 μm),中间层为低折射率硅玻璃包层(直径一般为 125 μm),最外层是加强用
的树脂涂层.

2. 数值孔径

入射到光纤端面的光并不能全部被光纤所传输,只是在某个角度范围内的入
射光才可以.这个角度就称为光纤的数值孔径.光纤的数值孔径大些对于光纤的对
接是有利的.不同厂家生产的光纤的数值孔径不同.

3. 光纤的种类

1) 按光在光纤中的传输模式分类

多模光纤:中心玻璃芯较粗(50 μm 或 62.5 μm),可传多种模式的光,但其模
间色散较大,这就限制了传输数字信号的频率,而且随距离的增加会更加严重.例
如,600 MB·km^{-1} 的光纤在 2 km 时就只有 300 MB 的带宽了.因此,多模光纤传
输的距离就比较近,一般只有几公里.

单模光纤:中心玻璃芯较细(芯径一般为 9 μm 或 10 μm),只能传一种模式的
光,因此,其模间色散很小,适用于远程通信,但其色散起主要作用,这样单模光纤
对光源的谱宽和稳定性有较高的要求,即谱宽要窄,稳定性要好.

2) 按最佳传输频率窗口分类

常规型:光纤生产厂家将光纤传输频率最佳化在单一波长的光上,如 1300 nm.

色散位移型:光纤生产厂家将光纤传输频率最佳化在两个波长的光上,如 1300 nm 和 1550 nm.

3) 按折射率分布情况分类

突变型:光纤中心芯到玻璃包层的折射率是突变的.其成本低,模间色散高.适用于短途低速通信,如工程控制.单模光纤由于模间色散很小,所以单模光纤都采用突变型.

渐变型光纤:光纤中心芯到玻璃包层的折射率是逐渐变小,可使高模光按正弦形式传播,这能减少模间色散,提高光纤带宽,增加传输距离,但成本较高,现在的多模光纤多为渐变型光纤.

17.2.2　光纤通信技术和发展

随着 Internet 的迅速普及以及宽带综合业务数字网(B-ISDN)的快速发展,人们对信息的需求呈现出爆炸性的增长,几乎是每半年翻一番.在这样的背景下,信息高速公路建设已成为世界性热潮.而作为信息高速公路的核心和支柱的光纤通信技术更是成为重中之重.很多国家和地区不遗余力地斥巨资发展光纤通信技术及其产业,光纤通信事业得到了空前发展.此外,由于信息的生产、传播、交换以及应用对国民经济和国家安全有决定性的影响,与其他行业相比,光纤通信更具有特殊意义.光纤通信事业是一个巨大的系统工程.它的各个组成部分互为依存、互相推动,共同向前发展.就光纤通信技术本身来说,应该包括以下几个主要部分:光纤光缆技术、传输技术、光有源器件、光无源器件以及光网络技术等.

1. 光缆技术的进展

光纤技术的进步可以从两个方面来说明:一是通信系统所用的光纤;二是特种光纤.早期光纤的传输窗口只有三个,即 850 nm(第一窗口)、1310 nm(第二窗口)以及 1550 nm(第三窗口).近几年相继开发出第四窗口(L 波段)、第五窗口(全波光纤)以及 S 波段窗口.其中,特别重要的是全波窗口.这些窗口开发成功的巨大意义就在于从 1280 nm 到 1625 nm 的广阔的光频范围内,都能实现低损耗、低色散传输,使传输容量几百倍、几千倍甚至上万倍的增长.这一技术成果将带来巨大的经济效益.另外,特种光纤的开发及其产业化是一个相当活跃的领域.

特种光纤具体有以下几种:

(1) 有源光纤.这类光纤主要是指掺有稀土离子的光纤,如掺铒(Er^{3+})、掺钕(Nb^{3+})、掺镨(Pr^{3+})、掺镱(Yb^{3+})、掺铥(Tm^{3+})等,以此构成激光活性物质.这是制造光纤光放大器的核心物质.不同掺杂的光纤放大器应用于不同的工作波段,如掺铒光纤放大器(EDFA)应用于 1550 nm 附近(C,L 波段);掺镨光纤放大器(PD-

FA)主要应用于 1310 nm 波段;掺铥光纤放大器(TDFA)主要应用于 S 波段等.这些掺杂光纤放大器与拉曼(Raman)光纤放大器一起给光纤通信技术带来了革命性的变化.它的显著作用是:直接放大光信号,延长传输距离;在光纤通信网和有线电视网(CATV 网)中作分配损耗补偿;此外,在波分复用(WDM)系统中及光孤子通信系统中是不可缺少的关键元器件.正因为有了光纤放大器,才能实现无中继器的百万公里的光孤子传输.也正是有了光纤放大器,不仅能使 WDM 传输的距离大幅度延长,而且也使得传输的性能最佳化.

　　(2) 色散补偿光纤(dispersion compesation fiber,DCF).常规 G.652 光纤在 1550 nm 波长附近的色散为 17 ps·nm^{-1}·km.当速率超过 2.5 GB·s^{-1}时,随着传输距离的增加,会导致误码.若在 CATV 系统中使用,会使信号失真.其主要原因是正色散值的积累引起色散加剧,从而使传输特性变坏.为了解决这一问题,必须采用色散值为负的光纤,即将反色散光纤串接入系统中以抵消正色散值,从而控制整个系统的色散大小.这里的反色散光纤就是所谓的色散补偿光纤.在 1550 nm 处,反色散光纤的色散值通常在$-50\sim200$ ps·nm^{-1}·km.为了得到如此高的负色散值,必须将其芯径做得很小,相对折射率差做得很大,而这种作法往往又会导致光纤的衰耗增加(0.5$\sim$1 dB·km^{-1}).色散补偿光纤是利用基模波导色散来获得高的负色散值,通常将其色散与衰减之比称作质量因数,质量因数当然越大越好.为了能在整个波段均匀补偿常规单模光纤的色散,最近又开发出一种既补偿色散又能补偿色散斜率的"双补偿"光纤.该光纤的特点是色散斜率之比与常规光纤相同,但符号相反,所以更适合在整个波形内的均衡补偿.

　　(3) 光纤光栅(fiber grating).光纤光栅是利用光纤材料的光敏性在紫外光的照射(通常称为紫外光"写入")下,于光纤芯部产生周期性的折射率变化(即光栅)而制成的.使用的是掺锗光纤,在相位掩膜板的掩蔽下,用紫外光照射(在载氢气氛中),使纤芯的折射率产生周期性的变化,然后经退火处理后可长期保存.

　　(4) 多芯单模光纤(multi-coremono-mode fiber,MCF).多芯光纤是一个共用外包层、内含有多根纤芯、而每根纤芯又有自己的内包层的单模光纤.这种光纤的明显优势是成本较低,4 芯的这种光纤的生产成本较普通的光纤约低 50%.此外,这种光纤可以提高成缆的集成密度,同时也可降低施工成本.以上是光纤技术在近几年里所取得的主要成就.至于光缆方面的成就,主要表现在带状光缆的开发成功及批量化生产方面.这种光缆是光纤接入网及局域网中必备的一种光缆.目前光缆的含纤数量达千根以上,有力地保证了接入网的建设.

　　2. 光有源器件的进展

　　光有源器件的研究与开发本来是一个最为活跃的领域,但由于前几年已取得辉煌的成果,所以当今的活动空间已大大缩小.超晶格结构材料与量子阱器件,目前已完全成熟,而且可以大批量生产,已完全商品化,如多量子阱激光器(MQW-LD、MQW-DFBLD).

除此之外,目前已在下列几方面取得重大成就:

(1) 集成器件.这里主要指光电集成(OEIC)已开始商品化,如分布反馈激光器(DFB-LD)与电吸收调制器(EAMD)的集成,即 DFB-EA,已开始商品化.其他发射器件的集成,如 DFB-LD、MQW-LD 分别与 MESFET 或 HBT 或 HEMT 的集成;接收器件的集成主要是 PIN 探测器、金属探测器、半导体探测器分别与 MESFET 或 HBT 或 HEMT 的前置放大电路的集成.虽然这些集成都已获得成功,但还没有商品化.

(2) 垂直腔面发射激光器(VCSEL).由于便于集成和高密度应用,垂直腔面发射激光器受到广泛重视.这种结构的器件已在短波长(ALGaAs/GaAs)方面取得巨大的成功,并开始商品化;在长波长(InGaAsF/InP)方面的研制工作早已开始进行,目前也有少量商品.可以断言,垂直腔面发射激光器将在接入网、局域网中发挥重大作用.

(3) 窄带响应可调谐集成光子探测器.由于 DWDM 光网络系统信道间隔越来越小,甚至到 0.1 nm.为此,探测器的响应谱半宽也应基本上达到这个要求.恰好窄带探测器有陡锐的响应谱特性,能够满足这一要求.集 F-P 腔滤波器和光吸收有源层于一体的共振腔增强(RCE)型探测器能提供一个重要的全面解决方案.

(4) 基于硅基的异质材料的多量子阱器件与集成(SiGe/Si MQW).这方面的研究是一大热点.众所周知,硅(Si)、锗(Ge)发光效率很低,不适合做光电子器件,但是 Si 材料的半导体工艺非常成熟.于是人们设想,利用能带剪裁工程使物质改性,以达到在硅基基础上制作光电子器件及其集成(主要是实现光电集成,即 OE-IC)的目的,这方面已取得巨大成就.在理论上有众多的创新,在技术上有重大的突破,器件水平日趋完善.

3. 光无源器件

光无源器件与光有源器件同样是不可缺少的.由于光纤接入网及全光网络的发展,导致光无源器件的发展空前地热门.常规的常用器件已达到一定的产业规模,品种和性能也得到了极大的扩展和改善.所谓光无源器件就是指光能量消耗型器件、其种类繁多、功能各异,在光通信系统及光网络中主要的作用是:连接光波导或光路;控制光的传播方向;控制光功率的分配;控制光波导之间、器件之间和光波导与器件之间的光耦合;合波与分波;光信道的上下与交叉连接等.早期的几种光无源器件已商品化.其中,光纤活动连接器无论在品种还是产量方面都已有相当大的规模,不仅满足国内需要,而且有少量出口.光分路器(功分器)、光衰减器和光隔离器已有小批量生产.随着光纤通信技术的发展,相继又出现了许多光无源器件,如环行器、色散补偿器、增益平衡器、光的上下复用器、光交叉连接器、阵列波导光栅等.这些都还处于研发阶段或试生产阶段,有的也能提供少量商品.按光纤通信技术发展的一般规律来看,当光纤接入网大规模兴建时,光无源器件的需求量远远大于对光有源器件的需求,这主要是由接入网的特点所决定的.接入网的市场约为整个通信市场的 1/3.因而,接入网产品有巨大的市场及潜在的市场.

4. 光复用技术

光复用技术种类很多,其中最为重要的是波分复用(WDM)技术和光时分复用(OTDM)技术.光复用技术是当今光纤通信技术中最为活跃的一个领域,它的技术进步极大地推动光纤通信事业的发展,给传输技术带来了革命性的变革.波分复用当前的商业水平是 273 个或更多的波长,研究水平是 1022 个波长(能传输 368 亿路电话),近期的潜在水平为几千个波长,理论极限约为 15000 个波长(包括光的偏振模色散复用,OPDM).据 1999 年 5 月多伦多的 Light Management Group Inc of Toronto 演示报道,在一根光纤中传送了 65536 个光波,把 PC 数字信号传送到 200 m 的广告板上,并采用声光控制技术,这说明了密集波分复用技术的潜在能力是巨大的.OTDM 是指在一个光频率上,在不同的时刻传送不同的信道信息,这种复用的传输速度已达到 320 GB·s^{-1} 的水平,若将 DWDM 与 OTDM 相结合,则会使复用的容量增加得更大,如虎添翼.

5. 光放大技术

光放大器的开发成功及其产业化是光纤通信技术中的一个非常重要的成果,它大大地促进了光复用技术、光孤子通信以及全光网络的发展.顾名思义,光放大器就是放大光信号.在此之前,传送信号的放大都是要实现光电转换及电光转换.有了光放大器后就可直接实现光信号放大.光放大器主要有三种:光纤放大器、拉曼放大器以及半导体光放大器.光纤放大器就是在光纤中掺杂稀土离子(如铒、镨、铥等)作为激光活性物质,每一种掺杂剂的增益带宽是不同的.掺铒光纤放大器的增益带较宽,覆盖 S,C,L 频带;掺铥光纤放大器的增益带是 S 波段;掺镨光纤放大器的增益带在 1310 nm 附近.而拉曼光放大器则是利用拉曼散射效应制作成的光放大器,即大功率的激光注入光纤后,会发生非线性效应拉曼散射.在不断发生散射的过程中,把能量转交给信号光,从而使信号光得到放大.由此不难理解,拉曼放大是一个分布式的放大过程,即沿整个线路逐渐放大的.其工作带宽可以说是很宽的,几乎不受限制.这种光放大器已开始商品化了,不过相当昂贵.半导体光放大器(SOA)一般是指行波光放大器,工作原理与半导体激光器相类似.其工作带宽是很宽的,但增益幅度稍小一些,制造难度较大.这种光放大器虽然已实用了,但产量很小.

以上系统、全面地评论了光纤通信技术的重大进展,至于光纤通信技术的发展方向,可以概括为两个方面:一是超大容量、超长距离的传输与交换技术;二是全光网络技术.

17.3 液晶技术

17.3.1 液晶的结构与分类

根据形成的条件和组成,液晶可以分为两大类,即热致液晶和溶致液晶,前者呈现液晶相是由温度引起的,并且只能在一定温度范围内存在,一般是单一组分;而溶致液晶是由符合一定结构要求的化合物与溶剂组成的体系,由两种或两种以上的化合物组成.

1. 热致液晶

热致液晶可分为近晶相、向列相和胆甾相,近晶相液晶由棒状或条状分子组成,分子排列成层,在层内,分子长轴相互平行,其方向可垂直或倾斜于层面,因为分子排列整齐,其规整性接近晶体,为二维有序(图 17.1).但分子质心位置在层内无序,可以自由平移,从而有流动性,然而黏度很大.分子可以前后、左右滑动,不能在上下层之间移动.因为它的高度有序性,近晶相经常出现在较低温度区域内,已经发现至少有 8 种近晶相.

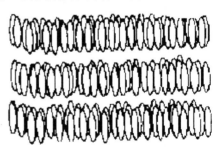

图 17.1 近晶相液晶结构

2. 溶致液晶

多数溶致液晶具有层状结构,称为层状相.在这种结构内,各层中分子的长轴互相平行并且垂直于层的平面,双亲分子层彼此平行排列并被水层分隔.层状相与热致液晶的近晶相中的 A 型很相似,二者都呈现出焦锥织构、扇形织构和细小的镶嵌织构.层状相是单轴晶体,其光轴垂直于层的平面,如果烃链中 C-C 链垂直于层的平面,那么光学双折射是正,而带支链的双亲分子的层状相则可呈正或负的双折射.光亮、圆滑的条纹和假各向同性结构也常见.

当双亲分子浓度减少,即水的浓度增加时,双亲分子与水接触的面积增大,溶致上呈各向同性的中间相.立方相体系中的水含量继续增多时,体系结构将转变为由柱形胶团组成的六方相结构,这些分子平行地"躺"在六角晶格上.在生物体内有许多类似的结构,最典型的是细胞膜结构.

17.3.2　液晶的物理性质

1.胆甾相液晶的光学性质

胆甾相液晶同其他液晶态物质一样,既有液体的流动性、形变性、黏性,又具有晶体光学各向异性,是一种优良的非线性光学材料.较一般液晶不同的是,它具有螺旋状的分子取向的排列结构,因此,它除了具有普通液晶具有的光学性质外还具有它本身特有的光学特性.

1)选择性反射

有些胆甾相液晶在白光的照射下,会呈现美丽的色彩.这是它选择反射某些波长的光的结果.

2)旋光效应

在液晶盒中充入向列相液晶,把两玻璃片绕于他们相互垂直的轴相对扭转90°角度,这样向列相液晶的内部就发生了扭曲,于是形成一个具有扭曲排列的向列相液晶的液晶盒.这样的液晶盒前后放置起偏振片和检偏振片,并使其偏振方向平行.在不加电场时,一束白光射入,液晶盒使入射光的偏振光轴顺从液晶分子的扭曲而旋转了90°,因而光进入检偏振片时,由于偏振光轴相互垂直,光不能通过检偏片,液晶盒不透明,外视场呈暗态.增加外电压,超过某一电压值时,外视场呈亮态,由此就可以得到黑底白像,若起偏片与检偏片的偏振方向互相垂直,可得到白底黑像.

3)圆二色性

圆二色性指材料选择性吸收或反射光束中两个旋向相反的圆偏振光分量中的一个.如果一束入射光照射在液晶盒上,位于反射带内与盒中液晶旋向相同的圆偏振光几乎都被反射出去,而旋向相反的圆偏振光几乎都透射过去,这是一个非常罕见的性质.荷兰菲利浦实验室的两位科学家1998年在 *Nature* 上撰文说,利用凝胶态液晶的圆二色性,可以实现镜面状态和透明状态之间的切换.

2.胆甾相液晶的电光效应

液晶的电光效应很多,所以下面仅介绍几种常见的胆甾相电光效应.

1)退螺旋效应

对于介电常数各向异性且大于零的液晶,当垂直于螺旋轴的方向对胆甾相液晶施加一电场时,会发现随着电场的增大,螺距也同时增大,当电场达到某一阈值时,螺距趋于无穷大,胆甾相在电场的作用下转变成了向列相.

2) 方格栅效应

当对液晶施加电场时,所施加的电场还未达到退螺旋效应的阈值之前,会出现另一种形式的畸变,即胆甾相的层面出现周期起伏,且在两个相互垂直的方向上叠加出现,从而可以观察到方格栅图案,这种效应一般在螺距比较大时出现.

3) 记忆效应

记忆效应也被称为存储效应,胆甾相液晶的记忆效应最早由 Heilmeier 和 Goldmacher 发现.当对某些处于平面织构的胆甾相液晶施加一个低频电场时,液晶会发生动态散射,处于焦锥织构,呈现牛奶一样的乳白色,关闭电场,乳白色将继续保持一段时间,几天甚至几年;对处于焦锥织构的液晶再施加一个高频电场,液晶会立刻变成透明,处于平面织构,关闭电场,透明状态也将继续保持,这也称为双稳态.

17.4 纳 米 技 术

纳米材料是纳米科学技术的一个重要的发展方向.纳米材料是指由极细晶粒组成,特征维度尺寸在纳米量级(1~100 nm)的固态材料.由于极细的晶粒,大量处于晶界和晶粒内缺陷的中心原子以及其本身具有量子尺寸效应、小尺寸效应、表面效应和宏观量子隧道效应等,纳米材料与同组成的微米晶体材料相比,在催化、光学、磁性、力学等方面具有许多奇异的性能,因而成为材料科学和凝聚态物理领域中的研究热点.

17.4.1 纳米材料的性能特点

1. 表面与界面效应

这是指纳米晶体粒表面原子数与总原子数之比随粒径变小而急剧增大后所引起的性质上的变化.例如,粒子直径为 10 nm 时,微粒包含 4000 个原子,表面原子占 40%;粒子直径为 1 nm 时,微粒包含有 30 个原子,表面原子占 99%.主要原因就在于直径减少,表面原子数量增多.再例如,粒子直径为 10 nm 和 5 nm 时,表面积比分别为 90 $m^2 \cdot g^{-1}$ 和 180 $m^2 \cdot g^{-1}$.如此高的表面积比会出现一些极为奇特的现象,如金属纳米粒子在空中会燃烧、无机纳米粒子会吸附气体等.

2. 小尺寸效应

当纳米微粒尺寸与光波波长、传导电子的德布罗意波长及超导态的相干长度、透射深度等物理特征尺寸相当或更小时,它的周期性边界被破坏,从而使其声、光、电、磁,热力学等性能呈现出"新奇"的现象.例如,铜颗粒达到纳米尺寸时就变得不能导电;绝缘的二氧化硅颗粒在 20 nm 时却开始导电.再譬如,高分子材料加纳米材料制成的刀具比金刚石制品还要坚硬.利用这些特性,可以高效率地将太阳能转变为热能、电能,此外又有可能应用于红外敏感元件、红外隐身技术等.

3. 量子尺寸效应

当粒子的尺寸达到纳米量级时,费米能级附近的电子能级由连续态分裂成分立能级.当能级间距大于热能、磁能、静电能、静磁能、光子能或超导态的凝聚能时,会出现纳米材料的量子效应,从而使其磁、光、声、热、电、超导电性能变化.例如,有种金属纳米粒子吸收光线能力非常强,在 1.1365 kg 水里只要放入 1‰这种粒子,水就会变得完全不透明.

4. 宏观量子隧道效应

微观粒子具有贯穿势垒的能力称为隧道效应.纳米粒子的磁化强度等也有隧道效应,它们可以穿过宏观系统的势垒而产生变化,这种效应被称为纳米粒子的宏观量子隧道效应.

17.4.2　纳米材料的应用

纳米材料的诸多优异性可能在光电器件、灵敏传感器、隐身技术、催化、信息储存等广泛的领域得到应用.包括在建筑、化工、纺织、汽车和环保等行业中的应用奠定了基础.比如,纳米陶瓷具有超塑性、耐高温、耐磨性好、硬度高、透光等特点,可以使其用作制造人造骨骼、陶瓷、刀具、陶瓷滚动轴承、压电地震仪、宇宙飞行器的"头盔"、可制得"摔不碎的酒杯"或"摔不碎的碗"等.纳米塑料是一种高强度、不老化的新颖塑料.它的硬度比碳钢强 4～6 倍,比重仅为钢铁的 1/4,透光良好,不发生变形情况,如用纳米塑料制造一台汽车,其重量仅为钢铁材料制成的汽车的 1/4.还有所谓纳米金属、微孔玻璃、纳米金刚石、纳米磁性材料、纳米复合材料、纳米超导材料等.

17.5　等离子体技术

17.5.1　等离子体

等离子体是物质的第四态,即电离了的"气体",它呈现出高度激发的不稳定态,其中包括离子、电子、原子和分子.其实,人们对等离子体现象并不生疏,在自然界里,炽热烁烁的火焰、光辉夺目的闪电以及绚烂壮丽的极光等都是等离子体作用的结果. 对于整个宇宙来讲,几乎 99.9％以上的物质都是以等离子体态存在的,如恒星和行星际空间等都是由等离子体组成的,在地球上人们经常接触到的气、液、固三态倒是占极小的比例.

用人工方法,如核聚变、核裂变、辉光放电及各种放电都可产生等离子体. 通过人工放电方式也可出现不同的等离子体,主要有辉光(荧光灯)、弧光(电弧)、电晕放电(高压线周围可以常常见到). 对于表面精密清洗,表面活化和改性,生物工程材料、塑料、纸张的表面加工,则大多采用以辉光放电、电晕放电、介质阻挡放电等方式产生的低温等离子体.

17.5.2　主要应用

1. 表面清洗

在用等离子体清洗工件时,工作气体往往用氧气,它被轰击成氧离子、自由基后,氧化性极强. 工件表面的污物,如油脂、助焊剂、感光膜、冲床油等,很快就会被氧化成二氧化碳和水,而被真空泵抽走,而达到清洁的目的. 等离子体清洗也是所有清洗方法中最为彻底的剥离式的清洗,特别适于精密清洗,如电子元器件、电真空元件(阴极帽、销钉、阳极帽)、继电器触头、印制线路板、半导体硅片、芯片封装、液晶显示板、精密机械(千分尺的丝杠、块规、液压件)等,并不会对工件产生电击损伤. 等离子体清洗属于干法清洗,不用任何清洗剂、去离子水,免除一切运输、储存、回收、再生装置,不会产生任何环境污染,在很大程度上可以替代氟利昂等危害大气层的清洗剂. 往往几瓶气体就可以代替数千公斤清洗液,因此清洗成本会大大低于湿法清洗.

2. 改善复合材料黏附性

表面能低、浸润性差是聚合物材料的一大特点,但在复合材料、印刷、涂层、粘接、印染等生产领域都需要材料表面具有良好的浸润性和黏附性能. 而等离子体技术可以在不损害基材本体优良性能的同时在表面引入极性基团,提高表面能和浸润性. 与强酸强碱处理、强氧化剂处理、火焰处理、机械磨砂等表面处理等方法相比,低温等离子体处理是最可取的.

生物医用材料是用于医疗的能植入生物体或能与生物组织相结合的材料. 因此作为生物医用材料,除了要具有一定的功能特性和力学性能外,还必须满足生物相容性的基本要求. 包括血液相容性和组织相容性两部分. 前者表示材料与血液之间相互适应的程度,而后者反映材料与除了血液以外的其他组织之间相互适应的能力. 通过等离子体技术在聚合物表面涂覆水凝胶薄层或直接在材料表面固定抗血栓物质,如肝素,就可以提高血液相容性和组织相容性而不损伤基材的物理和化学性质. 介入治疗用的器械、透析设备,胸外科手术用的心肺机的构件、人工骨、人工关节、人工牙、缝合线、眼科用的隐形眼镜、人工晶体、储血袋等都可以经等离子体处理而大大提高其血液相容性和组织相容性. 等离子体在表面改性的同时,等离子体的高活性粒子还具有极强的消毒、灭菌的作用,而且与环氧乙烷法相比,不会有毒性残留.

17.6 新材料技术

17.6.1 新材料简介

1. 金属材料

金属材料是进入工业社会以后,人类用得最早也是用得最多的材料,并长期占绝对优势. 将来也将是主导地位,特别是发展中国家. 其共同优点是高韧性、延展性好、强度高、导电性好. 作为结构材料,开始时几乎全是铁和钢,20 世纪初出现了以硬铝为首的铝合金. 20 世纪 50 年代起又出现只有钢一半重、耐热性比钢好而强度不低于钢的钛合金. 一直到现在,作为结构材料的金属材料,主要仍是钢(铁的合金)、铝合金、钛合金,但它们的品种层出不穷,性能也远非昔日可比. 金属材料的发展,几乎可用一"超"字来概括,如发展超高纯度铁、超高强度钢、超高速钢(用作刀具)、超硬合金、超塑性合金、超耐热合金、超低温材料等.

有色金属是指除铁、铬、锰等几种黑色金属之外的多种金属的统称. 在自然界的元素中,有色金属占 64 种,是元素周期表中最庞大的"家族". 其中,铜、铝、铅、锌、锡、镍、锑、钛、镁、汞等 10 种有色金属被视为"家族"中的"十大金刚". 在当今社会,有色金属扮演了极为重要的角色,被广泛应用于工业、农业、交通、运输、建筑、航空航天、信息、军工、医疗等领域. 然而,有色金属工业是一个高能耗的产业. 近年来,采用富氧闪速熔炼工艺,使铜生产能耗大大降低,比采用传统工艺生产铜降低能耗达 30%. 此外,在氧化铝制备工艺上采用串联法,并开发出智能控制的大型预焙电解槽,可使能耗降低 20%～25%.

2. 非金属材料

1)陶瓷

陶瓷材料是人类最早利用的材料,由黏土、石英、长石等矿物原料配制而成. 从陶器发展到瓷器是第一次飞跃,从传统陶瓷到先进陶瓷是第二次飞跃,从先进陶瓷到纳米陶瓷是第三次飞跃. 陶瓷的优点是强度高、收缩小、机械性能好、耐各种酸碱腐蚀、耐高温、耐辐射、抗氧化,陶瓷的致命缺点是性脆易碎.

以碳、硅、氮、氧、硼等元素的人工化合物为主要原料,改进和发展传统陶瓷工艺而获得的新型陶瓷材料,由于特种陶瓷的强度和韧性都有大幅度提高,克服了传统陶瓷性脆易碎的弱点,已成为受到普遍重视的一种重要的新型工程材料. 这种陶瓷在国外又称为工程陶瓷、精密陶瓷或结构陶瓷. 按应用和发展大致可分为高强高温结构陶瓷、电工电子特种功能陶瓷两大类.

高强高温结构陶瓷强度高,特别是高温机械性能好,是优异的高温结构材料. 氧化铝陶瓷,抗拉强度高达 $2650g\ kg\cdot cm^{-2}$,抗弯强度更高,达 $3000\sim5500g\ kg\cdot cm^{-2}$,而工作温度是 1980℃;氮化硅陶瓷耐各种酸碱腐蚀、耐辐射、收缩小、工作温度也可达 1400℃;碳化硅陶瓷导电、导热性优良、抗氧化,抗蠕变、热稳定性好,在惰性气体中工作温度高达 2300℃;氧化锆陶瓷在常温下绝缘,而在 1000℃ 以上时是良导体,可作 1800℃ 高温发热元件,最高工作温度可以达到 2400℃. 这类特种陶瓷优异的高温性能是一般金属材料乃至硬质合金也望尘莫及的,是高温发热元件、绝热发动机和燃气涡轮机叶片、喷嘴等高温工作器件的重要材料,还可用作高温坩埚、高速切削刀具和磨具材料.

电工电子特种功能陶瓷具有特殊的声、光、电、磁、热和机械力的转换、放大等物理、化学效应,是功能材料中引人注目的新型材料,如有"白石墨"之称的氮化硼陶瓷,烧结后硬度不高,可方便地进行各种机械切削加工,并有优异的耐热性、高温绝缘性和导热性,在惰性气体中工作温度可达 2800℃,不仅可作高频绝缘材料和高温耐磨件等,而且是优良的半导体 P 型硼扩散源;硅化钼陶瓷导电不亚于金属,强度高,而且在 1.3 K 以下温度时有超导性;氧化铍陶瓷有很好的抗热震性,导热性好,可用于大规模集成电路基片及大功率气体激光管散热片;氧化铝、氟化镁和硫化锌陶瓷,可透过红外线和微波;氧化钇陶瓷在 1800℃ 高温仍有优良的透明度;氧化锆基陶瓷对电子绝缘,又有良好的离子导电性. 还有具有气敏、热敏、光敏、压敏、磁敏和半导体等效应的换能、传感功能陶瓷,更是特种陶瓷中的佼佼者. 这类以金属氧化物为主要原料的特种功能陶瓷,已是能源、空间技术、计算机技术、尖端技术的重要功能材料.

复合陶瓷最近发展较快,主要有纤维增强陶瓷和金属陶瓷. 由于纤维和金属粒子弥散强化,复合陶瓷不仅强度、韧性和工艺性都有很大提高,而且还具有一些特异性能,如含钴粉的金属陶瓷,在高温时钴等金属吸热蒸发,降低基体温度,保证材料强度,是优良的火箭喷口和耐热壳体材料.

2）玻璃

钢化玻璃是使用最普遍的玻璃深加工制品. 汽车、火车等交通工具的风挡玻璃、窗玻璃,高级宾馆的玻璃大门及隔断,玻璃桌面及许多玻璃幕墙都使用钢化玻璃. 这是因为钢化玻璃的强度是平板玻璃的 3~5 倍,耐急冷急热性也较好,而且破碎后呈小粒状,不会对人造成大的伤害,所以叫做安全玻璃. 钢化玻璃的生产很简单,把平板玻璃切裁、磨边或打孔后,送入 650℃ 以上的钢化炉中加热,然后急吹冷风进行淬火,在玻璃表面上形成永久性压应力,使强度大大提高,这就是钢化玻璃.钢化玻璃一旦制成后,就不能再切裁加工,否则会炸得粉碎.

夹层玻璃是另外一种安全玻璃.它的结构像"三明治",两层玻璃中间有透明的有机材料,把玻璃牢固地粘在一起.所以即使夹层玻璃被打破,也不会有碎片飞溅伤人,而且透明中间膜具有良好的强度和韧性,起到很好的安全作用.例如,在发生剧烈撞车时,汽车夹层风挡玻璃可阻止司机和乘客被从风挡处抛出,柔软的有机材料还可以减轻人头部的撞击.此外,增加玻璃的厚度和层数可使夹层玻璃具有防弹、防爆及防盗等性能,成为特殊窗口用的特种玻璃.当然,由于夹层玻璃还具有良好的隔音效果,有效地降低噪声(一般可降低噪声 35~40 dB),因而它被广泛地应用于机场办公室、候机大厅等需要隔音的场合.

中空玻璃是两片玻璃中间垫上铝制的隔离柜,再用黏结材料把它们粘在一起,两片玻璃间形成 6 mm 或 12 mm 厚的空隙.中空玻璃的隔热性很好,12 mm 厚的中空玻璃的保温性可与 100 mm 厚的混凝土墙相比拟.所以,建筑物的玻璃幕墙、较大的玻璃窗都应使用中空玻璃以便减少取暖能耗.中空玻璃还有良好的隔音效果.除用平板玻璃为原片制造中空玻璃外,还可以用钢化玻璃、夹层玻璃、镀热反射膜玻璃、吸热玻璃等为原片制成具有多种功能的高级中空玻璃,用于超高层建筑物的观光厅等重要部位.此外,列车的空调车箱和地铁车窗玻璃都是钢化中空玻璃,以提高隔热、隔音等性能.

镀膜玻璃是在玻璃的一个或两个表面上,用物理或化学的方法镀上金属、金属氧化物等的薄膜而制成的玻璃深加工制品.不同的膜层颜色和对光线的反射率不同,使得用镀膜玻璃装饰的建筑物晶莹辉煌.热反射镀膜玻璃可以控制阳光的入射,减少空调能耗,而低辐射镀膜玻璃可限制室内热量向外辐射散失,在寒冷地区有显著的节能效果.

3. 高分子材料

由高分子化合物组成的一大类材料.分为天然的和合成的两类,都是由大量小分子单元以化学键连接起来的,具有很高分子量的聚合物.高分子材料大部分都是有机化合物,但也有少量无机化合物.合成纤维、合成橡胶、合成树脂和塑料都是合成高分子材料,也称为三大合成材料.大多数涂料和黏合剂也是高分子材料.它和金属材料、无机非金属材料构成整个材料王国.

合成纤维的主要品种有:聚酰胺纤维(商品名尼龙、耐纶、锦纶)、聚丙烯腈纤维(商品名腈纶、奥纶)、聚对苯二甲酸乙二醇酯纤维或简称聚酯纤维(商品名涤纶、的确良)、聚丙烯纤维(产品名丙纶)、聚乙烯醇缩甲醛纤维(商品名维尼纶).它们的出现,使纺织工业大为改观.

17.6.2　新材料的发展前景

1. 光子材料

光导纤维传光原理是不同折光率介质界面的全反射现象,即光从折射率大的光密介质以一定角度射向折射率小的光疏介质时,光在界面会发生全反射而全部折回光密介质.这一定的角度称全反射临界角.光导纤维的纤芯是光密介质,而包层是光疏介质,传输的光信号只要在界面的入射角大于临界角,光就在纤芯中曲折反射前进而不会泄漏,这种带包层的光纤称芯皮型光纤.纤芯和包层的折光率在界面突然变化的芯皮型光纤称为阶跃光纤;而折射率从纤芯的高折射率逐渐过渡到高层的低折射率,光在纤芯中波浪式前进的芯皮层光纤称为梯度型光纤.这是 20世纪末应用较多的两种芯皮型光导纤维.还有一类传光原理不同的自聚集光导纤维.这类光纤的材料和结构,使传输的光会自动向光纤中心轴线靠拢,犹如光通过凸透镜聚焦一样,也可保证光在传输中不会泄漏.20 世纪末常用的光导纤维材料是超纯石英玻璃,但由于石英玻璃纤维脆性较大,连接也很复杂,在应用上难度较大.近年塑料光纤的研制发展很快.至于四氯化硅液体光纤,尚属试验阶段,离实用还有距离.光导纤维作为现代光通信传光的关键器件,主要有以下特点:①传输损耗小,一般损耗小于 20 dB·km^{-1},20 世纪末已有仅为 0.2 dB·km^{-1} 的超低损耗光纤问世;②容量大,即同时可通过的信息量大,20 世纪末已有一对光纤同时传送150 万路电话和 2000 套彩色电视的记录,比现有的 1800 路中同轴电缆载波通信的容量大 800 倍以上;③传输质量高,抗干扰、保密性好,光信号传输过程中失真、畸变、误差小,不产生也不受磁干扰;④足够的强度和可挠性,不仅加工、使用方便,耐久性好,而且可以任意弯曲传光;⑤材料来源广、成本低,20 世纪末成本仅为0.25~1.5 \$·km^{-1},并在继续下降,同时节约了大量有色金属材料.光导纤维主要用于激光-光导纤维通信,并已从电话、电报、电视发展到计算机网络和连接其他电子设备的信息传输,可用于资料检索、文字图像处理、银行财务经济往来、医疗诊询等.光纤还可用于传感器,做成能"感觉"声、味、热、磁、力等信息的人工感官.20世纪末已制成光导纤维温度计、速度计、电流计、磁场计以及光纤陀螺、光纤水听器等,并已开始用于传输光能,制成"激光刀"进行手术和切割、焊接工程材料等.近年还研制出紫外光纤、红外光纤、耐辐射光纤、荧光光纤和光纤激光器等新型光导纤维,应用范围已超越一般的通信技术,而开始在空间技术、生物工程、能源工程等新技术领域大显身手,成为引人注目的基础新技术.

2. 先进电子材料和研究材料

我们通常用的磁体是用钢、合金或金属氧化物制成的,叫人造磁性材料.最初,人造磁体是用钢制成的.20 世纪初,发现在钢中加入硅可以改善磁性.从此,硅钢就被大量用于制作变压器.以后又发现,将镍和铁以适当比例熔在一起时,在低磁化磁场下,磁导率比最好的铁的磁导率还高.镍铁合金的磁性与成分和热处理方法有关.镍铁合金是韧性磁性材料,可用作精密仪表的变压器铁芯.随后又出现了铁-钴、铁-硅-铝、铁-铬、铁-镍-钼、铁-钴-钒、钴-铝-硼等合金磁性材料和铁氧体(即人造的镍、锰、钴、锌一类氧化物烧结体).

近二三十年来由于对非晶态的研究,又发现了非晶磁性材料和微晶磁性材料,这些用于制作磁头,耐磨性大有提高.如果非晶磁性材料的价格降为硅钢的一半,非晶磁性材料就有可能取代硅钢.20世纪末还研究出了体积小、重量轻、适宜航天和军事上使用的磁薄膜.钨纤维增强磁性合金、陶瓷晶须纤维复合磁性材料等高温磁性材料也陆续问世.人们的现代生活离不开电气化,也就离不开磁性材料.变压器、电机、录像机、电视机、收录机、计算机、银行自动出纳机、自动售票机、自动检票机等各种电器设备都离不开磁性材料.

3. 高级陶瓷材料

高强高温结构陶瓷、电工电子功能陶瓷和复合陶瓷是新材料中普遍注重的发展方向.

4. 新型建筑材料

新型建筑材料是区别于传统的砖瓦、灰砂石等建材的建筑材料新品种,包括的品种和门类很多.从功能上分,有墙体材料、装饰材料、门窗材料、保温材料、防水材料、黏结和密封材料,以及与其配套的各种五金件、塑料件及各种辅助材料等.从材质上分,不但有天然材料,还有化学材料、金属材料、非金属材料等.

新型建材具有轻质、高强度、保温、节能、节土、装饰等优良特性.采用新型建材不但使房屋功能大大改善,还可以使建筑物内外更具现代气息,满足人们的审美要求.有的新型建材可以显著减轻建筑物自重,为推广轻型建筑结构创造了条件,推动了建筑施工技术现代化,大大加快了建房速度.

新型建材的性能和功用各不相同,生产新型建材产品的原材料及工艺方法也各不相同.就其发展情况而言,有的品种重在花色,花色品种层出不穷,如装饰装修材料;有的品种重在功能,如保温材料;有的则通过深加工衍生出多个品种,如新型建筑板材等.以新型建筑板材为例,目前新型建筑板材有几十个品种,其中纸面石膏板、玻璃纤维增强水泥(GRC)板、无石棉硅钙板是目前我国生产量最大、应用最普遍的三种新型建筑板材.这三种板材不但所采用的原料不同,生产工艺不同,其性能和功用也不同,如纸面石膏板主要原料为石膏和护面纸,适用于作内墙板和吊顶板;玻璃纤维增强水泥板主要原料是低碱水泥和耐碱玻璃纤维,适用于作内外墙板;硅钙板主要原料是硅钙材料,除用作内外墙板外,还可用于装修以及制作和房屋结合在一起的家具等.这三种板的同一特点是:采用它们作为原始板材,再分别配上防渗、保温、防火等功能材料,采用复合技术,可生产出各种轻质和性能优越的新型墙体材料.此外,它们所用的原材料均为非金属材料,而且又是三种最易得到的非金属材料.

5. 先进复合材料

纤维增强型、弥散粒子型、叠层复合型复合材料以及碳纤维、石墨纤维、硼纤维、金属纤维、晶须的研制发展,将使被称为"21世纪材料"的复合材料更放光彩.

6. 先进金属材料

非晶态金属(金属玻璃)、记忆合金、防震合金、超导合金和金属氢等.一种原子排列很有规则、体积变化为小于0.5%的马氏体相变合金.这种合金在外力作用下会产生变形,当把外力去掉,在一定的温度条件下,能回复原来的形状.由于它具有百万次以上的回复功能,因此叫做"记忆合金".当然它不可能像人类大脑思维记忆,更准确地说应该称为"记忆形状的合金".科学家们现在已经发现了几十种不同记忆功能的合金,如钛-镍合金、金-镉合金、铜-锌合金等.记忆合金不但具有很强的回复功能,而且还具有无磁性、耐磨耐蚀、无毒性的优点.

7. 稀土材料

稀土金属在激光、荧光、磁性、红外、微波、核能、特种陶瓷以及化工材料中,有奇异的性能,稀土材料已成为重要的开发领域.我国稀土资源储量居世界首位,因此稀土的开发对我国更为重要.

8. 其他材料(极限材料)

极限材料:在超高压、超高温、超低温、超高真空等极端条件下应用和制取的各种材料(如超导、超硬、超塑性、超弹性、超纯、超晶格膜等材料).原子分子设计材料:这是在材料科学深入研究的基础上,对表面、非晶态、结构点阵与缺陷、固态杂质、非平衡态、相变以及变形、断裂、磨损等领域研究探索的发展方向,以期获得原子、分子组成结构按性能要求设计的新材料.

材料技术的发展趋势有以下几种:

第一,从均质材料向复合材料发展.以前人们只使用金属材料、高分子材料等均质材料,现在开始越来越多地使用诸如把金属材料和高分子材料结合在一起的复合材料.第二,由结构材料向功能材料、多功能材料并重的方向发展.以前讲材料,实际上都是指结构材料.但是随着高技术的发展,其他高技术要求材料技术为它们提供更多更好的功能材料,而材料技术也越来越有能力满足这一要求,所以现在各种功能材料越来越多,终会有一天功能材料将同结构材料在材料领域平分秋色.第三,材料结构的尺度向越来越小的方向发展.以前组成材料的颗粒、尺寸都在微米方向发展的材料.由于颗粒极度细化,使有些性能发生了截然不同的变化.以前给人以极脆印象的陶瓷,居然可以用来制造发动机零件.第四,由被动性材料向具有主动性的智能材料方向发展.过去的材料不会对外界环境的作用作出反应,完全是被动的.新的智能材料能够感知外界条件变化、进行判断并主动作出反应.第五,通过仿生途径来发展新材料.生物通过千百万年的进化,在严峻的自然界环境中经过优胜劣汰,适者生存而发展到今天,自有其独特之处.通过"师法自然"并揭开其奥秘,会给我们以无穷的启发,为开发新材料又提供了一条广阔的途径.

17.7   新能源技术

1. 定义与分类

新能源是指传统能源之外的各种能源形式.它的各种形式都是直接或者间接地来自于太阳或地球内部所产生的热能.包括了太阳能、风能、生物质能、地热能、水能和海洋能以及由可再生能源衍生出来的生物燃料和氢所产生的能量.

一般地,常规能源是指技术上比较成熟且已被大规模利用的能源,而新能源通常是指尚未大规模利用、正在积极研究开发的能源.因此,煤、石油、天然气以及大中型水电都被看作常规能源,而把太阳能、风能、现代生物质能、地热能、海洋能以及核能、氢能等作为新能源.随着技术的进步和可持续发展观念的树立,过去一直被视为垃圾的工业与生活有机废弃物被重新认识,作为一种能源资源化利用的物质而受到深入的研究和开发利用,因此,废弃物的资源化利用也可看成是新能源技术的一种形式.

新近才被人类开发利用、有待于进一步研究发展的能量资源称为新能源,相对于常规能源而言,在不同的历史时期和科技水平情况下,新能源有不同的内容.当今社会,新能源通常指核能、太阳能、风能、地热能、氢气等.

2. 常见新能源形式

1) 太阳能

太阳能一般指太阳光的辐射能量.太阳能的主要利用形式有太阳能的光热转换、光电转换以及光化学转换三种主要方式.

广义上的太阳能是地球上许多能量的来源,如风能、化学能、水的势能等由太阳能导致或转化成的能量形式.

利用太阳能的方法主要有太阳能电池,通过光电转换把太阳光中包含的能量转化为电能;太阳能热水器,利用太阳光的热量加热水,并利用热水发电等.

太阳能可分为两种:

(1) 光伏太阳能.光伏板组件是一种暴露在阳光下便会产生直流电的发电装置,由几乎全部以半导体物料(如硅)制成的薄板固体光伏电池组成.由于没有活动的部分,故可以长时间操作而不会导致任何损耗.简单的光伏电池可为手表及计算机提供能源,较复杂的光伏系统可为房屋照明,并为电网供电. 光伏板组件可以制成不同形状,而组件又可连接,以产生更多电力.近年,天台及建筑物表面均会使用光伏板组件,甚至用作窗户、天窗或遮蔽装置的一部分,这些光伏设施通常称为附设于建筑物的光伏系统.

(2) 太阳热能.现代的太阳热能科技将阳光聚合,并运用其能量产生热水、蒸汽和电力.除了运用适当的科技来收集太阳能外,建筑物也可利用太阳的光和热能,方法是在设计时加入合适的装备.例如,巨型的向南窗户或使用能吸收及慢慢释放太阳热力的建筑材料.

2) 核能

核能是通过转化其质量从原子核释放的能量,符合阿尔伯特·爱因斯坦的方程 $E=mc^2$,其中,E 为能量,m 为质量,c 为光速常量. 核能的释放主要有三种形式:

(1) 核裂变能.所谓核裂变能是通过一些重原子核(如铀-235、铀-238、钚-239等)的裂变释放出的能量

(2) 核聚变能.由两个或两个以上氢原子核(如氢的同位素——氘和氚)结合成一个较重的原子核,同时发生质量亏损释放出巨大能量的反应叫做核聚变反应,其释放出的能量称为核聚变能.

(3) 核衰变.核衰变是一种自然的慢得多的裂变形式,因其能量释放缓慢而难以加以利用.

核能的利用存在的主要问题:

(1) 资源利用率低;

(2) 反应后产生的核废料成为危害生物圈的潜在因素,其最终处理技术尚未完全解决;

(3) 反应堆的安全问题尚需不断监控及改进;

(4) 核不扩散要求的约束,即核电站反应堆中生成的钚-239受控制;

(5) 核电建设投资费用仍然比常规能源发电高,投资风险较大.

3) 海洋能

海洋能指蕴藏于海水中的各种可再生能源,包括潮汐能、波浪能、海流能、海水

温差能、海水盐度差能等.这些能源都具有可再生性和不污染环境等优点,是一项亟待开发利用的具有战略意义的新能源.

波浪发电——据科学家推算,地球上波浪蕴藏的电能高达 90 万亿度.目前,海上导航浮标和灯塔已经用上了波浪发电机发出的电来照明.大型波浪发电机组也已问世.我国在也对波浪发电进行研究和试验,并制成了供航标灯使用的发电装置.

潮汐发电——据世界动力会议估计,到 2020 年,全世界潮汐发电量将达到 $1\sim3\times10^{11}$ kW.世界上最大的潮汐发电站是法国北部英吉利海峡上的朗斯河口电站,发电能力 24×10^4 kW,已经工作了 30 多年.我国在浙江省建造了江厦潮汐电站,总容量达到 3000 kW.

4)风能

风能是太阳辐射下流动所形成的.风能与其他能源相比,具有明显的优势,它蕴藏量大,是水能的 10 倍,分布广泛,永不枯竭,对交通不便、远离主干电网的岛屿及边远地区尤为重要.

风力发电是当代人利用风能最常见的形式,自 19 世纪末丹麦研制成风力发电机以来,人们认识到石油等能源会枯竭,才重视风能的发展.

1977 年,联邦德国在著名的风谷——石勒苏益格-荷尔斯泰因州的布隆坡特尔建造了一个世界上最大的发电风车,该风车高 150 m,每个桨叶长 40 m,重 18 t,用玻璃钢制成.到 1994 年,全世界的风力发电机装机容量已达到 300 万千瓦左右,每年发电约 50 亿千瓦时.

5)生物质能

生物质能来源于生物质,也是太阳能以化学能形式储存于生物中的一种能量形式,它直接或间接地来源于植物的光合作用.生物质能是储存的太阳能,更是一种唯一可再生的碳源,可转化成常规的固态、液态或气态的燃料.地球上的生物质能资源较为丰富,而且是一种无害的能源.地球每年经光合作用产生的物质有 1730×10^8 t,其中蕴涵的能量相当于全世界能源消耗总量的 $10\sim20$ 倍,但目前的利用率不到 3%.

6)地热能

地球内部热源可来自重力分异、潮汐摩擦、化学反应和放射性元素衰变释放的能量等.放射性热能是地球主要热源.我国地热资源丰富,分布广泛,已有 5500 处地热点,地热田 45 个,地热资源总量约 320 万兆瓦.

7)氢能

在众多新能源中,氢能以其重量轻、无污染、热值高、应用面广等独特优点脱颖而出,将成为 21 世纪的理想能源.氢能可以作飞机、汽车的燃料,也可以用作推动火箭动力.

3. 新能源的发展现状和趋势

部分可再生能源利用技术已经取得了长足的发展,并在世界各地形成了一定的规模.目前,生物质能、太阳能、风能、水力发电以及地热能等的利用技术已经得到了应用.

国际能源署(IEA)对 2000～2030 年国际电力的需求进行了研究,研究表明,来自可再生能源的发电总量年平均增长速度将最快.IEA 的研究认为,在未来 30 年内非水利的可再生能源发电将比其他任何燃料的发电都要增长得快,年增长速度近 6%,在 2000～2030 年其总发电量将增加 5 倍,到 2030 年,它将提供世界总电力的 4.4%,其中生物质能将占其中的 80%.

目前可再生能源在一次能源中的比例总体上偏低,一方面是与不同国家的重视程度与政策有关,另一方面与可再生能源技术的成本偏高有关,尤其是技术含量较高的太阳能、生物质能、风能等,据 IEA 的预测研究,在未来 30 年可再生能源发电的成本将大幅度下降,从而增加它的竞争力.可再生能源利用的成本与多种因素有关,因而成本预测的结果具有一定的不确定性,但这些预测结果表明了可再生能源利用技术成本将呈不断下降的趋势.

我国政府高度重视可再生能源的研究与开发.国家经贸委制定了新能源和可再生能源产业发展的“十五”规划,并制定颁布了《中华人民共和国可再生能源法》,重点发展太阳能光热利用、风力发电、生物质能高效利用和地热能的利用.近年来在国家的大力扶持下,我国在风力发电、海洋能潮汐发电以及太阳能利用等领域已经取得了很大的进展.

习 题 答 案

第 11 章

11-1　(1) $q' = -\dfrac{\sqrt{3}}{3}q$；　(2) 无关

11-2　$q = 2l\sin\theta\sqrt{4\pi\varepsilon_0 mg\tan\theta}$

11-3　$T = 2\pi\sqrt{\dfrac{mL}{mg - Eq}}$

11-4　(1) $E_P = 6.74\times10^2$ N·C^{-1}，方向水平向右；(2) $E_Q = E_{Qy} = 14.96\times10^2$ N·C^{-1}，方向沿 y 轴正向

11-5　$E = E_x = \dfrac{\lambda}{2\pi\varepsilon_0 R}$，方向沿 x 轴正向

11-6　$E = \dfrac{\sigma}{4\varepsilon_0}$

11-7　(1) 各面电通量 $\Phi_e = \dfrac{q}{6\varepsilon_0}$；　(2) 对于边长 a 的正方形，如果它不包含 q 所在的顶点则 $\Phi_e = \dfrac{q}{24\varepsilon_0}$，如果它包含 q 所在顶点则 $\Phi_e = 0$

11-8　$\dfrac{1}{2\varepsilon_0}(\sigma_1 - \sigma_2)$；$-\dfrac{1}{2\varepsilon_0}(\sigma_1 + \sigma_2)\sigma_2$；$\dfrac{1}{2\varepsilon_0}(\sigma_1 + \sigma_2)$

11-9　(1) 0；　(2) $E = \dfrac{\lambda}{2\pi\varepsilon_0 r}$；　(3) 0

*11-10　$\dfrac{\rho r^3}{3\varepsilon_0 d^2}$；$\dfrac{\rho d}{3\varepsilon_0}$

11-11　$E = \dfrac{kr^2}{4\varepsilon_0}(r<R)$；$E = \dfrac{kR^4}{4\varepsilon_0 r^2}(r>R)$

11-12　2.0×10^{-4} N·m

11-13　$\dfrac{-\lambda}{2\pi\varepsilon_0 R}$；$\dfrac{\lambda}{2\pi\varepsilon_0}\ln2 + \dfrac{\lambda}{4\varepsilon_0}$

11-14　$q_C = -2\times10^{-7}$ C；$q_B = -1\times10^{-7}$ C；2.3×10^3 V

11-15　(1) $\dfrac{q}{4\pi\varepsilon_0 R_2}$；*(2) $-q, 0$

11-16　(1) $U_1 = \dfrac{1}{4\pi\varepsilon_0}\left(\dfrac{q}{R_1} - \dfrac{q}{R_2} + \dfrac{Q+q}{R_3}\right)$，$U_2 = \dfrac{1}{4\pi\varepsilon_0}\dfrac{Q+q}{R_3}$；　(2) $\Delta U = U_1 - U_2 = \dfrac{1}{4\pi\varepsilon_0}$

$\left(\dfrac{q}{R_1}-\dfrac{q}{R_2}\right)$; (3) $U_1=U_2=\dfrac{1}{4\pi\varepsilon_0}\dfrac{Q+q}{R_3}$，$\Delta U=0$

11-17 $-\dfrac{q}{3}$

11-18 (1) 球壳内表面(R_2)：$-Q$，球壳外表面(R_3)：Q；

(2) $r<R_1$，$R_2<r<R_3$ 及 $r>R_4$：$E=0$

$R_1<r<R_2$ 及 $R_3<r<R_4$：$E=\dfrac{1}{4\pi\varepsilon_0}\dfrac{Q}{r^2}$

(3) $\Delta U=\dfrac{Q}{4\pi\varepsilon_0}\left(\dfrac{1}{R_1}-\dfrac{1}{R_2}+\dfrac{1}{R_3}-\dfrac{1}{R_4}\right)$

11-19 (1) $\dfrac{Q^2}{8\pi^2\varepsilon_0 r^2 l^2}$，$\dfrac{Q^2\,\mathrm{d}r}{4\pi\varepsilon_0 rl}$; (2) $\dfrac{Q^2}{4\pi\varepsilon_0 l}\ln\dfrac{R_2}{R_1}$; (3) $\dfrac{2\pi\varepsilon_0 l}{\ln(R_2/R_1)}$

11-20 86 V

11-21 (1)上表面：$-Q$，下表面$+Q$; (2) $\dfrac{Q}{\varepsilon_0 s}(l-h)$;(3) $\dfrac{\varepsilon_0 s}{l-h}$

第 12 章

12-1 $\dfrac{\mu_0 I}{2R}\left(1-\dfrac{1}{\pi}\right)$，$\mu_0 I/(4a)$，$\dfrac{\mu_0 I}{2\pi R}\left(1-\dfrac{\sqrt{3}}{2}+\dfrac{\pi}{6}\right)$

12-2 $x=2$ cm 处

12-3 (1) $\dfrac{\mu_0 Ia}{\pi(a^2+x^2)}$; (2) $x=0$

12-4 1.2×10^{-4} T，0.1 m

12-5 $\dfrac{\mu_0\delta}{2\pi}\ln\dfrac{a+b}{b}$

12-6 6.37×10^{-5} T

12-7 D

12-8 (1) $\dfrac{\mu_0 Ir^2}{2\pi a(R^2-r^2)}$; (2) $\dfrac{\mu_0 Ia}{2\pi(R^2-r^2)}$

12-9 10^{-6} Wb

12-10 (1) $\dfrac{\mu NIb}{2\pi}\ln\dfrac{R_2}{R_1}$;(2) 0

12-11 $\dfrac{\mu_0 Ir}{2\pi R_1^2}$;$\dfrac{\mu I}{2\pi r}$;$\dfrac{\mu_0 I}{2\pi r}\left(1-\dfrac{r^2-R_2^2}{R_3^2-R_2^2}\right)$;0

12-12 13 T，9.2×10^{-24} A·m^2

12-13 (1) 3.7×10^7 m·s^{-1}; (2) 6.2×10^{-16} J

12-14 (1) $F_{CD}=8.0\times10^{-4}$ N(向左)；$F_{FE}=8.0\times10^{-5}$ N(向右)；$F_{CF}=9.2\times10^{-5}$ N(向上)；$F_{ED}=9.2\times10^{-5}$ N(向下); (2) 7.2×10^{-4} N;0

*12-15 (1) 0，0.886，0.886; (2) 4.33×10^{-2} N·m; (3) 4.33×10^{-2} J

12-16 3.6×10^{-6} N·m

12-17 $2RIB$

12-18 负，$IB/(nS)$

12-19 a 铁磁质，b 顺磁质，c 抗磁质

12-20 (1) 2.5×10^{-4} T; (2) 1.05 T; * (3) 2.5×10^{-4} T;1.05 T

第 13 章

13-1 B

13-2 C

13-3 由 a 至 b，减小

13-4 $b \rightarrow a$，a 点电势高.

13-5 $B\pi r^2 \cos\omega t$ ，$B\pi r^2 \omega \sin\omega t$

13-6 (1) 顺时针；(2) $-\dfrac{\mu_0 I I_0 \omega}{2\pi}\cos\omega t \ln\dfrac{l_2}{l_1}$

13-7 $\dfrac{2}{9}B\omega L^2$，方向 $a \rightarrow b$；$\dfrac{5}{18}B\omega L^2$，方向 $a \rightarrow b \rightarrow c$

13-8 $\dfrac{\mu_0 I}{2b}\pi a^2 \cos\omega t$ ，$\omega\dfrac{\mu_0 I}{2bR}\pi a^2 \sin\omega t$

13-9 $\left(\dfrac{\pi R^2}{4}-\dfrac{R^2}{2}\right)\dfrac{\mathrm{d}B}{\mathrm{d}t}$，方向沿 $abdca$.

13-10 $\dfrac{R^2}{2}\dfrac{\mathrm{d}B}{\mathrm{d}t}$，方向沿 $dbac$.

13-11 $-\dfrac{\mu_0 Iv}{2\pi}\ln\dfrac{a+L\cos\theta}{a}$，方向 $B \rightarrow A$.

13-12 $\dfrac{\mu_0 I}{2\pi}\left(\ln\dfrac{a+b+L}{a+b}+\ln\dfrac{a+L}{a}\right)$，方向 $B \rightarrow A$.

13-13 1T·S^{-1}

13-14 B

13-15 D

13-16 C

13-17 20mH

13-18 $\dfrac{\mu_0 lI}{2\pi}\ln\dfrac{b}{a}$ ，$\dfrac{\mu_0 l\omega I_m}{2\pi}\sin\omega t \ln\dfrac{b}{a}$

* 13-19 $\dfrac{\mu_0 I}{2\pi}\tan\theta\left[b\ln\dfrac{b}{a}-(b-a)\right]$，$\dfrac{\mu_0 I_m \omega}{2\pi}\tan\theta\left[b\ln\dfrac{b}{a}-(b-a)\right]\sin\omega t$

* 13-20 (1) $\dfrac{B^2 L^2 v}{R}$，方向向左；(2) $v_0 e^{-\frac{B^2 L^2}{MR}t}$ ；(3) $\dfrac{MR}{B^2 L^2}(v_0 - v)$ ；(4) 略.

13-21 D

13-22 1/9

13-23 C

13-24 D

13-25 (1) B；(2) C；(3) A；(4) D.

第 14 章

14-1 C

14-2 B

14-3 (1) 中央为亮纹,其它是彩色条纹；(2) 条纹间距减小；(3) 条纹间距变大；

(4) 条纹间距减小；

14-4 上, $e(n-1)$

14-5 (1) $\dfrac{\lambda}{n_1}$, $\dfrac{\lambda}{n_2}$ ； (2) $2\pi\dfrac{n_1 r_1}{\lambda}$, $2\pi\dfrac{n_2 r_2}{\lambda}$ ；

(3) $n_2 r_2 - n_1 r_1 = \pm k\lambda$ ， $0,1,2,\cdots$ 加强

$n_2 r_2 - n_1 r_1 = \pm(2k+1)\dfrac{\lambda}{2}$ ， $0,1,2,\cdots$ 减弱

14-6 A

14-7 A

14-8 $\dfrac{2\pi}{\lambda}(n_2 - n_1)e$

14-9 (1) 11cm；(2) 1.58

14-10 B

14-11 B

14-12 C

14-13 $\Delta_{反} = 2n_2 e + \dfrac{\lambda}{2} = (2k+1)\dfrac{\lambda}{2}$, $k=1,2,\cdots$；或 $\Delta_{透} = 2n_2 e = k\lambda$ $k=1,2,\cdots$

14-14 2.71×10^2 nm

14-15 5.73×10^2 nm

14-16 B

14-17 1.75×10^{-3} cm

*14-18 B

14-19 $n = \dfrac{M\lambda}{l} + 1$

14-20 D

14-21 A

14-22 C

14-23 D

14-24 (1) 0.27cm；(2) 1.8cm

14-25 1.44cm

14-26 589 条

*14-27 (1) 7.46×10^{-5} rad；(2) 1.34×10^4 cm

14-28 $2I_1$

14-29 $I_{10}/I_{20} = 4/3$

14-30 $48.4°, 41.6°$

14-31 $30°, 1.73$

第 15 章

15-1 5.75×10^{-4} m

15-2 3.5×10^{-4} m

15-3 $n_3 = 1.6176$, 色散率为 -1.431×10^{-4} nm^{-1}

15-4 $I_{紫}/I_{红} = 13$

第 16 章

16-1   (1) $\Psi^* \cdot \Psi$ 的物理意义某点处单位体积元内粒子出现的概率；(2) $\Psi(r, t)$ 须满足的条件：波函数的单值性；波函数的有限性；波函数的连续性；(3) $\Psi(r, t)$ 的归一化条件 $\iiint_V |\Psi|^2 dV = 1$

16-2   (1) $A = 2\lambda^{3/2}$； (2) $p = |\Psi|^2 = A^2 x^2 e^{-2\lambda x} = 4\lambda^3 x^2 e^{-2\lambda x}$

16-3   (1) $\lambda = 1.66 \times 10^{-35}$ m； (2) $\Delta v \geqslant 1.66 \times 10^{-28}$ m $\cdot$ s^{-1}

16-4   略

16-5 $\Delta x \geqslant 0.3$ m

16-6 $\Delta v \geqslant 1.325 \times 10^{-29}$ m $\cdot$ s^{-1}

16-7 9348 nm 远红外